教養基礎シリーズ

まるわかり！
基礎生物

愛媛大学医学部 教授　小林直人　監修
元 文教大学教育学部 准教授　小林秀明　著

南山堂

序

　1980年から約30年間続けられてきた「ゆとり教育」を謳った学習指導要領は2014年度に終了します．ゆとり教育を受けた初期の世代は30代半ばを過ぎ，社会生活のなかで新たな時代を築き始めようとしています．そして今，新たに掲げられた「生きる力」重視の教育を受けた世代が大学に進学し，社会に出ようとしています．

　さて，時代は平成に移行して四半世紀が過ぎました．この間，日本の高等教育はどのような足跡を残してきたのでしょうか．少子高齢化の時代を迎え，大学や専門学校は受け身から前向きにその方向性を変えました．特色のある教育や充実した施設，新たな制度を設けて学生を集めました．とくに専門の学部や学科に進む前に，高等学校の学習内容と大学教育を橋渡しするような予備知識をリメディアル教育というカテゴリーを設けて学生を手厚くサポートしてきました．このような教育は今までもありましたが，脚光を浴び始めたのは21世紀に入ってからではないでしょうか．数多くのリメディアル教育用の教科書が書店に並べられていますが，書籍作りの構想段階から，高校と大学の教員がタッグを組んで執筆したものはほとんど皆無と言って良いでしょう．今もなお社会情勢や入試制度は以前とは大きく変わっておらず，新たに進学してくる「生きる力」の世代のためにも，新たな視点で作られたリメディアル教育用の教科書が必要な時代に来ているように思います．

　では「生きる力」を育むための一助として，生物学におけるリメディアル教育では何ができるでしょうか？　その答えの一つは，受験という箍(たが)が外された今，教科書の活字ではなく行間を解釈する眼力を持つことではないでしょうか．行間に込められている「生命への慈しみや畏敬の念」を読み解き，生きる力の大切さを自ら想起することこそが，これからの専門教育を学ぶ上で重要なことなのです．この教科書には，まさにそれがあります．この本を手にとってくださった皆さんは，次のステップでは専門書を手に取ることになります．専門分野に進むということは新たな知識をたくさん学ぶことでもあります．高校時代，わからないまま，自信の無いままなんとなく通過してきた内容はありませんか？　不得意な内容もあったことと思います．本書は専門分野に進む前に，そしてもう一度顧みたときのために，基礎の基礎を思い切り掘り下げて解説し，皆さんの要望に応えられるようにできています．

　このように「教養基礎シリーズ」では，文章は高校教員がわかりやすく執筆し，また，用語や学術的なチェック，レベル調整は大学教員が科目間で行いました．

　最後になりましたが，専門分野を学習するための橋渡しとして，専門分野を学習する上での座右の書として，シリーズ第三弾である「まるわかり！基礎生物」を活用していただけることを願っています．

2014年1月

シリーズ編集
慶應義塾女子高等学校教諭
小林　秀明

― CONTENTS ―

第1章 生命とは……1

❶ 生命の定義……1
- 細胞（Ⅰ）……2
- 代謝（Ⅱ）……2
- 生殖（Ⅲ）……2
- 遺伝（Ⅳ）……2
- 調節（Ⅴ）……2

❷ 生命の見かた……3
- 共通性と多様性……3
- 階層性 ―ミクロ↔マクロ……3
- 生態系……3
- 進 化……4

❸ 生命の起源……5
- 化学進化……5
- 細胞の起源……6
- 生命の誕生……6
- RNAワールドからDNAワールドへ……6
- 光合成生物の誕生……6
- 真核生物の誕生……7

❹ 生物学とは……7
- 探求の方法……7
- 明日の生物学……8
- 魅力ある生物学……8
- ● 章末問題……10

第2章 細 胞 ―生命の基本単位……11

❶ 細胞の共通性・多様性……11
- 生物の分類 ―3大ドメイン……11
- 原核細胞と原核生物……12
- 真核細胞と真核生物……12
- 真核生物の分類……13
- 単細胞・多細胞……15
- マーグリスの共生説……15

❷ 真核細胞の細胞小器官……16
- 動物・植物細胞の基本構造……16
- 核……17
- ミトコンドリア……18
- 葉緑体……18
- リボソーム……20
- 小胞体……20
- ゴルジ体……20
- リソソーム……20
- 中心体……21
- 細胞骨格……21

❸ 細胞膜……22
- 細胞膜の構造……22
- 細胞膜の性質……22

❹ 組織と器官……23
- 組 織……23
- 器官と器官系……23
- 植物の組織系と器官……23
- ● 章末問題……27

第3章 生体を構成している物質……28

❶ 生体を構成する元素……28
- 生重量と乾燥重量……28
- 水……29

❷ タンパク質……29
- アミノ酸……30
- タンパク質の構造……30
- タンパク質の性質……32

❸ 炭水化物（糖質）……33
- 炭水化物の種類……33

❹ 核酸と脂質……35
- 核 酸……35
- 脂 質……37
- ● 章末問題……40

第4章 代謝のしくみⅠ —異化 … 41

❶ 代謝とは … 41
- 酵 素 … 42
- 代 謝 … 42

❷ エネルギーの貯蔵 —ATP … 42
- ATP と ADP … 43

❸ 好気呼吸 … 43
- 解糖系 … 43
- クエン酸回路 … 44
- 電子伝達系 … 45

❹ 嫌気呼吸 … 46
- アルコール発酵と酢酸発酵 … 46
- 乳酸発酵 … 47
- 解 糖 … 47

❺ 炭水化物以外の代謝 … 47
- 尿素の合成 —オルニチン回路 … 47
- コレステロールの合成 … 48
- ● 章末問題 … 50

第5章 代謝のしくみⅡ —同化 … 51

❶ 炭酸同化 … 51
- 葉緑体とクロロフィル … 52
- 吸収曲線と作用曲線 … 52
- 光合成のしくみ … 52
- 細菌の光合成 … 55

❷ C_4 植物と CAM 植物 … 55
- C_4 植物 … 55
- CAM 植物 … 56

❸ 化学合成細菌 … 56

❹ 窒素同化 … 57
- 植物による窒素同化 … 57
- 植物による窒素固定 … 57
- 動物による窒素同化 … 58
- ● 章末問題 … 59

第6章 生 殖 … 60

❶ 生殖とは … 60
- 無性生殖 … 60
- 有性生殖 … 61

❷ 細胞分裂 … 62
- 体細胞分裂 … 62
- 染色体と DNA … 63
- 核型と核相 … 64
- 細胞周期 … 64
- 減数分裂 … 64

❸ 動物の生殖と初期発生 … 66
- 動物の配偶子形成 … 66
- 動物の受精 … 67
- 動物の初期発生 … 67

❹ ヒトの発生 … 69
- 受精から着床 … 69
- 胎盤の形成 … 69
- ● 章末問題 … 73

第7章 発生のしくみ … 74

❶ 未受精卵から胞胚期 … 74
- 腹側と背側の決定 … 74
- モザイク卵と調節卵 … 75
- 卵の極性 … 76

❷ 胞胚期から神経胚期 … 77
- フォークトの実験 … 77
- 予定運命の決定時期 … 78
- 形成体と誘導 … 79

❸ 神経胚期以降 … 81
- 眼の形成と誘導の連鎖 … 81
- 組織や器官の形成 … 82

❹ 発生と遺伝子の関係 … 83
- 分節遺伝子 … 83
- ホックス遺伝子 … 84

- 章末問題 ………………………………………… 88

第8章 遺伝の法則 …………………………… 89

❶ 遺伝のルール1 ………………………………… 89
- メンデル …………………………………………… 89
- メンデルに選ばれたエンドウマメ ……………… 90
- 一遺伝子雑種 ……………………………………… 90
- 優性の法則 ………………………………………… 91
- 分離の法則 ………………………………………… 91

❷ 遺伝のルール2 ………………………………… 92
- 二遺伝子雑種 ……………………………………… 92
- 独立の法則 ………………………………………… 93
- 検定交雑 …………………………………………… 93

❸ 特殊な遺伝 ……………………………………… 94
- 一遺伝子雑種の例 ………………………………… 94
- 二遺伝子雑種の例 ………………………………… 96

❹ 連鎖と組換え …………………………………… 97
- 独立と連鎖 ………………………………………… 97
- 乗換えと組換え …………………………………… 98
- 組換える場合と組換えない場合 ………………… 98
- 完全連鎖と不完全連鎖 …………………………… 99
- ベーツソンとパネットの実験と組換え価 ……… 99
- 三点交雑と遺伝子地図 …………………………… 101

❺ ヒトの遺伝 ……………………………………… 101
- 性染色体と性の決定 ……………………………… 101
- 伴性遺伝 …………………………………………… 102

- 章末問題 ………………………………………… 105

第9章 タンパク質の基本的性質 …………… 106

❶ タンパク質の分類 ……………………………… 106
- 調節タンパク質 …………………………………… 106
- 受容体タンパク質 ………………………………… 107
- 防御・構造・滋養タンパク質 …………………… 107

❷ 収縮タンパク質 ………………………………… 109
- 筋肉の構造 ………………………………………… 109
- 筋収縮のしくみ …………………………………… 109
- 神経による筋収縮のしくみ ……………………… 110

❸ 輸送タンパク質 ………………………………… 111
- 細胞膜にあるタンパク質 ………………………… 111
- 細胞膜以外の輸送タンパク質 …………………… 112

❹ 酵　素 …………………………………………… 112
- 酵素の構造 ………………………………………… 113
- 補酵素 ……………………………………………… 113
- 酵素の性質 ………………………………………… 113
- 酵素の反応速度 …………………………………… 114
- 酵素阻害 …………………………………………… 114
- 酵素反応の調節 …………………………………… 115

- 章末問題 ………………………………………… 117

第10章 遺伝子発現とタンパク質合成 …… 118

❶ DNAの構造 ……………………………………… 118
- グリフィスの実験 ………………………………… 118
- アベリーらの実験 ………………………………… 119
- ハーシーとチェイスの実験 ……………………… 119
- 二重らせん構造 …………………………………… 121
- DNAが存在する場所 ……………………………… 122

❷ DNAの複製 ……………………………………… 123
- いつ複製されるのか ―細胞周期 ……………… 123
- どのように複製されるのか ―半保存的複製 … 124
- メセルソンとスタールの実験 …………………… 125

❸ 転　写 …………………………………………… 126
- 複製と転写 ………………………………………… 126
- mRNAの合成 ……………………………………… 126
- スプライシング …………………………………… 127

❹ 翻　訳 …………………………………………… 128
- 遺伝暗号 …………………………………………… 128
- タンパク質合成 …………………………………… 129
- タンパク質の細胞内輸送 ………………………… 130

❺ 遺伝子の発現調節 ……………………………… 130

- 原核生物の転写調節機構 …………………… 130
- 真核生物の転写調節機構 …………………… 130
- ● 章末問題 ………………………………… 133

第11章 ヒトの脳と神経系 …… 134

❶ 感覚の受容器 …………………………… 134
- 刺激の受容から行動まで …………………… 134
- 視覚器 ………………………………………… 135
- 聴覚器と平衡感覚器 ………………………… 137
- その他の感覚器 ……………………………… 139

❷ 伝導と伝達 ……………………………… 140
- 神経の構造 …………………………………… 140
- 静止電位と活動電位 ………………………… 140
- 刺激の強さと興奮 …………………………… 141
- 伝導のしくみ ………………………………… 142
- 伝達のしくみ ………………………………… 143

❸ 神経系 …………………………………… 144
- 中枢神経と末梢神経 ………………………… 144
- 脳 ……………………………………………… 144
- 脊髄 …………………………………………… 145

❹ 効果器 …………………………………… 147
- 筋肉の種類と構造 …………………………… 147
- その他の効果器 ……………………………… 147

❺ ヒト以外の動物の行動 ………………… 147
- 生得的行動 …………………………………… 148
- 習得的行動 …………………………………… 148
- ● 章末問題 ………………………………… 149

第12章 恒常性Ⅰ …………………… 150

❶ 恒常性と体液 …………………………… 150
- 恒常性 ………………………………………… 150
- 体液 …………………………………………… 151
- 血液 …………………………………………… 151
- 血液凝固 ……………………………………… 152

- 赤血球による酸素の運搬 …………………… 152
- 白血球とリンパ液 …………………………… 152

❷ 循環系 …………………………………… 153
- 心臓 …………………………………………… 153
- 血管 …………………………………………… 154

❸ 肝臓と腎臓 ……………………………… 154
- 肝臓 …………………………………………… 154
- 腎臓 …………………………………………… 156

❹ 免疫 ……………………………………… 156
- 免疫に関係する細胞 ………………………… 156
- 免疫機構 ……………………………………… 156
- 物理防御 ……………………………………… 157
- 自然免疫 ……………………………………… 157
- 獲得免疫 ……………………………………… 158
- 免疫疾患 ……………………………………… 160
- ● 章末問題 ………………………………… 162

第13章 恒常性Ⅱ …………………… 163

❶ 内分泌系とホルモン …………………… 163
- ホルモンとは ………………………………… 163
- 外分泌腺と内分泌腺 ………………………… 164
- 内分泌系の中枢 ……………………………… 164
- 内分泌腺の種類 ……………………………… 165
- ホルモンとそのはたらき …………………… 166
- 分泌調節 ……………………………………… 167
- 性周期の調節 ………………………………… 168
- 浸透圧の調節 ………………………………… 168

❷ 自律神経系による調節 ………………… 169
- 自律神経系 …………………………………… 169
- 交感神経と副交感神経 ……………………… 169
- 自律神経の拮抗作用 ………………………… 170

❸ 内分泌系と自律神経系の協調 ………… 171
- 血糖値の調節 ………………………………… 171
- 糖尿病 ………………………………………… 172
- 体温の調節 …………………………………… 173

| ● 章末問題 …………………………………………… 174

第14章 専門教育への道案内として ……………… 175

❶ 科学の歴史をたどる …………………………… 175
  ・物質の名前の歴史 ……………………………… 175
  ・2つの名前を持つ物質 ………………………… 176
❷ 科学の未来を探る ……………………………… 177
  ・「正しい」は変わる?! ………………………… 177
  ・研究は発想力 …………………………………… 178
  ・専門科目はいくつあるのか? ………………… 178
❸ おわりに ─科学の真の姿とは ………………… 179
  ● 章末問題 …………………………………………… 181

章末問題 解答 ……………………………… 182

[STEP UP]
・ウイルスは生物? 非生物? 9
・バクテリアとアーキア 14
・遺伝子発現による背腹の決定 81
・核以外の遺伝子による遺伝 103
・アセチルコリン ─神経伝達物質の作用 108

[ワンポイント生物講座]
・抗体を応用した実験法 25
・mRNAの抽出方法 39
・再生医療 ─ES細胞とiPS細胞とSTAP細胞 71
・PCR法の原理 85
・DNAシークエンサーの原理 87
・メンデルの「遺伝の法則」が成り立たないケース 104
・分子標的薬 ─新しい創薬の戦略 116
・マイクロアレイの原理 132
・遺伝子の名前 180

索 引 ……………………………………………………… 187

読みはじめる前に

　本書は,「教養基礎シリーズ」の「まるわかり！基礎生物」というタイトルです．つまり，大学受験のための書籍ではありません．高校で学んだことを見直して，さらにこれから専門教育を受ける人が知識を発展させるために知っておいた方が良い，むしろ覚えておけば得をするような「教養」を身につけるための書籍です．とくに，社会に出て生物の知識を使う機会としては，一番身近なのは医療といえます．医療の話を理解しなければならない人にとって，生物は必須科目といえます．そこで本書は医療系の専門教育で使われやすい用語に準じて執筆しています．

　ただし，せっかく高校で学んだのに，いきなり違う言い方の用語で説明をされても困ると思いますので表を用意しました．医療系ではない「生物学」を学ぶ人が，成書を読む前の腕慣らしに読む場合は，高校生物の用語になじみが深いかも知れません（必ずしも表通りではないこともあるので，両方覚えておくにこしたことはありません）．

同じ意味を持つ用語の比較

部　位	高校生物	医療系
内　耳	うずまき管	蝸牛
脊　髄	腹根	前根
脊　髄	背根	後根
腎　臓	細尿管	尿細管
卵　巣	ろ胞	卵胞
泌尿器系	輸尿管	尿管
女性生殖器	輸卵管	卵管
男性生殖器	輸精管	精管
──	繊維	線維
──	体液性免疫	液性免疫

本表の用語が，章ごとに初出となる部分にのみ併記をしています．

第1章 生命とは

ヒトが「生命」として誕生するのはいつからでしょうか．母親から産まれた日は，誕生日として皆さんも知っていることでしょう．しかし，生命現象は誕生日から約270日前の受精卵のときから始まっているのです．生命現象を始めた日から数えると，皆さんは誕生日からの人生＋約270日間生きていることになります．では，地球上に生命が誕生したのはいつでしょうか．それは細胞が地球上で生命現象を始めたときと考えられています．このときから地球は生命のある惑星となったのです．

生命にはいろいろな解釈ができそうです．そこで本章では，個体の生命とは何かについて考えることから始めましょう．

●キーワード 細胞，代謝，生殖，遺伝，調節，共通性，多様性，進化，原核細胞，真核細胞，DNA，RNA，自律神経系，内分泌系，恒常性，生態系

1. 生命の定義

生命とは何でしょう．冒頭に当たり，ぜひ考えてみてください．

本書では，個体の生命を次の5つの内容（柱）が同時に成り立っているときにその個体は生きている，すなわち生命体として考えることにします（図1-1）．

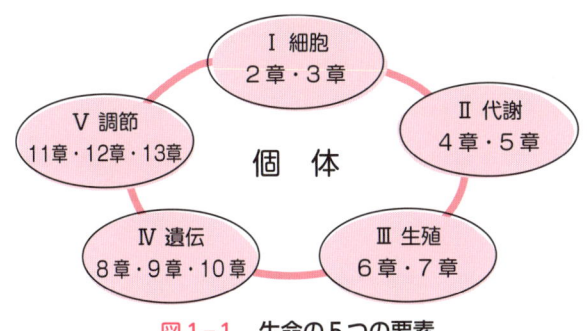

図1-1 生命の5つの要素

第1章，第1節では，個体を支えている5つの生命現象として，Ⅰ細胞，Ⅱ代謝，Ⅲ生殖，Ⅳ遺伝，Ⅴ調節の5つを考えます．第2節で，これら生命現象によって支えられている個体（生物）をいろいろな側面から大きくとらえてみることにします．第3節では生命の起源を，そして最後の第4節では，科学の探求の仕方や生命観を学びます．

第2節の「生命の見かた」で詳しく扱いますが，生物学を学ぶ際には，2つの視点で考えることが大事です．その一つは**共通性**と**多様性**，もう一つは**進化**の視点です．5本の柱を見る際にも，この2つの視点で見ていくことにしましょう．

重要！
生物学に一貫して重要な視点
・共通性と多様性を見極める視点
・進化の視点

細胞（I）

　生物のからだが細胞からできていることは，生命に共通していることの一つです．しかし，細胞の形や大きさ，はたらきには違いが見られ，多様でもあります．このように細胞の構造とはたらきには，共通性と多様性の両面があります．

　次に進化の面ではどうでしょうか．そこには原核細胞から真核細胞への道筋があります．現在の生物学では真核細胞を扱う機会が多いですが，起源である原核細胞にも視点を向けてみましょう．

　詳しくは第2章，第3章で解説します．

代謝（II）

　代謝とは，生命活動に必要なエネルギーを呼吸基質から取り出したり（異化），太陽エネルギーを変換して物質中に蓄えたりする反応（同化）のことをいいます．たとえば細胞分裂（個体の増殖の場合もある）を行う際には，必ずエネルギーが必要です．したがって，生命活動を維持するための共通性といえます．しかし，エネルギーの取り出しかたには，嫌気呼吸や好気呼吸などがあり，こちらは多様性ともいえます．また呼吸基質も生物によってさまざまです．

　もちろん進化の面でも代謝経路の発達が見られ，環境への適応という意味においても，生物に独特の代謝経路が見られます．

　詳しくは第4章，第5章で解説します．

生殖（III）

　「子孫を残す」ことは生物の大きな特徴の一つです．共通性としては遺伝物質（DNA や RNA）があります．また，生物は進化によってさまざまな生殖方法を生み出し，環境の変化を克服しながら子孫を増やしてきました．しかし，生殖方法のなかには，環境の変化に適応できずに絶滅していった生物が多くあることも事実です．

　生殖方法だけではなく，発生の方法にも多様性が見られます．胚膜に包まれた哺乳類の胚や胎児の成長の仕方は，進化にともなった発生の多様性といえます．恐竜が絶滅した極寒の時代を，哺乳類が生きながらえることができた一つの要因ともいえます．

　詳しくは第6章，第7章で解説します．

遺伝（IV）

　遺伝に見られる共通性を挙げると，遺伝子の本体であるDNA，そのDNAの複製方法，タンパク質合成系（セントラルドグマ），遺伝のルールなどいくつかあります．また，多様性を考えると，たとえば，同じ親から生まれた兄弟姉妹であっても形質が異なっていることから理解できます．多様性を生じる可能性は，減数分裂，遺伝子の組換え，遺伝子発現の調節など，さまざまなところで生じます．

　進化の面では，RNA ワールドから DNA ワールドへの変化，原核生物と真核生物の遺伝現象を比べると，真核生物にのみ見られるスプライシングなどがあります．

　詳しくは第8章～第10章で解説します．

調節（V）

　植物にも環境に適応する際に，さまざまな調節反応が見られますが，本書では主に高等動物の調節について学びます．とくに多細胞動物では，すべての細胞に栄養分を送り届けたり老廃物を回収したりする必要があります．つまり，どの細胞も同じ環境下に置くために循環系や神経系が備わっています．これらは多細胞動物の共通性の一つともいえます．また，自律神経系や内分泌系によっても，環境の変化に対して内部環境を一定にする働き（恒常性の維持）が見られます．

　進化的には，動物が海から陸に進出した過程を追うことで，神経系・内分泌系・循環系・呼吸器系・排出系（泌尿器系）などの発達が見られます．

　詳しくは11～13章で解説します．

2. 生命の見かた

　地球上の生物は，ふだん私たちが目にする生物ばかりではありません．たとえば深海の生物は最近になって注目を浴び始めた生物ですが，生命誕生の謎を秘めているといわれています．

　腸内細菌も太古の昔から体内外で生息している生物たちです．どの生物も，エネルギーを得て生命活動を営み，遺伝子を子孫に受け継いでいるという生物に共通の性質を持っています．

共通性と多様性

　生物を学ぶうえで重要なのは，**どこが共通する点なのか，どのように進化したのか**を常に念頭に置いて見ていくことです．そのためには１つのものを見ていては，これらが見えてきません．いくつかの生物・反応・現象などを比較する必要があります．

　たとえば生物の構成単位で，すべての生物に共通とされている細胞について考えてみましょう（図1-2）．

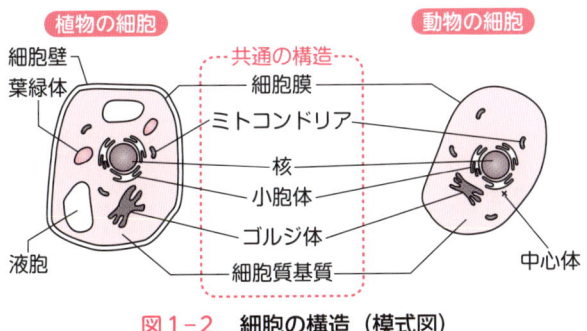

図1-2　細胞の構造（模式図）

　図1-2は，植物細胞と動物細胞の模式図です．共通に含まれているものと，植物細胞にだけ含まれるもの，動物細胞だけに含まれているものがあります．

　では，同じ動物（ヒト）で頬の粘膜の細胞と脳の神経細胞を比べてみましょう（図1-3）．

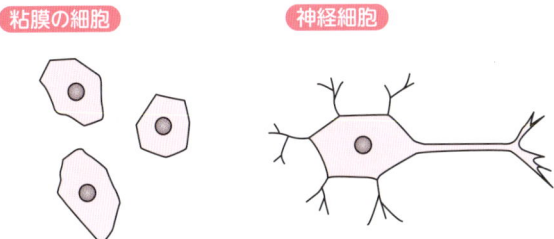

図1-3　細胞の多様性（模式図）

　このように細胞によって形や大きさは全く異なります（**多様性**）．しかし，細胞内の構造物には共通の細胞小器官が含まれています（**共通性**）．

階層性 ―ミクロ↔マクロ

　生物は多くの種類の**原子**（元素）からできています．そしてこれらの原子がいくつか集まって**分子**になり，分子の集まりであるDNAが細胞内の核内に収められ，この細胞が約60兆個集まってヒトという**個体**になります．そして同種の個体が集まったものが**個体群**，いくつかの種が一緒になると**生物群集**になります．これに**無機的環境**（土壌・空気・温度・光・大気）が加わって**生態系**となります（図1-4）．

　生物では視点をミクロからマクロに，または逆に自由自在に変えてみることが大切なのです．

生態系

　生態系（エコシステム）とは，生物群集と無機的環境とが一体になった１つのまとまりをいいます（図1-5）．一番大きな生態系は地球で，学校の裏山も庭の池も小さいですが生態系ということができます．

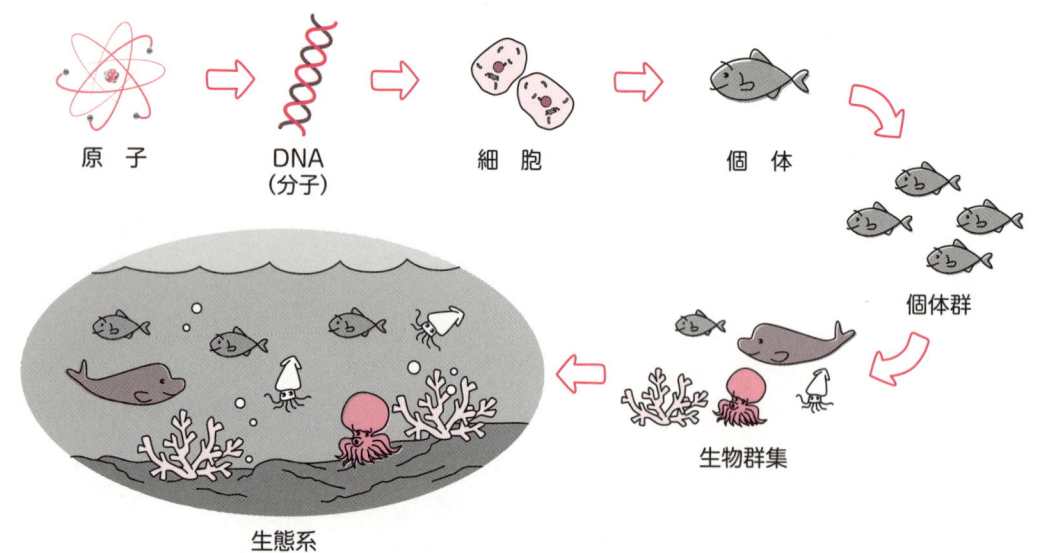

図 1-4　原子から生態系へ

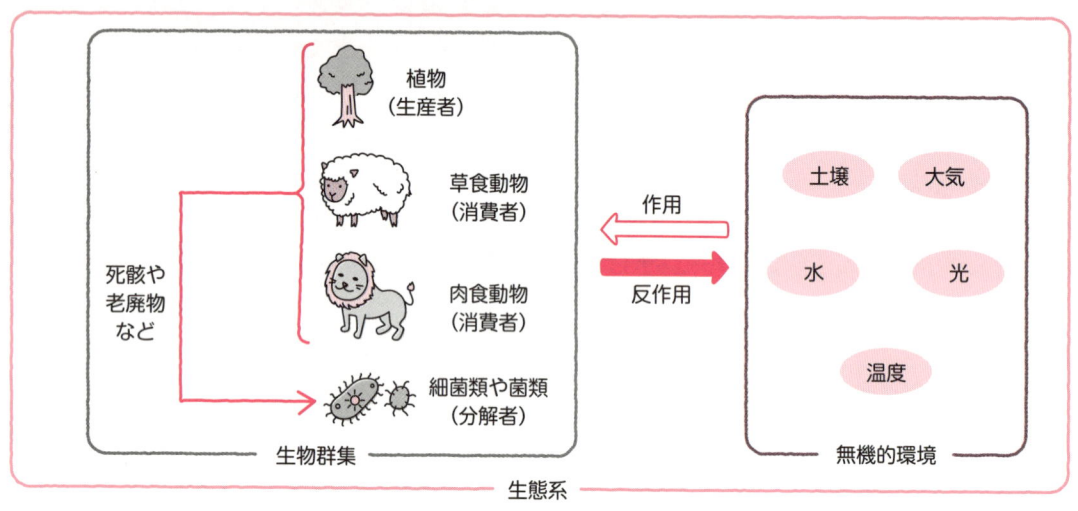

図 1-5　生態系の成り立ち

進化

自然の見かたとして大切な視点に**進化**があります．進化とは，生物の形質が世代を経るにしたがって変化していくことをいいます．

大自然（生態系）は途方もなく長い時間をかけて築かれてきました．それは生命誕生から始まり，約40億年間も続いているのです（図1-6）．自然を見てゆくとき，単純なものから複雑なものへ進化してきた道筋も併せて考えると，新しい「気づき」への近道になります．

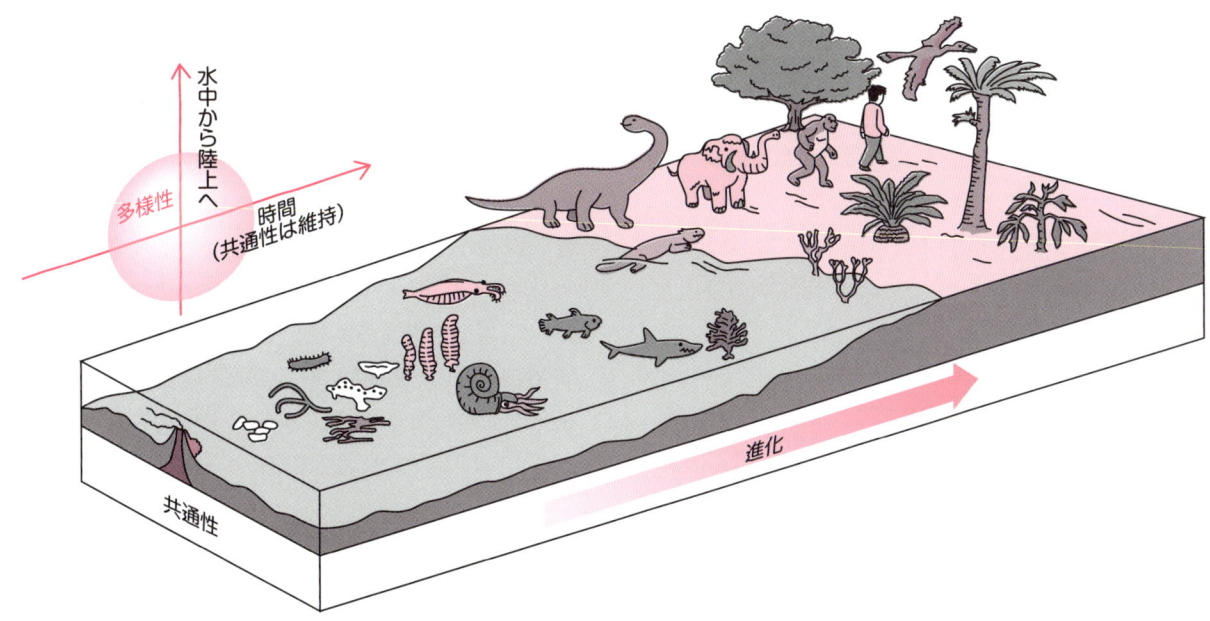

図 1-6　進化のプロセス

3. 生命の起源

　第2節までで述べてきたように，すべての生物は原子から成り立っています．ではミクロな視点から見たときには，どこからが生命と呼べる状態なのでしょうか？

　たとえば，DNAが自ら酵素を用いて複製（増えること）できたとしても生物と考えることはできません．生命の5つの要素のうち，「細胞」という入れ物が機能してこそ生物ということができるので，細胞膜がDNAなどの周囲を囲み，内部と外部を仕切っていることが大切なのです．ただし，フリーズドライのフルーツを水に戻したら生物になるかというと，それはだめです．乾燥によって細胞膜が破壊され，内部と外部との境の役割が果たせなくなり，生命活動が営めなくなっているからです．したがって生命の誕生は，細胞という入れ物の獲得ともいえるのです．

重要!　生命は5つの要素のどれもが機能するものをいい，細胞の獲得が生命の誕生といえる．

化学進化

　生命誕生前の有機物の生成過程は**化学進化**と呼ばれています．この化学進化を実験で示唆したのがアメリカの**ミラー**（S. Miller, 1953年）でした．ミラーは原始地球の大気を想定した混合ガスを容器に入れ，雷に代わるものとして高圧電流による放電を約1週間繰り返したところ，アミノ酸などの有機物が合成されることを証明しました（図1-7）．

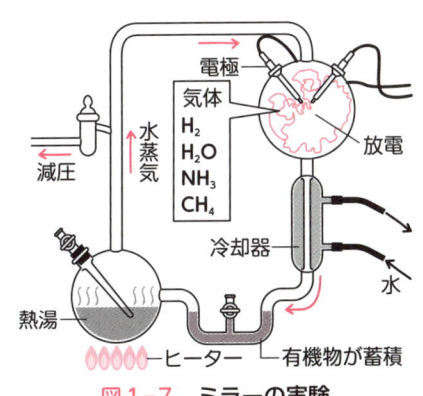

図 1-7　ミラーの実験

これによって生物に必要な有機物が無機物から作られ，タンパク質や核酸の材料が生成される可能性を示しました．

現在の深海に見られる熱水噴出孔付近には，硫化水素（H_2S），水素（H_2），アンモニア（NH_3），メタン（CH_4）などが噴出しています．このような環境下ではミラーの実験と同様に，有機物が合成される可能性があります（「生命の誕生」の項 参照）．

細胞の起源

化学進化によって生物に必要な有機物が作られることが示唆されましたが，この状態ではまだ生命が誕生したとはいえません．生命が誕生した初期のころは，まず内部と外部を隔離する膜が生命物質を取り囲むことにより，細胞が形成されたと考えられています．この細胞膜の起源には，オパーリン（A. Oparin）が唱えたコアセルベートや江上不二夫と柳川弘志らのマリグラヌールなど，諸説ありますが定かではありません．

いずれにせよ，細胞膜によって自ら作り出したタンパク質などを膜内に収めておくことで，より効果的に代謝反応を行うことができるようになりました．

生命の誕生

地球上で最初に出現した生物は，今から約40億年前の原核細胞の化学合成細菌と考えられています．その誕生場所は前述したように，深海の熱水噴出孔付近の可能性が高いようです．とくに深海には有機物が沈殿し，初期の生物はこの有機物を分解してエネルギーを得る従属栄養生物と考えられています．しかし，最近の研究では噴出口から放出されるメタンや水素などを用いて有機物を合成する独立栄養生物も存在していたと考えられています．この時代にはまだ大気中に酸素がなく，二酸化炭素が多量に存在していました．

RNAワールドからDNAワールドへ

初期の遺伝物質は，現在のようなDNAではなくRNAであったという説が有力です．つまり遺伝情報もRNAに保持されていたと考えられています．そしてRNAが遺伝情報の保持と触媒作用の両方を担っていた時代をRNAワールドといいます．その後，遺伝情報の保持においては，RNAよりも安定しているDNAに，触媒作用はRNAよりも効率的に行うことができるタンパク質に任せるようになり，DNAワールドへの移行が起こったと考えられています（図1-8）．

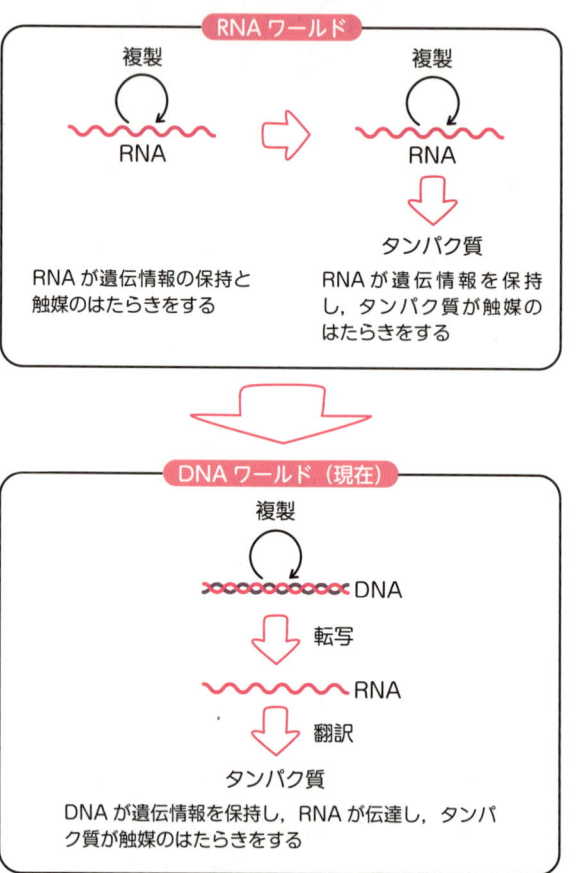

図1-8　RNAワールドとDNAワールド

光合成生物の誕生

約35億年前，水中に多量に存在する水と二酸化炭素を原料とし，光のエネルギーを使って有機物を合成する

原核生物である**シアノバクテリア**（ラン藻の仲間）が誕生しました．シアノバクテリアの化石は，**ストロマトライト**という層状構造をもった堆積岩としてオーストラリアの浅い海底中で見られます（図1-9）．

図1-9　ストロマトライト

シアノバクテリアによって放出された酸素は，水中の鉄分と反応し，**酸化鉄**として沈殿し堆積しました．さらに放出され続けた酸素は水中に溶け，さらに大気中にも放出されるようになりました．約25億年前，酸素を用いた呼吸を行うことができる生物（**好気性細菌**・従属栄養生物）が出現します．好気（酸素）呼吸は効率よくエネルギーを得ることができるので，これらの生物は著しく生息範囲を広げていきました．

また，シアノバクテリアと同様に，光のエネルギーを利用できる**光合成細菌**（独立栄養生物）も出現しましたが，二酸化炭素の還元には水を使わず，硫化水素や硫黄，水素などを用いていました．

真核生物の誕生

約21億年前，従属栄養生物である原核細胞内に核ができ，真核細胞が誕生したと考えられています．そして，この真核細胞中に，好気性細菌のなかまとシアノバクテリアのなかまが入り込んで共生し，それぞれが**ミトコンドリア**と**葉緑体**になって真核細胞が誕生したとする**マーグリスの共生説**が有力です（図1-10，第2章参照）．

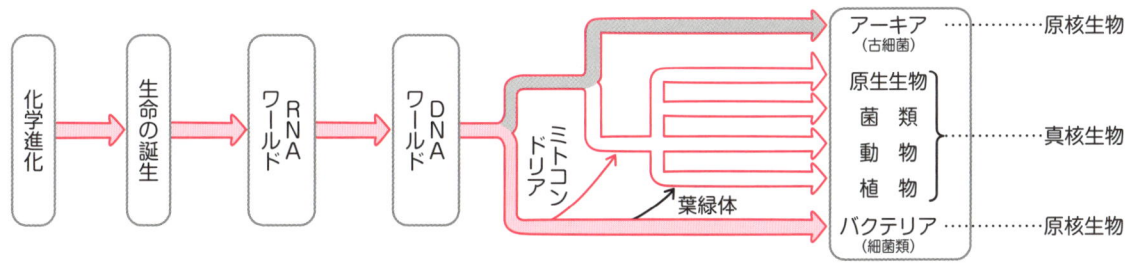

図1-10　真核生物の誕生まで

4　生物学とは

生物は覚えることが多いといわれます．これは否定できません．細胞小器官や代謝回路中の酵素や中間産物の名前など，まずは覚えることが大切です．映画や演劇，ドラマや読書においても，登場人物がわかっていれば，想像もふくらみ面白くなりますね．覚えただけでは意味がありませんが，それらを活用し，応用してこそ初めて生物学も面白くなってきます．

この後の章では，これまで見てきたように，共通性，多様性，進化の過程などを考えながら，全体を大きくとらえてみてください．きっと何かがひらめくはずです．

探求の方法

身のまわりの生物を注意深く観察していると，今まで気がつかなかった現象や事実を発見することがあります．そして自然に「なぜなんだろう，どうしてなんだろう」という疑問が浮かびます．このような疑問を解決しようとする試みが**探究活動**です．

探究活動とは…

① **課題設定**
学習したことを整理し,解決したい課題を設定します.

② **仮説設定**
文献などから情報を集め「こうではないだろうか」という仮説を立てます.仮説によって,どのような観察・実験が必要になるか明確になります.

③ **観察実験**
観察・実験を行ううえで,注目している対象以外にも,条件を同じにした対照実験(たいしょうじっけん)を行い,実験結果を比較することも重要です.

④ **結果と考察**
結果を整理し結論を導きます.そして仮説を検証し考察します.

⑤ **発 展**
仮説が否定された場合には,方法を見直したり新たな仮説を立てたりして再検証します.

⑥ **報告書(論文)の作成と発表**
探究活動の方法や結果は,報告書(論文)にまとめます.また,発表する際は見やすい資料を用意して,限られた時間のなかで簡潔に報告します.

明日の生物学

映画『ジュラシックパーク』では,琥珀(こはく)(木の樹脂が固化した石)に閉じ込められた,蚊の腹部の血液から恐竜のDNAを採取し,これをワニの未受精卵に注入して恐竜を再生するシーンがあります.この映画は1990年に出版されたマイケル・クライトンの同名小説に基づいて制作されたフィクションです.出版から20数年が過ぎましたが,映画のような手法を用いて恐竜は再生されていません.

また,再生医療の分野ではめざましい進展がありました.2006年,京都大学の山中伸弥教授らのグループによってつくられたiPS細胞は,分化した細胞を初期化することに成功した細胞です.つまりiPS細胞を用いると,同一人物の臓器(または網膜などの組織)を作り出すことすら理論上可能になるのです.山中教授の研究は,再生医療の発展を一段と速めたといえます.2012年,山中伸弥教授は,細胞の分化全能性の研究で先を進んでいたケンブリッジ大学のガードン(John Bertrand Gurdon)教授と共にノーベル生理学・医学賞を授賞しました.

魅力ある生物学

生物学は,私たちの身近な健康・食物・環境にかかわる非常に有益な学問として位置付けられています.これらは最先端の技術や研究によって支えられ,日進月歩の勢いで進展を見せています.生物の学習を通して,皆さんは生命の尊さ,偉大さ,美しさを学んで欲しいと思います.必ずやこれらの知識は今後の人生の羅針盤となるはずです.

STEP UP ウイルスは生物？ 非生物？

　細菌は一部のものを除き，他の生物の体内でなくても単独で生命活動を営むことができます．しかし，ウイルスは他の生物の細胞（宿主）に侵入（**感染**）しない限り，単独では生命活動ができません．感染していないウイルスは，高分子タンパク質の殻（エンベロープ）に核酸（DNA や RNA）が包まれただけの物質にしかすぎません（表）．ウイルスは宿主に感染してはじめて，代謝や増殖といった生物としての特徴を示すようになります．つまりウイルスが単独で存在するときは，生物ではないということができます（本書ではウイルスを非生物として扱います）．

　また，ウイルスはヒトにだけ感染するものだけでなく，細菌である大腸菌に感染するものもいます（図）．大腸菌が持っている防御手段の一つに**制限酵素**があり，この酵素は自身の DNA は切断せず，感染したウイルスの DNA（あるいは RNA）のみを切断することができます．大腸菌はこのような制限酵素を使ってウイルス感染から身を守っているのですね．

　制限酵素については，これから専門科目で学ぶと思います．しっかり覚えておいてくださいね．

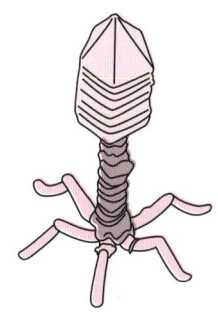

図 T4 ファージ

表 細菌とウイルス

	細菌				ウイルス
	一般的な細菌	マイコプラズマ	リケッチア	クラミジア	
構成単位	細胞				タンパク質の殻と遺伝物質のみ
遺伝情報の担体	DNA				DNA または RNA
ATP の合成	できる				できない
タンパク質の合成	できる				できない
細胞壁	ある	ない	ある		ない
単独で増殖	できる		できない（細胞内寄生）		

リケッチアとクラミジアは細菌類ですが，ウイルス同様他の細胞に寄生してはじめて増殖できます．

第1章 章末問題

① 個体を支えている生命現象を5つ答えよ．

② 生物学を学ぶ際には大きく分けて2つの視点が重要となる．どのような視点か答えよ．

③ 光学顕微鏡で観察した場合，動物細胞にも植物細胞にも共通して見られる細胞小器官を3つ答えよ．

④ 生態系を構成する無機的環境を5つ答えよ．

⑤ 生命誕生前に起こっていた有機物の生成過程を何というか．また，この現象を実験で確認したアメリカの学者名を答えよ．

⑥ 生命の誕生場所として最も有力とされる深海の場所はどこか．また，最初の生物は原核細胞，真核細胞のどちらか．

⑦ 約35億年前に誕生した，光エネルギーを用いて有機物を合成できる生物の名前を答えよ．また，その化石である堆積岩の名前を答えよ．

⑧ シアノバクテリアと好気性細菌は真核細胞に共生した結果，ある細胞小器官になったと考えられている．それぞれの細胞小器官名を答えよ．

第2章
細胞 —生命の基本単位

細胞は原核細胞と真核細胞，植物細胞と動物細胞で形態が大きく異なっています．また，同じ個体であっても大きさや形，含有成分や細胞小器官の数には多様性が見られます．たとえば，ゴルジ体などは分泌細胞（内分泌腺など）に多く含まれています．このように必要な機能に合わせて細胞も分化しているので，教科書に描かれているような典型的な細胞は，実際には少ないといってよいでしょう．

細胞小器官では細胞内において，それぞれ専門のはたらきを行いながら，他の細胞小器官と連携しています．たとえば，タンパク質合成では，核 → リボソーム → 小胞体 → ゴルジ体が協調して，細胞外に合成したタンパク質を分泌しています．

本章では細胞の構造と機能について学びます．

キーワード 細胞，ドメイン，共生説，核，ミトコンドリア，葉緑体，リボソーム，細胞膜，組織，器官

1. 細胞の共通性・多様性

1665年，英国の **ロバート・フック**（R. Hooke）は，コルクの切片を顕微鏡で観察したところ，たくさんの細胞壁に囲まれた小さな空所を発見しました．フックはこの空所に対して「小さな部屋」という意味の **cell**（細胞）という単語を当てはめました．その後，生物を構成する基本単位が動物も植物も細胞であるという **細胞説** が提唱され，生物の基本単位としての細胞観も確立しました．

生物の基本単位である細胞には，構造と機能に次のような共通した部分（**共通性**）が見られます．

> **重要！**
> ① 細胞には **遺伝子（DNA）** と **リボソーム** が含まれる
> ② 細胞は **細胞膜** によって囲まれている
> ③ 細胞は分裂（出芽を含む）により **増殖** する
> ④ 細胞は **代謝**（エネルギー活動）を行う

このように，細胞は生物の基本単位として共通しています．しかし，大きさや形は生物種によって異なり，また同一種内でも組織や器官が異なると細胞の大きさや形は異なります．ほかにも，単細胞生物のように細胞単独で生命活動を行うものや，多細胞生物のように各細胞が組織や器官に分化し，全体で一つの個体を形成している生物などもいます．そこには細胞の **多様性** がみられます．

生物の分類—3大ドメイン

生物は，原核生物と真核生物に分類されます．しかし，近年の分子生物学による系統解析の結果，原核生物は2つの異なる系統の生物群に分けられることが明らかになりました（ウーズら，1990年）．そのうち，一つの分類群は，大腸菌やシアノバクテリアなど身近にいる原核生物で **バクテリア**（**真正細菌**）といいます．もう一つの分類群は，好塩性細菌，メタン生成菌，好熱性細菌な

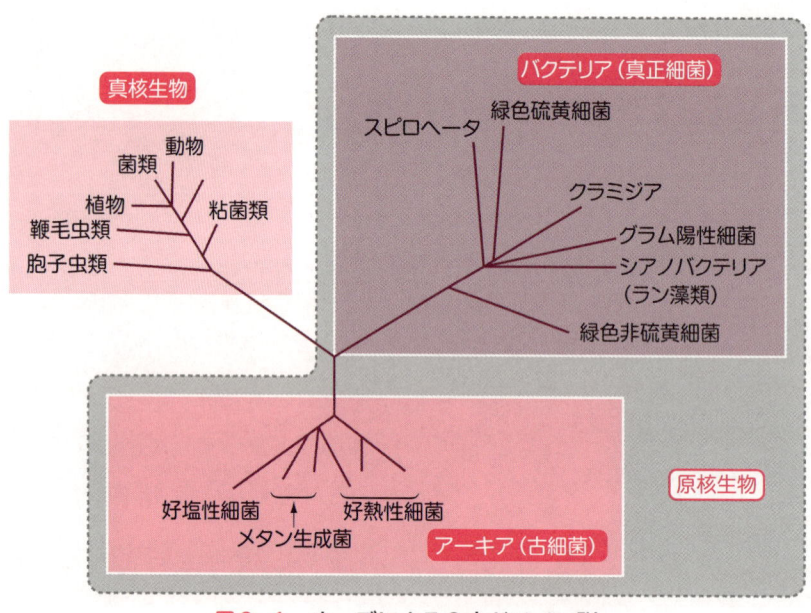

図2-1　ウーズによる3大ドメイン説

ど，厳しく過酷な環境に多く見られる細菌で，これらはアーキア（古細菌）と名付けられました．バクテリア，アーキア，真核生物の3つの分類群を合わせて，3大ドメインといいます（図2-1）．

原核細胞と原核生物

原核細胞が真核細胞と大きく異なる点は，細胞質基質内に核膜に包まれた核を持たないことです．しかし，原核細胞にもDNAは存在し，細胞質基質のなかである程度集まっています．

重要！
原核細胞…核膜に包まれた核を持たない
真核細胞…核膜に包まれた核を持つ

原核細胞の大きさは真核細胞の1/100〜1/10ほどで，数μm以下のものがほとんどです．また，ゲノムの大きさ（ゲノムサイズ）も，真核生物のおよそ1/1000〜1/100程度しかありません．さらに，細胞質基質中には目立った細胞小器官（ミトコンドリアなど）がなく，観察できるのは基本的に細胞壁，細胞膜，リボソームだけです．また，鞭毛や線毛を持っているものもあり，それらは泳ぐことができます．

原核細胞からなる生物を原核生物といいます．原核生物は図2-1のようにバクテリアとアーキアに分けられます．両者の違いについてはp.14のSTEP UP「バクテリアとアーキア」で紹介します．

真核細胞と真核生物

二重膜でできた核膜によって包まれた核を持つ細胞を真核細胞といいます．細胞質基質内には膜構造を持った複数の細胞小器官が発達しています．真核細胞に共通した細胞小器官は，核，ミトコンドリア，リボソーム，ゴルジ体，小胞体などで，植物細胞では葉緑体などの色素体や液胞が発達しています（図2-2）．

細胞の共通性・多様性 13

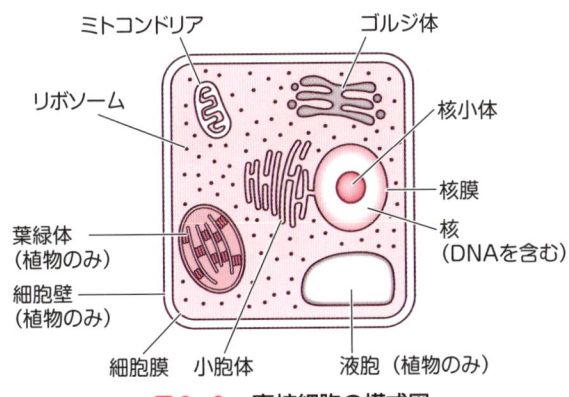

図2-2 真核細胞の模式図
ミトコンドリアと葉緑体は外膜が二重膜でできています．

また，中心体，微小管，リソソーム，なども含まれています．

真核細胞からなる生物を**真核生物**といいます．原核生物であるバクテリア（真正細菌）とアーキア（古細菌）以外の生物は，すべて真核生物です．細胞の大きさは原核細胞の数十〜数千倍とさまざまです．生殖方法には大きく分けると，無性生殖と有性生殖があります．形態には，単細胞〜群体〜多細胞まで見られます．

真核生物の分類

遺伝子に基づいた系統解析が行われる前の分類体系では，マーグリスらの**5界説**が一般的に使われてきました（図2-3）．

しかし，この5界説では原生生物界と真核生物界との境が不明瞭であること，さらに原核生物界には大きく異なる2つの系統が存在することなど，いくつかの問題点を含んでいました．

最近の分子レベルでの解析によると，真核生物のドメインには8つの大きな系統群があると考えられています（図2-4）．とくに，原生生物にはさまざまな生物群が含まれています．また，藻類も1つの分類群ではなく異なる系統に分類されることがわかってきました．たとえば，紅藻類や緑藻類は陸上植物の起源だと考えられているシャジクモ藻類と同じように葉緑体が細胞内共生した仲間として原生生物に分類されています．一方，コンブやワカメなどの褐藻類はケイ藻と同じ仲間として分類され，赤潮の原因になる渦鞭毛藻類はゾウリムシと同じ仲間に分類されました．

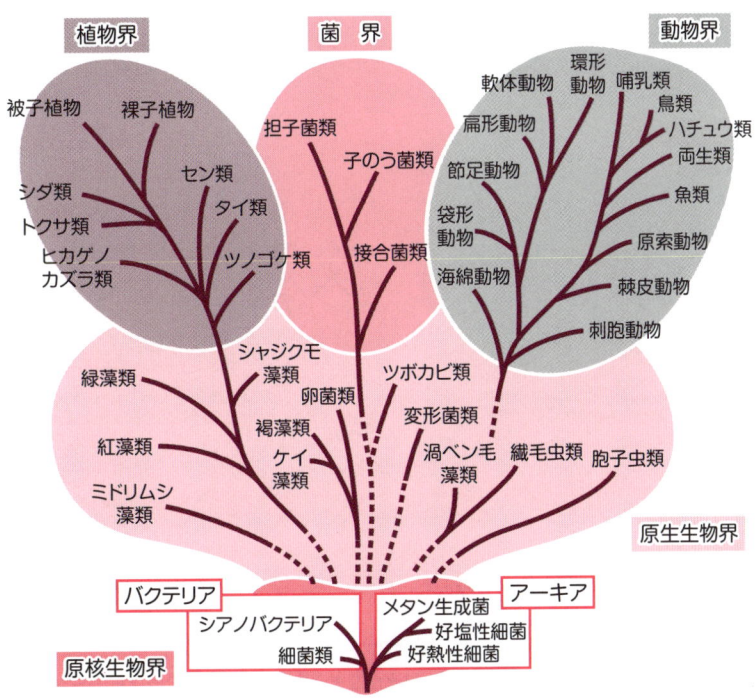

図2-3 マーグリスらの5界説

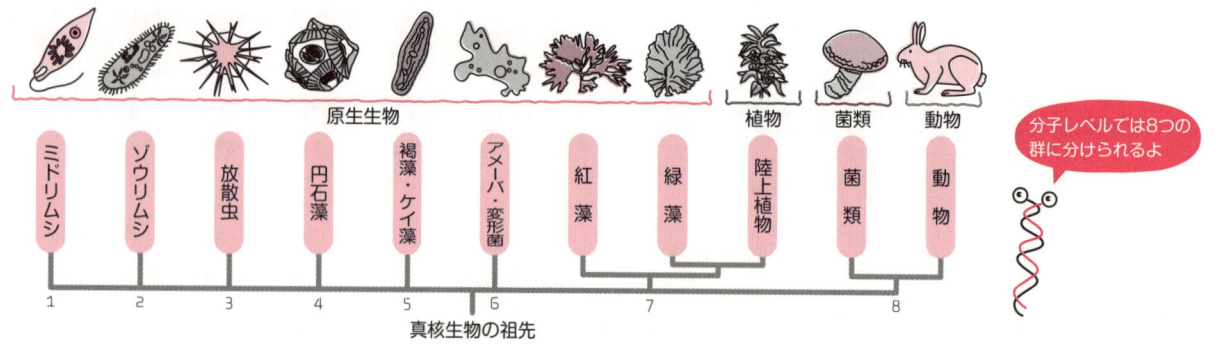

図2-4 真核生物の分類

STEP UP バクテリアとアーキア

●バクテリア（真正細菌）

バクテリアのドメインには，5界説中の原核生物界の**細菌類**と**シアノバクテリア類**（ラン藻類）が含まれます．原核生物界のアーキア（古細菌）が，別のドメインとして扱われるようになりました．

細菌類には，人間生活と深くかかわってきた病原菌や発酵食品と関係のある細菌が含まれています．多くは従属栄養生物（乳酸菌・大腸菌・結核菌・ブドウ球菌・枯草菌など）ですが，なかには独立栄養生物（光合成細菌や化学合成細菌など）もいます．生息場所は，淡水域～海水域の水域，土壌中，または生物に寄生しているものもあります．大きさは，1～10 μmです．

シアノバクテリア類は，光合成色素としてクロロフィルaを持ち，光合成を行っています．単細胞のもの，ユレモやネンジュモのように糸状の群体を形成しているものなどがあります．

●アーキア（古細菌）

アーキアには，高度好塩菌，超高熱菌，メタン細菌などが含まれます．古細菌という名称は，おもに深海底の熱水噴出孔付近のように高温，強酸，強アルカリ，または嫌気・高圧といった原始地球の過酷な環境に近いところで生息し続けているからです．しかし，アーキアの生物は，バクテリアの生物群より真核生物に近いことがわかっています．

バクテリアとアーキアでは細胞膜の極性脂質の構造が異なることが知られています（図）．

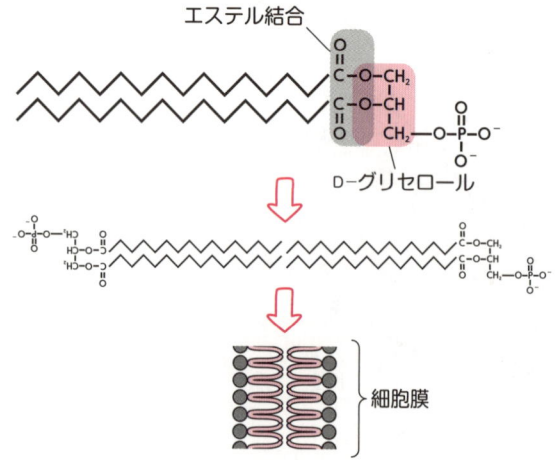

図 バクテリアとアーキア

アーキアは塩分濃度の高い死海や300℃近い熱水が噴き出す熱水噴出孔付近や高水圧下でも生きていられます．また，海中，土壌だけでなく，牛，シロアリ，ヒトの胃などにも分布しています．

単細胞・多細胞

1. 原核の単細胞生物

地球上に最初に誕生した生物は単細胞の原核生物です．原核生物にはミトコンドリアがなく，細胞質基質内にある独自の代謝系によって原始海水中の有機物を分解し，エネルギーをつくり出していました．その後，しばらく時を置いて誕生したシアノバクテリア（ラン藻類）も単細胞で葉緑体はありませんが，光合成色素としてクロロフィル a を持ち光合成を行うことができました．

2. 真核の単細胞生物

真核の単細胞生物になると，**細胞小器官**を発達させているものが多く存在します．たとえば原生動物のゾウリムシは，単細胞でありながら消化酵素を含む**食胞**や細胞内部の浸透圧を調節する**収縮胞**などが発達しています（図2-5a）．同じく原生動物のミドリムシには，葉緑体や感覚器（感光点や眼点）があり，光合成のために光を求めて泳ぐことができます（図2-5b）．

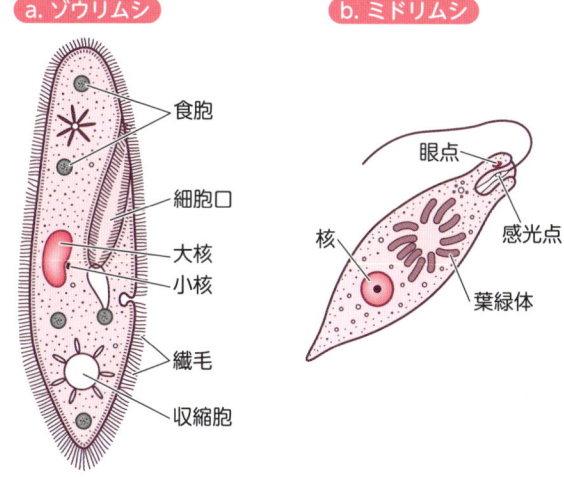

図2-5　真核の単細胞生物

なお，ミトコンドリアや葉緑体は，真核生物が誕生した約20億年前からしばらくの後，約17～18億年前ごろに，真核細胞内に共生したと考えられています（「マーグリスの共生説」の項参照）．

3. 細胞群体

分裂などによって殖えた単細胞生物が，分離しないまま接着して生活しているものを**細胞群体**といいます．細胞群体をつくる生物のなかには，個々の細胞に分化が見られるものがあります．たとえば，水田や池などの淡水中に生育する**ボルボックス**は，生殖細胞である卵や精子をつくる細胞が表面に分化しています（図2-6）．細胞の構造と機能の多様化の最もシンプルなケースといえるでしょう．

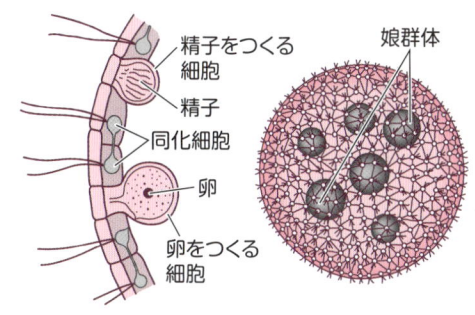

図2-6　ボルボックス
卵や精子をつくる細胞が球状の群体の表層に分化しています．

4. 多細胞生物

多細胞生物になると，細胞は組織や器官などになるため，それぞれの機能に特化した細胞集団となり，個々の細胞は互いに分業化・専門化が一段と進みます．

それぞれの細胞のなかの細胞小器官には先に述べたように共通性が見られますが，このように同一個体でも，構成する細胞は多種多様に分化し，さらに種が異なる生物では，細胞の構造もはたらきも大きく違ってきます．

マーグリスの共生説

遺伝子の存在様式を考える場合に，ミトコンドリアと葉緑体のDNAを忘れることはできません．なぜならば遺伝子は核以外に，これらの細胞小器官にも含まれているからです．

今から約20億年前に**好気性細菌**が，その数億年後，光合成細菌である**シアノバクテリア**が細胞内に共生して，それぞれが現在のミトコンドリアと葉緑体になったと考えられています．これを**マーグリスの共生説**といい

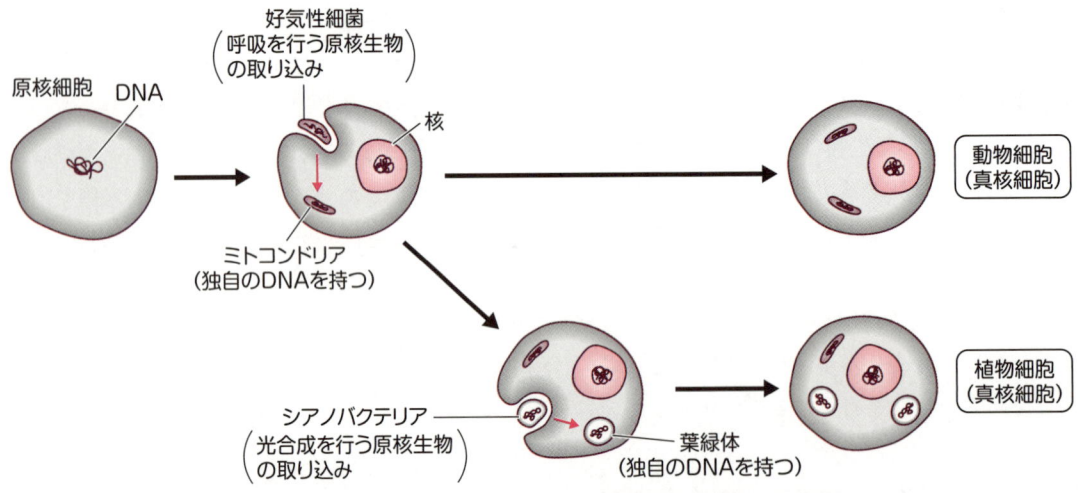

図2-7 マーグリスの共生説による真核細胞の起源の推定図
核とミトコンドリアの形成された順序は明らかになっていません.

ます（図2-7）. その証拠としては, これらの細胞小器官が, ① 二重膜で包まれていること, ② 独自のDNAが含まれており, 細胞内で分裂して増殖することが可能なことです.

最近になり, ミトコンドリアと葉緑体の持つゲノム（遺伝子）の詳しい解析により, ミトコンドリアDNAの遺伝子は好気性細菌のものと, 葉緑体DNAの遺伝子はシアノバクテリアのものと近縁であることが明らかになりました. 細胞内共生の宿主となった原核生物は, 嫌気性細菌と考えられており, 好気性細菌が細胞内部に共生したことで, 酸素を用いることができるようになり, より効率のよい呼吸（酸素呼吸）を獲得したのです.

> **重要!**
> **共生説の証拠**
> ミトコンドリアと葉緑体は
> ① 二重膜構造である
> ② 独自のDNAをもつ

2. 真核細胞の細胞小器官

動物・植物細胞の基本構造

電子顕微鏡レベルで観察することができる細胞の基本構造を見ていくことにしましょう.

まず, 動物細胞にも植物細胞に共通に含まれる細胞小器官には, 遺伝子を含み二重膜でできた核膜によって囲まれた**核**, 細胞の周囲を囲み物質の出し入れの調節を行っている**細胞膜**, 好気呼吸によりエネルギー（ATP）を産生する**ミトコンドリア**, 物質の分泌に働く**ゴルジ体**, タンパク質の運搬経路である**小胞体**, タンパク質を合成する**リボソーム**, 細胞内消化を担う**リソソーム**, 多くの酵素が含まれている**細胞質基質**, 形態の維持や細胞運動に関係する**細胞骨格**などがあります.

動物細胞に見られる細胞小器官には細胞分裂時に働く**中心体**があります. 中心体はコケ植物やシダ植物など, 精子を作る精細胞中にも見られます（図2-8a）.

植物細胞に見られる細胞小器官や構造物には, 光合成を行う**葉緑体**, 成長した細胞や果実中の細胞に多く見られ, 分泌物を貯蔵する**液胞**, 形態維持を担う**細胞壁**があります（図2-8b）.

真核細胞の細胞小器官　17

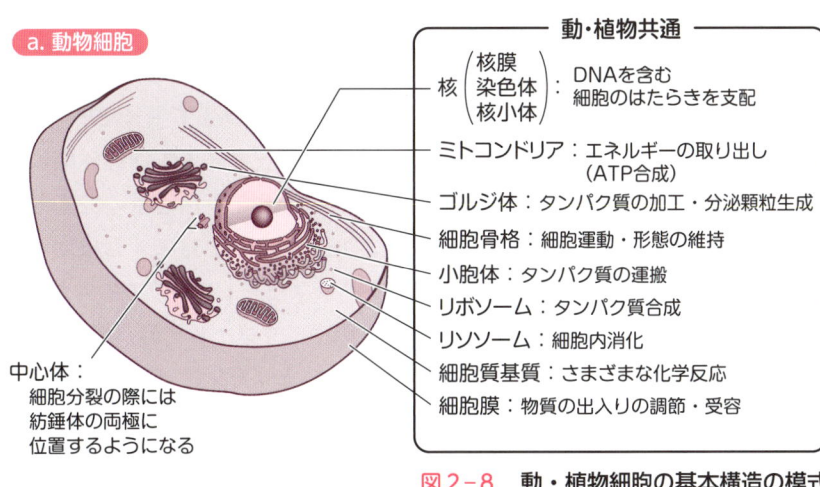
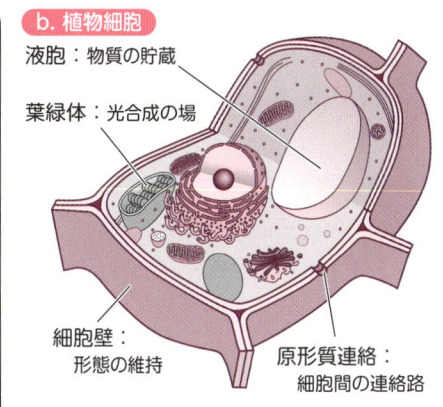

図2-8　動・植物細胞の基本構造の模式図

核

1. 構造

核は二重膜の**核膜**によって囲まれ，その内部には**核液**があります．そのほぼ中央に核小体が位置しています（**図2-9**）．核膜には**核膜孔**がたくさん開いており，小胞体や細胞質基質と連絡しています．タンパク質合成時には，mRNA（メッセンジャーRNA，伝令RNA）がこの核膜孔を通って細胞質基質中に出ていき，リボソームと結合することで合成が始まります．また，核液中には，遺伝物質（DNA）が含まれています．細胞分裂の直前には，数μmの長さの細い**染色体**が核内に見られるようになり，次第に凝集し分裂期には太い染色体になります．染色体については，第6章「生殖」，第10章「遺伝子発現とタンパク質合成」で詳しく解説します．

2. 機能

核液は，DNAの複製やRNAの合成を適切におこなえるよう，安定した環境を与えているといえます．

細胞分裂では，分裂に先立って**DNAの複製**（半保存的複製）がおこなわれ，次いで染色体が太く凝集する頃には核膜が消失して染色体が細胞質基質中に露出します．そして体細胞分裂では，分裂装置（紡錘糸）が染色体と結合して，染色体を縦列面で引き裂いて二分し両極に移動させます．

また，核は形質発現に際し，DNAからmRNAへの

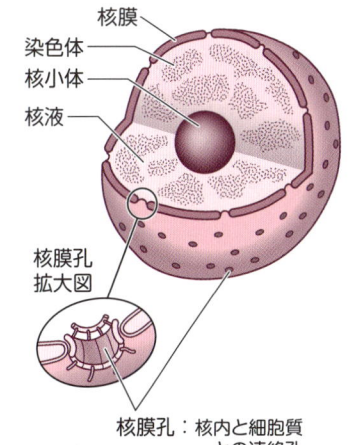

図2-9　核の構造

転写の場として重要な役割を担っています．転写とは，**RNAポリメラーゼ**（**RNA合成酵素**）によってDNAの塩基配列がmRNA前駆体に写し取られる過程をいいます．出来上がったmRNA前駆体は遺伝情報を持つ部分（**エクソン**）と持たない部分（**イントロン**）を含むので，**スプライシング**という遺伝子の整理作業によってイントロン部分が切り取られて，エクソン部分のみが結合したmRNAが完成します．このスプライシングは核内でおこなわれます．このように核は，転写の場であるとともに，スプライシングをおこなう場でもあり，それぞれのはたらきに関係するさまざまな酵素を含んでいます．

ミトコンドリア

1. 構造

大きさは 1 μm から数 μm の細長い棒状で，細胞中に数百〜数千個入っています．実際の姿は図2-10よりは細長く，細胞内で盛んに動いているのが観察できます．ミトコンドリアの染色にはヤヌスグリーンなどが用いられます．

膜は二重膜で，内膜はミトコンドリア内部のマトリックス（基質）にひだ状に突出し，クリステと呼ばれ，膜内には電子伝達系に関する酵素群が多く含まれています．この二重膜構造は「マーグリスの共生説」を裏付ける証拠の一つで，ミトコンドリアが好気性細菌由来であることを示しています．このほかにも共生説を裏付ける証拠として，ミトコンドリアには，マトリックス内に独自の環状DNAを持ち，ミトコンドリア自身分裂で増えることができます．このミトコンドリアDNAは母系遺伝するので，生物の系統をたどる際に用いられています．基質内にはリボソームも含まれています．

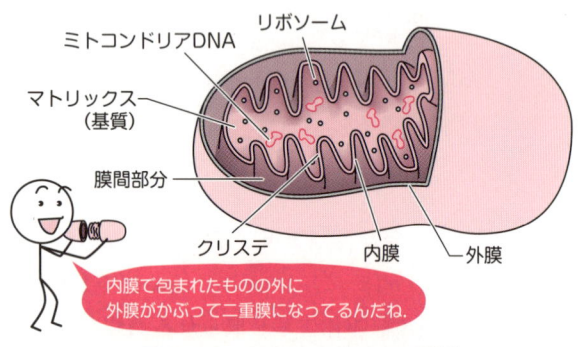

図2-10　ミトコンドリアの構造

2. 機能

ミトコンドリアは，好気呼吸の過程である解糖系・クエン酸回路・電子伝達系のうちクエン酸回路（マトリックス）と電子伝達系（クリステ）を担当します．解糖系は，嫌気呼吸と好気呼吸に共通な反応系で，細胞質基質内で行われます．解糖系では1モルのグルコースから2モルのATPしか合成することができませんが，好気呼吸を行うことができる生物は，解糖系で生じたピルビン酸をミトコンドリアのマトリックス内で活性酢酸に変え，クエン酸回路や内膜にある電子伝達系の酵素群によってATPを新たに36モル，合計38モル合成することができます．これをグルコース1モルのエネルギー利用率で見ると，好気呼吸はアルコール発酵（嫌気呼吸）の約20倍にもなります．つまり好気性細菌が原核の嫌気性細菌内に共生したことにより，1モルのグルコースからより多くのエネルギーを獲得し，生活領域も拡大することができました．

呼吸については第4章「代謝のしくみⅠ—異化」で詳しく解説します．

葉緑体

1. 構造

陸上植物の葉緑体は直径5 μm，厚さが3 μmほどの細胞小器官で，細胞中に数十から数百個入っています．膜はミトコンドリア同様に二重膜で，シアノバクテリアが共生したとするマーグリスの共生説を裏付けるものです．したがって，光合成の反応系は内膜にあります（内膜が元のシアノバクテリアの細胞膜由来と考えられる）．ストロマ（葉緑体の基質）中には，光合成色素を含む扁平な袋状のチラコイドが多数見られます．とくに円盤状のチラコイド膜が餅を重ねたように積み重なった部分がありますが，この重なり全体をグラナといいます．そのほか，ストロマ中には水分，各種イオン，酵素，リボソーム，葉緑体独自の環状DNAなどが含まれています（図2-11a）．光合成色素には，主色素としてクロロフィルa，補助色素としてクロロフィルbやカロテノイドなどが含まれています．クロロフィルの特徴は，金属原子であるマグネシウム（Mg）が含まれていることです（図2-11b）．

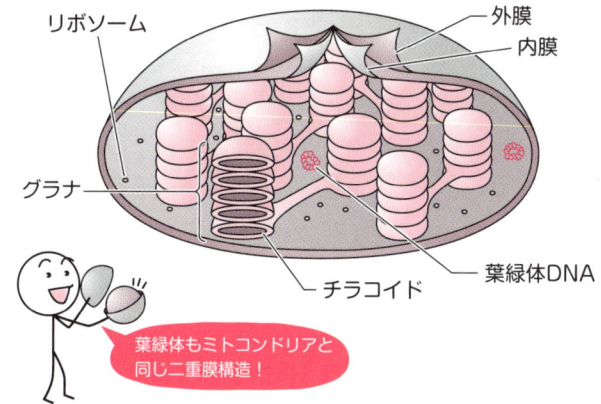

a. 葉緑体の構造

リボソーム、外膜、内膜、グラナ、チラコイド、葉緑体DNA

葉緑体もミトコンドリアと同じ二重膜構造！

b. クロロフィルa

図2-11　葉緑体と色素

2. 機　能

葉緑体のはたらきは光合成（炭酸同化）です．炭素源として二酸化炭素（CO_2）を用い，水素源としては水（H_2O）を用いて，炭水化物であるグルコース（$C_6H_{12}O_6$）と酸素（O_2）と水（H_2O）が生成されます．

緑色植物の光合成の反応過程は4つあります．以前は，光合成の反応は，光の必要な明反応と不必要な暗反応の2つの反応過程で説明されていましたが，現在では光が関係するのは反応①のみで，反応②〜④は光を必要としない反応として説明されています．

それぞれの反応系は次の通りです．

> 重要！
> ・反応①：光化学反応．クロロフィルが光エネルギーを吸収する反応（光化学系による）
> ・反応②：水の分解とNADPHの生成
> ・反応③：光リン酸化．ATPの合成反応
> ・反応④：カルビン・ベンソン回路によるグルコース生成反応

これらの反応系のうち①〜③はチラコイドで行われ，反応系④がストロマで行われます（図2-12）．

光合成については第5章「代謝のしくみⅡ―同化」で詳しく解説します．

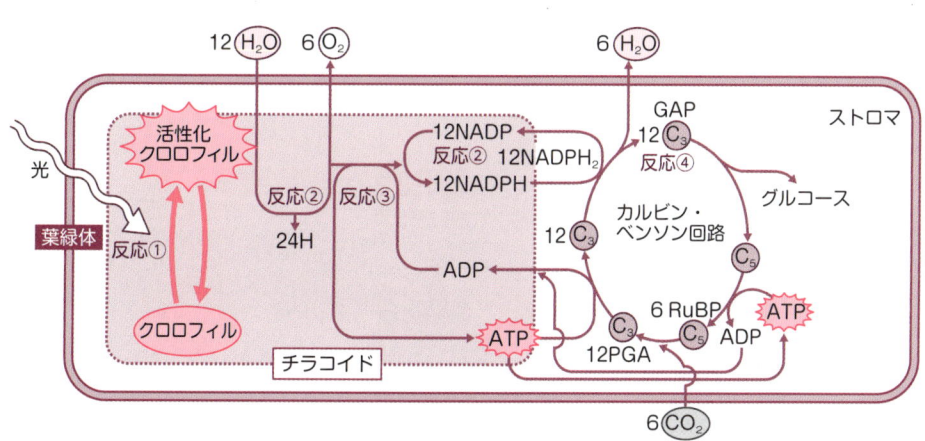

図2-12　光合成の反応過程
GAP：グリセリンアルデヒドリン酸，RuBP：リブロース二リン酸，
PGA：リングリセリン酸，NADP：ニコチンアミドアデニンジヌクレオチドリン酸，
NADPH$_2$：還元型ニコチンアミドアデニンジヌクレオチドリン酸

リボソーム

大きさは15〜30 nmととても小さく、大小2つのユニットよりなり、おもにリボソームRNA（rRNA）とタンパク質でできています。原核細胞も真核細胞も共通に持っており、葉緑体やミトコンドリアにも含まれています。細胞中には10^3〜10^6個ほどあり、細胞質基質中に浮遊しているものと、小胞体に付着しているものとがあります。そのはたらきはタンパク質合成です（図2-13）。タンパク質合成では、はじめにmRNAがリボソームに取り込まれます。次いでmRNAの塩基配列が解読され（翻訳）、その情報にしたがってtRNA〔トランスファーRNA、運搬RNA（もしくは転移RNA）〕がアミノ酸を運んできます。アミノ酸どうしがペプチド結合してタンパク質になります。

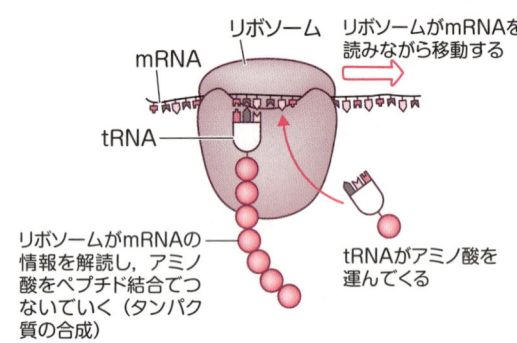

図2-13　リボソームによるタンパク質合成

タンパク質合成については第10章「遺伝子発現とタンパク質合成」で詳しく解説します。

小胞体

一重膜で扁平な袋状構造や管状構造でできており、細胞質基質内の物質移動路になります。リボソームの付着した粗面小胞体とリボソームが付着していない滑面小胞体とがあり、核膜とも連絡しているものもあります（図2-14a）。グリコーゲンを加水分解したり脂質を合成したりするほかに、ゴルジ体と連携してタンパク質などの物質を細胞外に運搬しています。

ゴルジ体

1898年にカミッロ・ゴルジにより発見された一重膜の細胞小器官で、長さ（幅）は約1 μmです。扁平な袋がいくつも重なり、袋の端からは小胞が離脱します。その一部は細胞膜に融合し、内容物を外に分泌（エキソサイトーシス）したり、リソソームとなって細胞内消化などの働きをしたりします（図2-14b）。また、小胞体から運ばれてきたタンパク質（酵素）などを加工選別して小胞に入れて分離します。したがってゴルジ体はその機能を役立てる肝細胞や消化腺、内分泌腺に多く含まれています。

リソソーム

一重の膜に囲まれた細胞小器官で、大きさは1 μmほどで、内部にはゴルジ体で加工された酵素などのタン

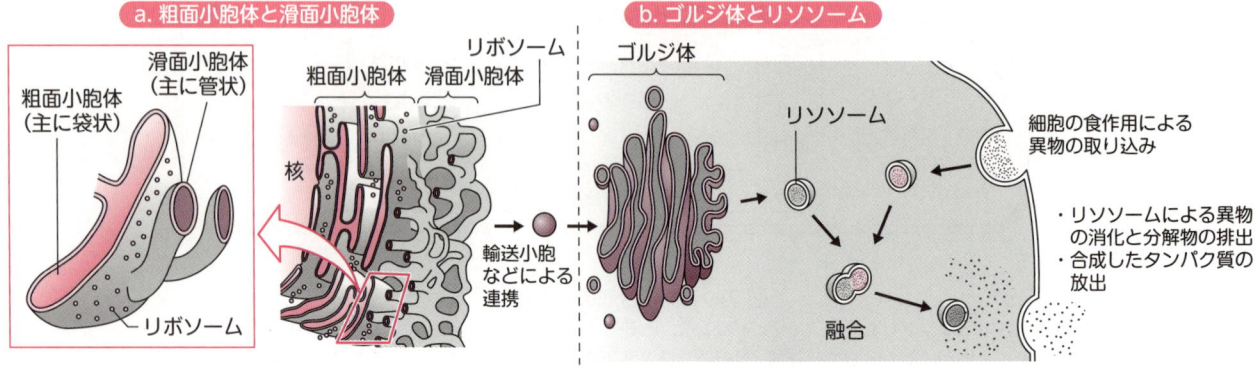

図2-14　粗面小胞体と滑面小胞体

パク質を含んでいます．**図2-14b**で示しているように，食作用（ファゴサイトーシス）によって細胞外より取り込んだ物質を分解するはたらきがあります．なお，細胞内消化を行った後に残った不消化物や合成されたタンパク質は，細胞外に放出されます．

中心体

動物細胞では2個の**中心小体**（中心粒）が核の近くで直交しており，細胞分裂時に分裂装置の一部となります．中心小体は3本の微小管が束になったものが9つ集まってできています（**図2-15**）．細胞分裂の際に**星状体**を形成し，伸長した微小管は紡錘糸となって染色体を両極に移動させます．中心体は植物細胞にはありません．

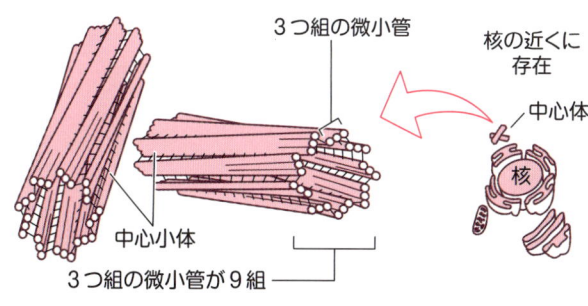

図2-15 中心体の構造

細胞分裂については第6章「生殖」で解説します．

細胞骨格

細胞内部には，無数に張りめぐらされた線維（繊維）ネットワークがあります．このネットワークは細胞を支える支持構造としてはたらいていて**細胞骨格**と呼ばれています．細胞骨格は太さや構造の異なる3種類の線維からなり，もっとも太い線維を**微小管**，次いで**中間径フィラメント**，もっとも細い線維を**マイクロフィラメント**（アクチンフィラメント）といいます（**図2-16**）．

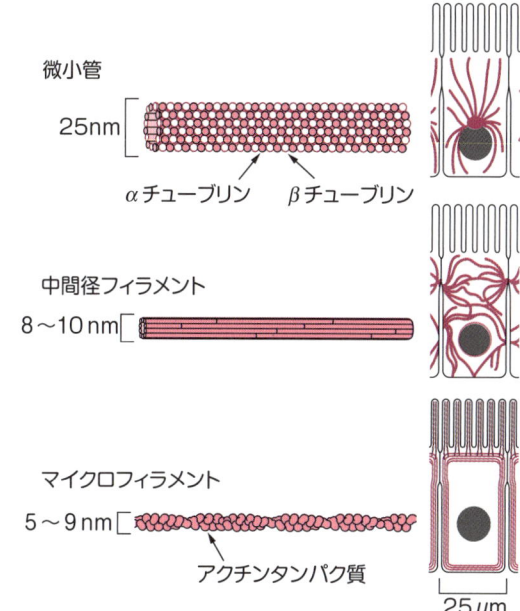

図2-16 細胞骨格
右側の細胞中に描かれている色の部分が，左側の微小管やフィラメントを表しています．

1．微小管

中空のシリンダー構造です．微小管はα/βチューブリンの重合と解離をくり返して，伸長と短縮をしています．この微小管の短縮により（すなわち紡錘糸として）染色体が動きます．また，微小管は，さまざまな小胞の滑り運動の軌道ともなります（p.111「3. 輸送タンパク質」参照）．

2．中間径フィラメント

線維状タンパク質で，細胞の形を維持しています．隣の細胞同士を結びつけるはたらきもあります．

3．マイクロフィラメント

アクチンというタンパク質で出来ています．原形質流動や細胞質分裂時に生じる"くびれ"などの細胞運動に関与しています．

3. 細胞膜

細胞膜に埋め込まれているタンパク質については，第9章「タンパク質の基本的性質」で解説します．
ここでは，構造とはたらきについて概説します．

細胞膜の構造

細胞膜は細胞の周囲を囲む厚さ5〜8 nmの膜です．現在，膜構造は**流動モザイクモデル**によって説明されています．膜の部分はリン脂質による2層構造で，親水部が外側にあり，疎水部が内側で向き合っています．膜のところどころにタンパク質がモザイク的に埋め込まれており，このタンパク質分子は流動的な性質を持つため，細胞膜内をある程度移動することができます．これらのタンパク質は，特定の分子を通過させる**チャネルタンパク質**やホルモンなどの**受容体タンパク質**，**ナトリウムポンプ**などのはたらきをしています（図2-17）．

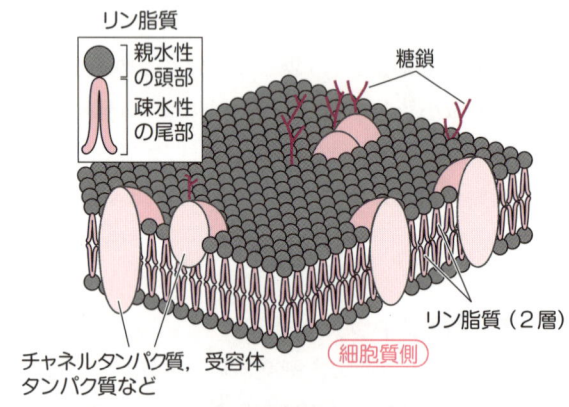

図2-17　細胞膜の流動モザイクモデル

チャネルタンパク質，受容体タンパク質，ナトリウムポンプについてはp.111「細胞膜にあるタンパク質」で詳しく解説します．

細胞膜の性質

1．半透性

半透膜（半透性の膜）は，分子量の大きな**溶質**（糖など）は通さず，分子量の小さな**溶媒**（水など）は通します．半透膜を境にショ糖溶液と水を入れた容器を両側に配置すると，ショ糖溶液の液面が重力に逆らって上昇します．これは，ショ糖分子は大きくて半透膜の穴を通ることができないが，水分子は小さいので拡散によって移動するために生じます．このとき半透膜を介した水の移動を**浸透**といい，ショ糖の液面を押し上げた圧力を**浸透圧**といいます（図2-18）．

細胞膜は，条件によっては特定の物質に限り半透性を示します（選択的透過性）．

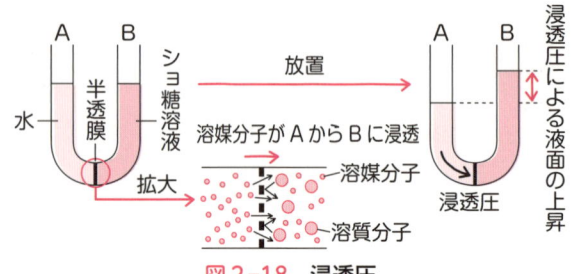

図2-18　浸透圧

大きな丸（たとえばショ糖分子）は拡散することができず，小さな丸（水分子）のみが拡散し半透膜を浸透することができます．

2．選択的透過性

選択的透過性とは，物質によっては透過させたりさせなかったりする性質をいいます．たとえば，分子の大きさが大きくても脂溶性の物質（ビタミンAなど）は比較的細胞膜を通りやすい性質があります．細胞膜には必要な物質を積極的に通す性質があるのです．

3．受動輸送と能動輸送

細胞膜には，**イオンチャネル**と呼ばれる部分があり，イオンはそこから出入りすることができます．これは細胞内外の濃度差に従い，エネルギーを使うことがない単

純な拡散現象で受動輸送といいます．また，細胞膜にはエネルギーを用いて細胞内外の濃度差に逆らい，特定の物質を出し入れする能動輸送もあります．たとえば，細胞膜にあるナトリウムポンプでは，ATPのエネルギーを使って，細胞内のナトリウムイオンを細胞外に排出し，細胞外にあるカリウムイオンを細胞内に取り込みます（図2-19）．

イオンチャネルについては第9章「タンパク質の基本的性質」で，ナトリウムポンプについてはp.140「静止電位と活動電位」でも解説します．

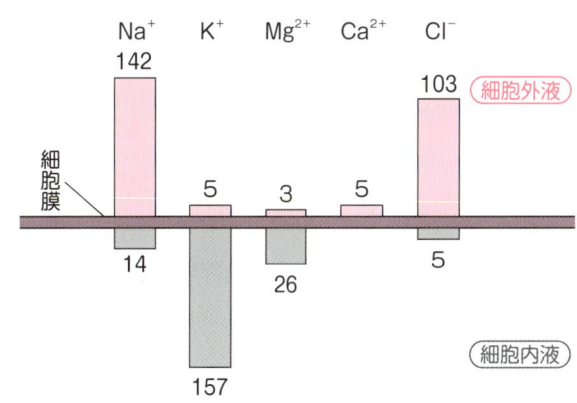

図2-19 赤血球内外のイオン分布
ナトリウムポンプのはたらきによって細胞外にNa$^+$が，細胞内にK$^+$が多くなります．

4. 組織と器官

多細胞動物の体は，多種多様に分化した細胞でできています．たとえば，ヒトの体の細胞は約200種類に分化しています．これらは単に異なった細胞が集まったものではなく，相互に認識し合い，役割を分担しながら活動し，個体としての生命を維持しています．

分化については第7章「発生のしくみ」で詳しく解説します．

図2-20 細胞の役割分担

組織

動物の体を顕微鏡で観察すると，細胞の形や配列のしかたなどから，いくつかの組織に分けることができます．これらは形態やはたらきなどから，①上皮組織（被覆上皮，吸収上皮），②筋組織〔平滑筋，横紋筋（骨格筋と心筋）〕，③神経組織（神経細胞，グリア細胞），④結合組織（骨組織，軟骨組織，線維性結合組織，脂肪組織など）の4つに分類されています（図2-21a）．

器官と器官系

多細胞動物では，組織が集まって比較的大きな器官を形成しています．たとえば，脳，心臓，肝臓や皮膚などは器官の名称です．器官はしばしば臓器や内臓と呼ばれることもあります．さらに多細胞動物では，器官のはたらきが関連したもので器官系を形成しています（図2-21b）．たとえば，呼吸系（呼吸器官系）は肺と気管から，消化系（消化器官系）は食道，胃，小腸などから，生殖系（生殖器官系）は，卵巣，精巣，卵管（輸卵管），精管（輸精管）などからなっています．

植物の組織系と器官

多細胞植物の場合は，関連のある組織の集まりを組織系といい，表皮系（表皮組織），基本組織系（柔組織，機械組織），維管束系（木部と師部）の3つに分けられています．また，多細胞植物では，葉（栄養器官），根（栄養器官），茎（栄養器官），および花（生殖器官）が器官ですが，動物ほど器官は発達していません．

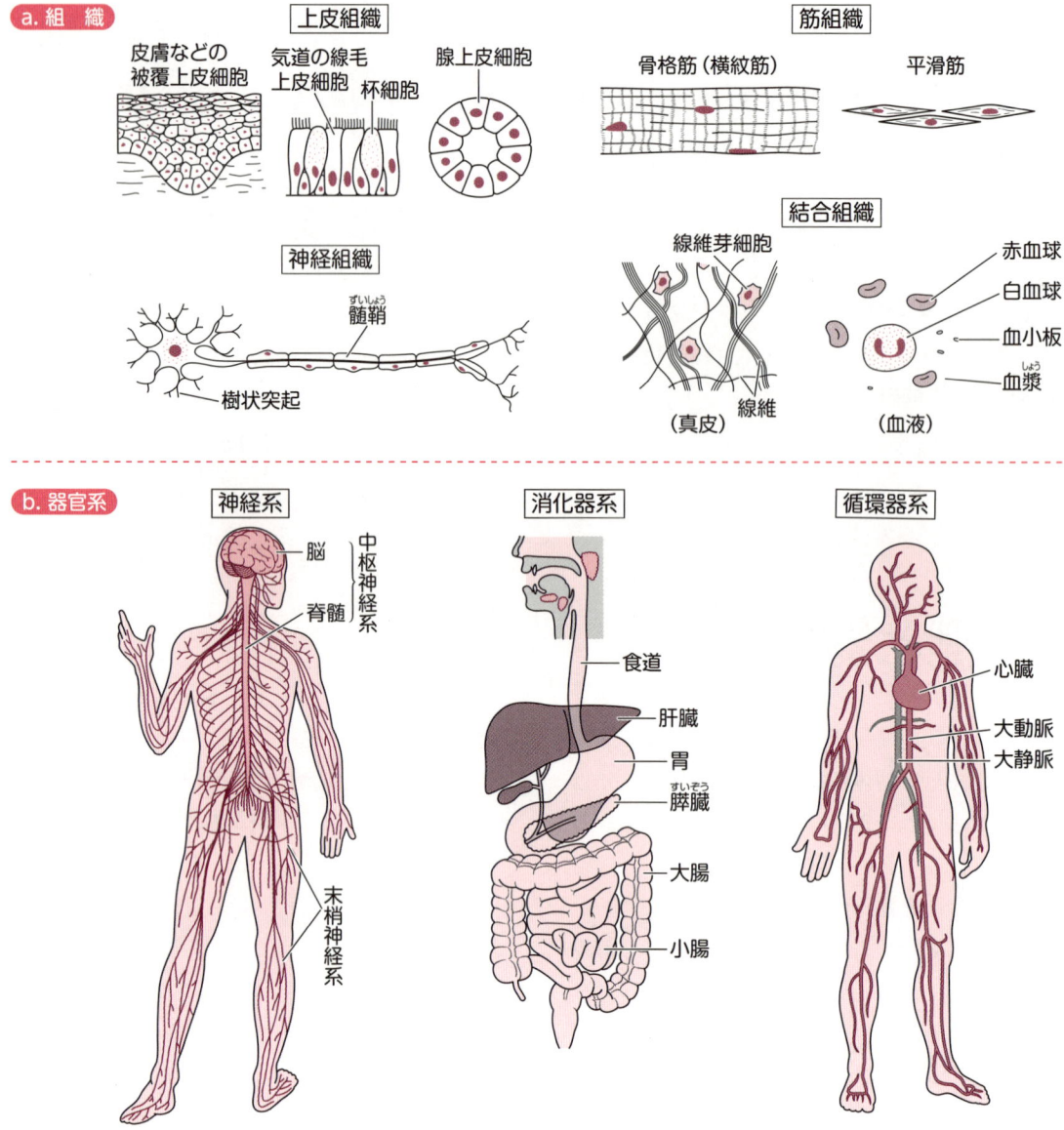

図2-21　多細胞動物の組織とヒトの主な器官系

ヒトの組織は，上皮，筋，神経，結合の4つのグループに分けられています．膵臓は，消化器系と内分泌系とに含まれています．神経系については第11章「ヒトの脳と神経系」，消化器系と循環器系については第12章「恒常性Ⅰ」，第13章「恒常性Ⅱ」で詳しく解説します．

応用編！ ワンポイント生物講座

抗体を応用した実験法

フローサイトメトリー

　細胞が生命の単位であり，またそれぞれの役割ごとに多様でもあることを学びました．もし，欲しい細胞を生きたまま取り出すことができれば，病気の診断や治療におおいに役立つはずです

　病原微生物やがん細胞を攻撃する免疫反応はリンパ球と呼ばれる細胞が担っています（詳しくは第12章「恒常性Ⅰ」で解説します）．リンパ球は主にリンパ節や脾臓などに集まっていますが，末梢血（血管中を流れている血液）の中にも存在します．ところが，末梢血の中にはほかにも赤血球など種々の細胞があり，白血球の中でもリンパ球の割合は非常に少ないのです．免疫反応を研究するために，リンパ球だけを生きたまま分けて取ってくる（分画といいます）必要があります．

　これには，フローサイトメトリー（蛍光色素による細胞分画法）（図1）という方法が用いられます．

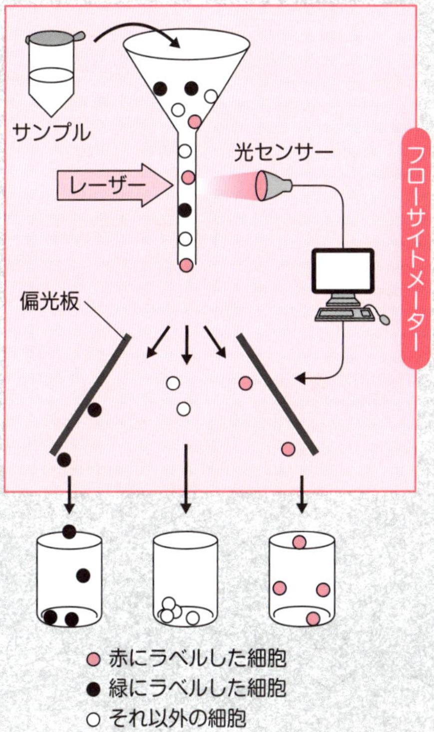

　たとえば，免疫系を活性化するために不可欠なリンパ球であるヘルパーT細胞の細胞表面には，CD4というタンパク質分子がついています．また，別のリンパ球の表面にはCD8というタンパク質分子がついています．残念ながら，光学顕微鏡はおろか，数十万倍まで拡大可能な電子顕微鏡を用いても，この2つの分子の形は見えません．ところが，抗体を用いればこの2つの分子を区別することができます．

● 赤にラベルした細胞
● 緑にラベルした細胞
○ それ以外の細胞

図1　フローサイトメーターのしくみ

　まず，ヒトのすべてのタンパク質の中でCD4だけに結合する抗体（抗CD4抗体）を大量につくり，これに赤色の蛍光色素をくっつけます．また，CD8だけに結合する抗体（抗CD8抗体）を大量に作って緑色の蛍光色素をくっつけます．蛍光色素のついた2種類の抗体を理想的な条件下で血液と反応させると，抗CD4抗体はCD4分子をもつリンパ球だけに，抗CD8抗体はCD8分子をもつリンパ球だけに，それぞれ結合します．つまり，CD4をもつリンパ球（CD4ポジティブ細胞）は赤く，CD8をもつリンパ球（CD8ポジティブ細胞）は緑にラベルされることになります（どの色の蛍光色素を用いるかは，あまり重要ではありません）．この状態ではまだ，赤いラベルのリンパ球と緑のラベルのリンパ球は，ほかの細胞も交えて血液中で混ざりあっています．このサンプルをフローサイトメーターにかけます．

　単純化して考えると，フローサイトメトリーでは細い管とその中を通る細胞についている蛍光色素の色を読みとる部分，さらに読みとった結果に応じて細胞を右と左とに振り分ける装置を用います．たとえ

> 応用編
> **ワンポイント生物講座**

フローサイトメトリー
―生きたままの細胞を分ける方法（続き）

ば，赤い色素がついていれば右へ，緑の色素がついていれば左へ，色素がついていなければまっすぐ中央へとそれぞれ細胞が割り振られたとすると，CD4ポジティブ細胞だけを右側の試験管に，CD8ポジティブ細胞だけを左側の試験管に，それぞれ集めることができます．このとき細胞は生きたまま回収できます．

さらに，このフローサイトメトリーという方法を用いると末梢血中のリンパ球の数を数えることができます．エイズ（後天性免疫不全症候群，AIDS）では，CD4ポジティブなリンパ球（ヘルパーT細胞）の数が激減します．そこで，ヘルパーT細胞を数える（あるいはCD4ポジティブ細胞とCD8ポジティブ細胞との比をとる）ことで，エイズの診断やその重症度の判断を行うことができます．

ELISA法

その他にも抗体につけるラベルを変えることで，さまざまな実験方法が生み出されています．たとえば，ある無色の物質が，特殊な酵素によって反応を起こして色が出る現象があります．この酵素を抗体に結合させ，酵素反応の結果生じた色の濃さを測定することで，この抗体が認識する物質（抗原）の量を測定する方法があり，ELISA法（酵素結合免疫吸着測定法）と呼ばれています（図2）．

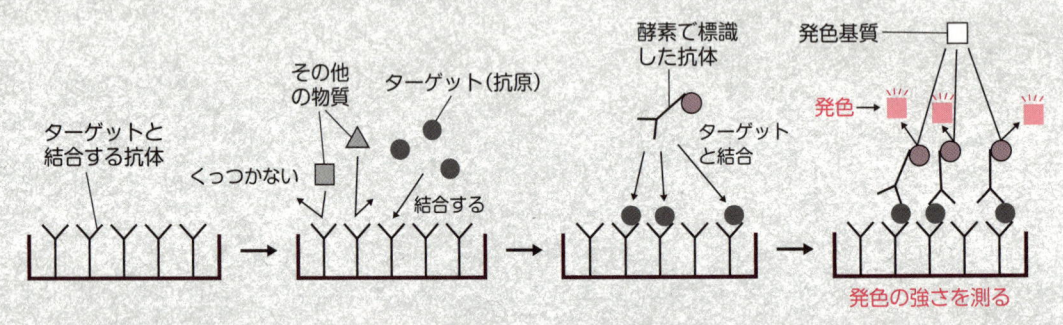

図2　ELISA法（サンドイッチ法）

第2章 章末問題

① 生物の基本単位である細胞の機能面における共通性を2つ答えよ.

② ウーズらによる三大ドメイン説のうち,真核生物以外の2つのドメインを答えよ.

③ 真核生物を5つの分類群に分ける分類体系は5界説と呼ばれる.5つの分類群名を答えよ.

④ マーグリスの共生説を支持する,ミトコンドリアと葉緑体に見られる共生の証拠を2つ述べよ.

⑤ ミトコンドリアのはたらきを説明せよ.

⑥ 右図は葉緑体の模式図である.A〜Dの名前を答えよ.
なお,Dは環状の部分をさす.

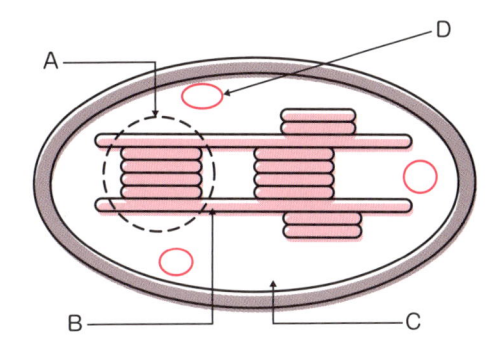

⑦ リボソームのはたらきを答えよ.

⑧ 次の文章中のア〜オに適語を入れよ.
　細胞膜は,（ ア ）性であるだけでなく,生細胞に特有な（ イ ）性という性質をもつ.また,細胞膜にはエネルギーを使わない単純な拡散現象である（ ウ ）と,エネルギーを使って細胞内外の濃度差に逆らって特定の物質を出し入れする（ エ ）がみられる.たとえば,細胞膜にある（ オ ）ポンプでは,ATPのエネルギーを使って細胞内の（ オ ）イオンを細胞外に排出し,細胞外にあるカリウムイオンを細胞内に取り込む.

第3章

生体を構成している物質

私たちのからだの6～7割が水分であるといわれています．空を飛ぶ鳥や昆虫類は，これほど水分を含んでいません．ヒトが命を授かってから，どのタイミングで水との関係が始まるのでしょうか．

1つの個体としてみると，それは受精してから発生初期の時点で始まります．子宮内で成長した胚は，やがて胎児となって羊水に浮かぶようになります．また，栄養分や酸素も水に溶けた状態で胎盤を通して母親からもらうようになります．この羊水の成分は海水の成分とよく似ており，まさに「母なる海」の中で育つのです．

種としてヒトの進化の道筋をたどってみると，それは海から始まりました．生命は海で誕生したのです．やがて乾燥した陸地に進出する際に，爬虫類や鳥類は卵の胚膜のなかに，哺乳類は子宮内の胚膜のなかに海に似た環境を作ったのです．体液である血液・組織液・リンパ液にも海水の成分が見られます．したがって，体液成分の溶媒として，飲料水は重要な供給源であることがわかります．

このように，ヒトは水環境と切っても切れない状況のなかで生活しています．

キーワード 水，タンパク質，アミノ酸，原形質，炭水化物，核酸，DNA，RNA，脂質，脂肪酸，グリセリン

1. 生体を構成する元素

生重量と乾燥重量

生体を構成する物質のなかで一番多いものは，原形質（核＋細胞質）では水です．次いで，タンパク質，脂質，核酸という順になります．炭水化物はわずか1％以下です．原形質で比べると，動物も植物もそれほど変わりません．また，水分を除いた乾燥重量でも，1番目がタンパク質で変わらず，2番目以下が脂質，核酸，炭水化物という順になります．いずれにせよ水とタンパク質は，生体にとって，ともに重要であることがわかります（図3-1）．

また元素で見た場合，生重量で多い元素は，酸素（O）66％，炭素（C）17.5％，水素（H）10.2％，窒素（N）2.4％の順になります．これは原形質の8割以上が水（H_2O）で占められていることによります．

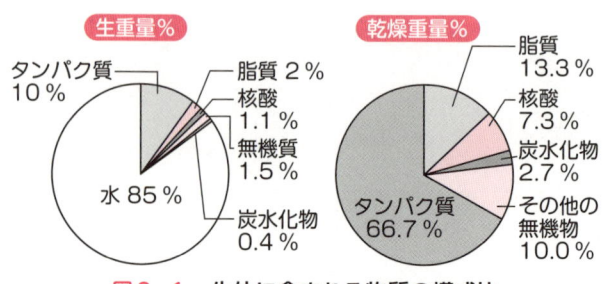

生重量％
- 水 85％
- タンパク質 10％
- 脂質 2％
- 核酸 1.1％
- 無機質 1.5％
- 炭水化物 0.4％

乾燥重量％
- タンパク質 66.7％
- 脂質 13.3％
- 核酸 7.3％
- 炭水化物 2.7％
- その他の無機物 10.0％

図3-1　生体に含まれる物質の構成比

水

1. 構造

水の分子式は H_2O で，1個の酸素原子と2個の水素原子からできています（図3-2）．酸素原子と水素原子との結合角は104.5°です．液体の水は分子が自由に動ける状態で存在しています．

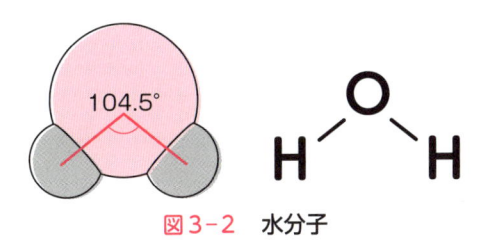

図3-2　水分子

2. 性　質

一般的な性質は，分子量が18，密度は $1\,g/cm^3$ で，約4℃で最大になります．融点が0℃で沸点が100℃です．

- **いろいろな物質を溶かす**：細胞内の物質（酵素など）やガスは，すべて水に溶けてはたらきます．
- **比熱が大きい**：18℃の水の温度を1℃上げるには $4.2\,kJ/kg$ 必要です．つまり「比熱が大きい」というのは「温まりにくく，冷めにくい」という性質を表しています．したがって，生物に含まれる多量の水のおかげで，外部温度が大きく変化しても体内の温度変化が少なくて済むわけです．
- **融解熱・気化熱が大きい**：水は凍りにくく気化しにくい性質を持っています．生物の体内にある多量の水が凍ったり，すぐに気化したりすることは少なく，安定しているのです．
- **熱伝導率が大きい**：水は液体のなかでも熱伝導率が大きいほうです．水の熱伝導率はアルコールの約3倍，空気の約25倍にもなります．
- **表面張力・凝集力が大きい**：水の表面張力の大きさはアルコールの約3倍です．また，水が木の導管（通導組織のなかの管）を通って高いところまで登っていくのも，大きな凝集力によるものです．

2 タンパク質

タンパク質は，原形質の乾燥重量のなかで一番比率が高く，約67％（およそ2/3）を占めています．タンパク質は，体の構成成分としてだけではなく，生体内の化学反応を触媒する**酵素**の本体としても重要です．また，ヒトの体を構成するタンパク質は10万種類ぐらいあるといわれています．タンパク質はエネルギー源としても消費されるので，体重70 kgの成人の日本人なら約 $50\,g/日$ が必要と考えられています．

1. 構　造

タンパク質は，**アミノ酸**が**ペプチド結合**（一方のアミノ酸のカルボキシル基と，もう一方のアミノ酸のアミノ基がくっついて H_2O が取れる）によって数十個〜数千個結合してできています（図3-3）．

タンパク質の種類は，次の要素によって決まります．

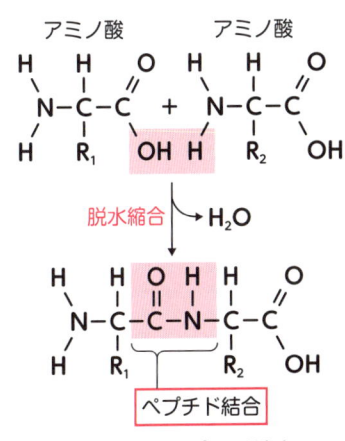

図3-3　ペプチド結合
Rはアミノ酸の種類により異なります．
詳しくは「アミノ酸」の項で解説します．

> **重要！**
> **タンパク質の種類を決める要素**
> ・アミノ酸の種類
> ・アミノ酸の並ぶ順序
> ・アミノ酸の結合数（長さ）

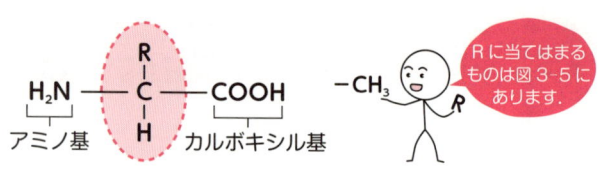

図3-4　アミノ酸の一般式
Rはアミノ酸の種類ごとに異なります．

そして，これらのアミノ酸はDNAによって並び方が決められています．

近年の高感度分析技術により，タンパク質にはアミノ酸以外の成分を多少含んでいることがわかっています．このようなタンパク質は**複合タンパク質**と呼ばれています．たとえば，炭水化物と結合したタンパク質を**糖タンパク質**といいます．

2．種類

ヒトの体には約10万種類，自然界全体では100億種類以上のタンパク質があると考えられています．これらのタンパク質を大きく分けると**構造タンパク質**と**機能タンパク質**に分類できます（表3-1）．構造タンパク質には，体のつくりを維持するという機能があります．

表3-1　タンパク質の種類と役割

構造タンパク質	DNAが巻き付いているヒストン，筋線維のアクチンフィラメントとミオシンフィラメント，組織のコラーゲンなど，細胞や組織の構造をつくるタンパク質
機能タンパク質	細胞膜のナトリウムポンプ，抗体（免疫グロブリン），ヘモグロビン，酵素，受容体，ホルモンなどとしてはたらくタンパク質

アミノ酸

1．基本構造

タンパク質の構成単位はアミノ酸です．アミノ酸は，炭素原子に**アミノ基**（NH_2）と**カルボキシル基**（COOH）が結合した化合物です．構造は図3-4のようになります．Rの部分を**側鎖**といい，一番単純なものはグリシンというアミノ酸で，側鎖はHになります．

2．種類

ヒトのタンパク質を構成しているアミノ酸は20種類あります．図3-5（次頁）のようにアミノ酸は，酸性，中性，塩基性，水への溶けやすさなどから分類されます．アミノ酸を記号で示すときは，3文字もしくは1文字の略号で示すことが決められています．

また，アミノ酸には生体内で合成できるものと，外から取り込まなければならないものがあります．この取り込まなければならないアミノ酸を**必須アミノ酸**といいます．

タンパク質の構造

1．一次構造

タンパク質を構成するアミノ酸の直鎖を，そのタンパク質の**一次構造**といいます（図3-6）．一次構造であるアミノ酸配列は，一部の例外を除き，遺伝情報（DNA）に基づいて並べられたものです．

また，アミノ酸がたくさん（ポリ）のペプチド結合でつながれているので**ポリペプチド鎖**ともいいます．

図3-6　タンパク質の一次構造

2．二次構造

二次構造とは，タンパク質のポリペプチド鎖のうち，近くにある水素原子と酸素原子が**水素結合**によってできる立体構造です．これには**らせん構造**（αヘリックス構造）のものや**シート構造**（βシート構造）のものがあります（図3-7）．

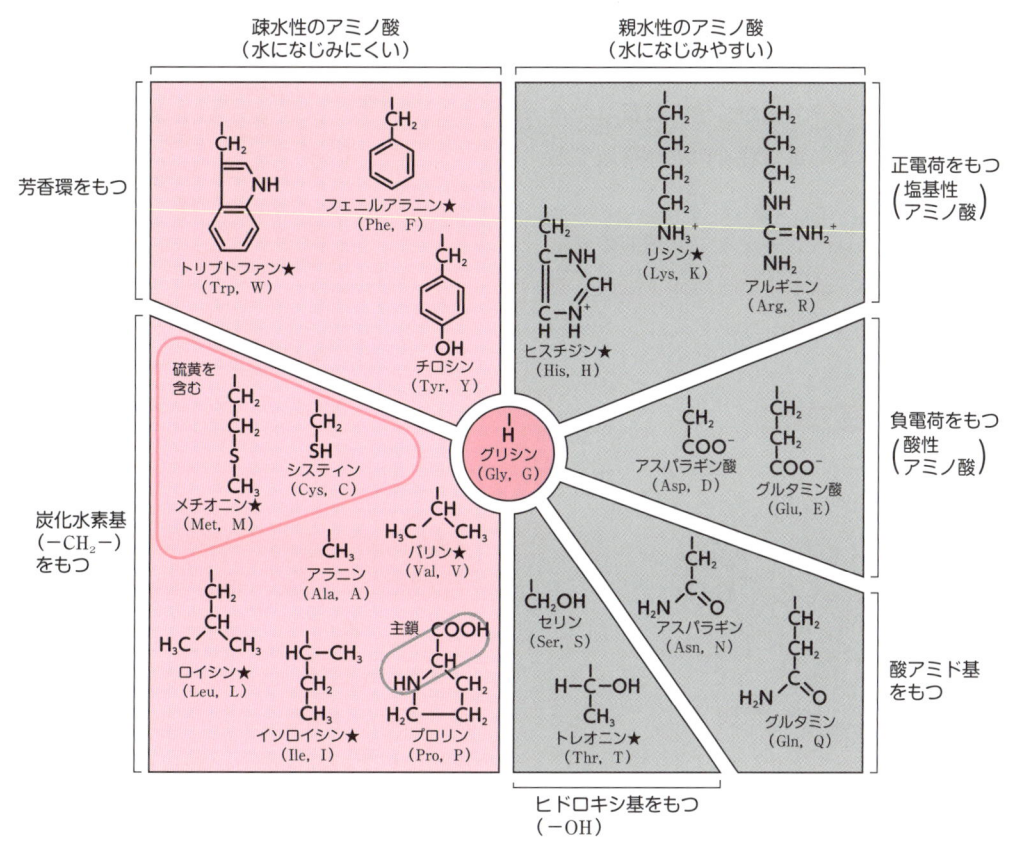

図3-5 タンパク質を構成する20種類のアミノ酸の側鎖の構図

★印はヒトの9種類の**必須アミノ酸**を示しています．小児期ではそれらに加えてアルギニンが**準必須アミノ酸**です．
カッコ内は三文字略号と一文字略号を示しています．（トレオニンはスレオニンとも呼ばれます）

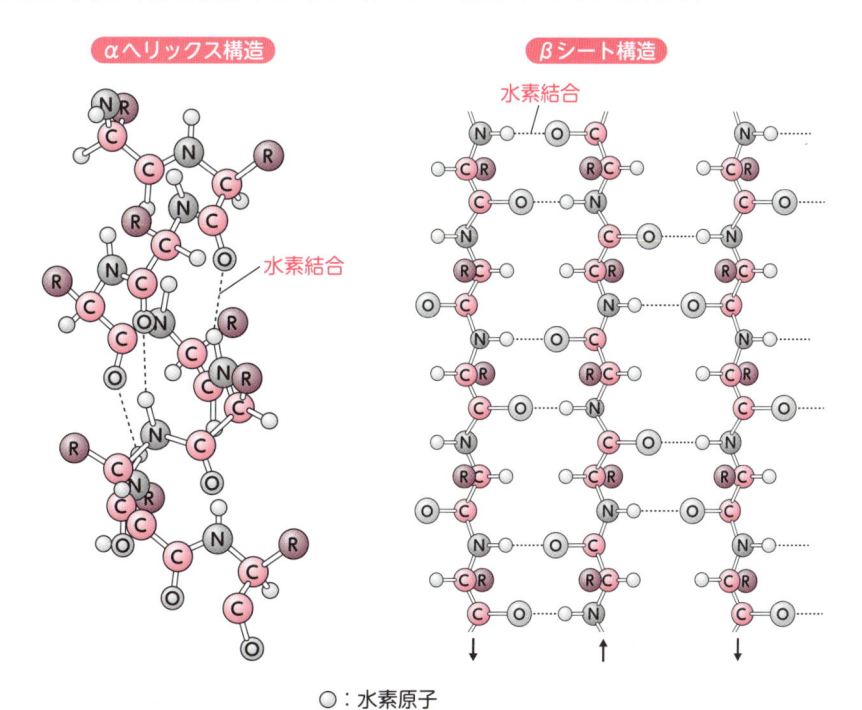

○：水素原子

図3-7 タンパク質の二次構造

3. 三次構造

二次構造をとったポリペプチド鎖が，さらに折りたたまれると，それぞれのタンパク質に特有の立体構造である**三次構造**を形成します（図3-8a）．

アミノ酸どうしの結合には，システイン残基間の**ジスルフィド結合**（S-S結合），**疎水性結合**，**水素結合**，**静電結合**などがあります（図3-8b）．

a. 立体構造の例

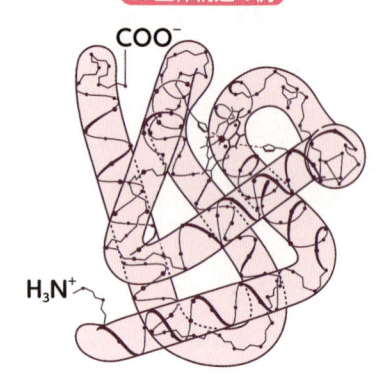

b. アミノ酸をつなぐ相互作用

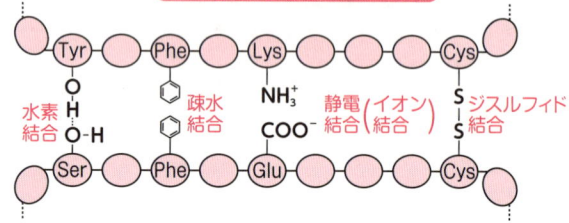

図3-8　タンパク質の三次構造
a. はミオグロビンの三次構造．
b. はチロシン-セリン間の水素結合，フェニルニアラニン-フェニルニアラニン間の疎水結合，リシン-グルタミン酸間の静電気結合（イオン結合），システイン-システイン間のジスルフィド（S-S）結合を示しています．

4. 四次構造

三次構造をとった複数のポリペプチド鎖が合体してさらに大きな立体構造をとることがあります．これを**四次構造**といいます．また，組み合わさった一つひとつのポリペプチド鎖の集まりを**サブユニット**といいます．四次構造をとるタンパク質でよく知られるものには，**ヘモグロビン分子**などがあります（図3-9）．

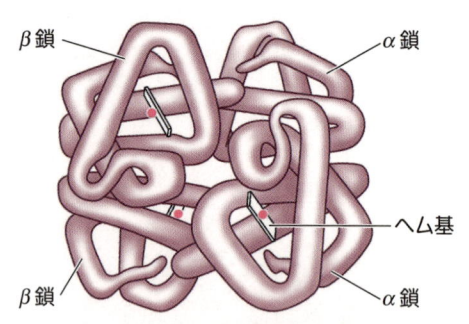

図3-9　タンパク質の四次構造
ヘモグロビンの四次構造．

タンパク質の性質

1. 変性

タンパク質は，熱，酸，塩基，重金属イオン，有機溶媒，界面活性剤などによって変性します．**変性**とは，二次構造以上の高次構造が壊れるために起こり，変性するとそのタンパク質は生理活性を失います（図3-10）．身近な変性の例としては，卵白を加熱すると濁って沈殿してきたり（温泉卵），コラーゲンでは同様に加熱すると溶けたりします（コラーゲン鍋など）．

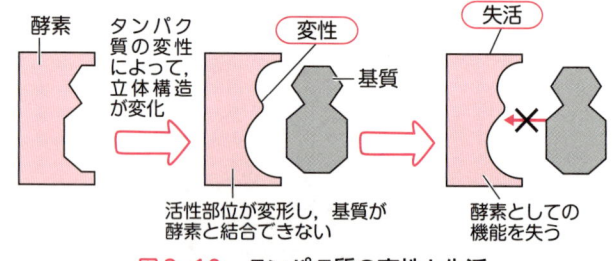

図3-10　タンパク質の変性と失活

2. 塩析

タンパク質の水溶液に多量の塩を加えると，タンパク質の種類によっては沈殿します．これをタンパク質の**塩析**といいます．こうした方法は，生体からタンパク質を抽出したりするときに使われます．

3. 炭水化物（糖質）

炭水化物 $C_m(H_2O)_n$ は，グルコースやスクロース，デンプンなどが含まれ糖質ともいいます．生物における役割は，主に生命活動のエネルギー源となることです．そのほかには，赤血球の表面などに糖鎖を伸ばすこと，核酸（DNA, RNA）の基本単位であるヌクレオチドの糖の構成成分となることです．また，植物の場合には，細胞壁の主成分（セルロース）としても重要です．

炭水化物の種類

炭水化物には，いくつもの種類があります．最も小さくて簡単な構造のものが単糖類，単糖類が2個縮合したものが二糖類，単糖類がそれ以上結合したものが多糖類です．

1．単糖類

単糖類のうち，炭素原子の数が5つの単糖は五炭糖（ペントース）といい，6つの単糖類を六炭糖（ヘキソース）といいます（図3-11，表3-2）．たとえば，グルコースはエネルギー源として，ヒト血液中に（血糖として）約0.1％程度含まれています．

2．二糖類

単糖類が2つ結合したものが二糖類です．一般的に，水によく溶け甘みを持つという特徴があります．代表的な二糖類には，スクロース（ショ糖），マルトース（麦芽糖），ラクトース（乳糖）があります（図3-12，表3-3）．スクロースはサトウキビの成分で，マルトースは麦芽中に多く生成されます．ラクトースは母乳中に多く，ヒトでは6〜8％，ウシでは4〜5％含まれています．

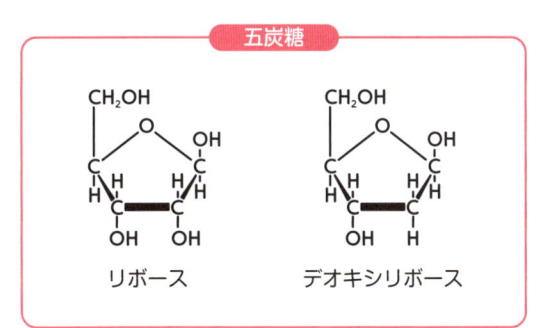

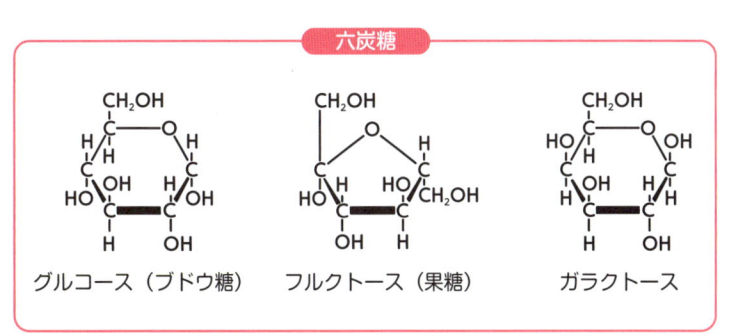

図3-11　代表的な単糖類の構造

表3-2　代表的な単糖類の特徴

分類		種類	特徴
単糖類	五炭糖（ペントース）	リボース ribose （$C_5H_{10}O_5$）	RNAの構成成分
		デオキシリボース deoxyribose （$C_5H_{10}O_4$）	DNAの構成成分
	六炭糖（ヘキソース） $C_6H_{12}O_6$	グルコース glucose （ブドウ糖）	エネルギー源として最も重要な糖
		フルクトース fructose （果糖）	甘みが最も強い
		ガラクトース galactose	ラクトースの構成成分

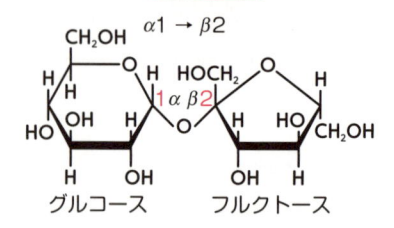

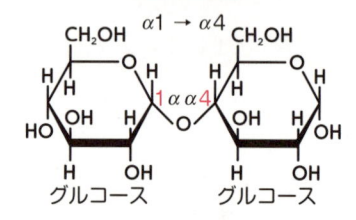

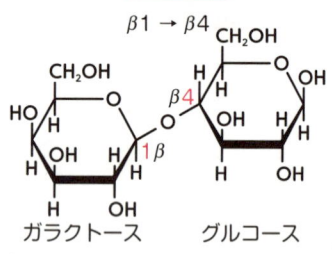

図3-12 代表的な二糖類の構造

表3-3 代表的な二糖類の特徴

二糖類 $C_{12}H_{22}O_{11}$	スクロース sucrose（ショ糖）	砂糖の主成分．グルコースとフルクトースが結合したもの
	マルトース maltose（麦芽糖）	2分子のグルコースが結合したもの
	ラクトース lactose（乳糖）	乳汁に含まれ，ガラクトースとグルコースが結合したもの

3. 多糖類

単糖が多数結合したものが多糖類です．代表的な多糖類には，デンプン（アミロースとアミロペクチンよりなる），グリコーゲン，セルロースがあります（図3-13，表3-4）．

デンプンは，光合成産物の貯蔵型として，根や種子内に蓄えられています．200〜300個のグルコースが直鎖状に結合したものがアミロースです．また，2,000〜3,000個のグルコースが直鎖状に並び，所々で枝分かれした構造をもつものがアミロペクチンです．

グリコーゲンは，動物体内におけるグルコースの貯蔵型として肝細胞中などに含まれる分岐構造を持ったものです．セルロースは細胞壁の主成分で，5,000〜6,000個ものグルコースが直鎖状に連なったものです．綿，麻，パルプなどはほぼ純粋なセルロースからできています．

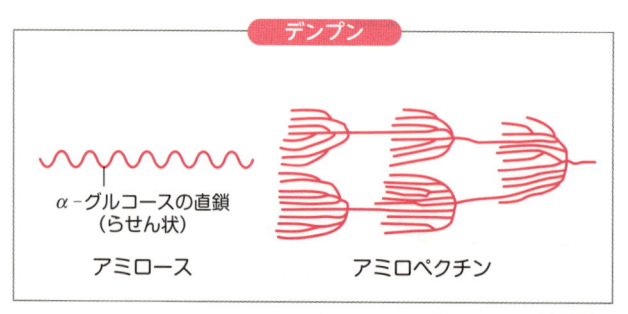

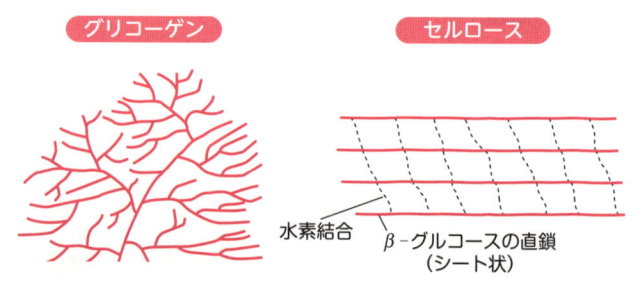

図3-13 代表的な多糖類の構造（模式図）

表3-4 代表的な多糖類の特徴

多糖類 $(C_6H_{10}O_5)_n$	デンプン starch	200〜3,000個のグルコースが結合したもの．α-グルコースが直線的につながり，らせん構造となる．アミロースとアミロペクチンに分けられる．ヨウ素デンプン反応は青〜青紫
	グリコーゲン glycogen	動物の貯蔵多糖．ヨウ素デンプン反応は赤紫
	セルロース cellulose	植物の細胞壁の主成分．ヨウ素デンプン反応は見られない．5,000〜6,000個のβ-グルコースが直鎖状につながり，直線状の分子どうしが水素結合で結びつきシート構造となる

4. 核酸と脂質

核 酸

核酸には，二本鎖の**デオキシリボ核酸** deoxyribonucleic acid（**DNA**）と，一本鎖の**リボ核酸** ribonucleic acid（**RNA**）があります．DNAはまさしく遺伝子の本体で，RNAには遺伝子発現時に遺伝情報を伝える**mRNA**などがあります．いずれも，基本単位である**ヌクレオチド**が，多数結合したものです（図3-14）．

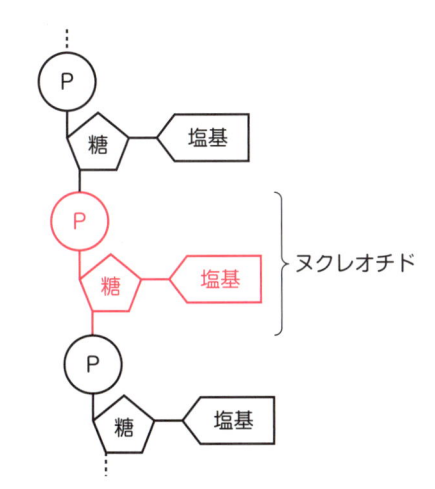

図3-14 核酸とヌクレオチド
Pはリン酸を表しています．糖は図3-15，塩基は図3-16を参照して下さい．糖が連結するときには，ヒドロキシメチル基（CH_2OH）の部分がリン酸結合します．図3-15と図3-17を比較してみてください．

1. ヌクレオチド

DNAを構成するヌクレオチドの糖は**デオキシリボース**で，RNAでは**リボース**です．いずれも5つの炭素を持つペントース（五炭糖）ですが，違いは酸素原子の数です．リボースから酸素原子が1つとれたものがデオキシリボースです（図3-15）．デオキシ deoxy- の de は「脱」，oxy- は「酸素」という意味で，合わせると「脱酸素」つまり**酸素が取れた**という意味になります．

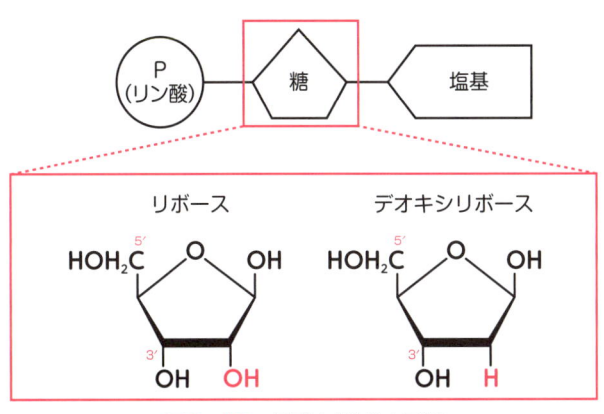

図3-15 核酸を構成する糖

2. 塩 基

核酸を構成する塩基には，**アデニン** adenine（**A**），**グアニン** guanine（**G**），**シトシン** cytosine（**C**），**ウラシル** uracil（**U**），**チミン** thymine（**T**）があり，いずれも窒素を含む化合物です（図3-16）．

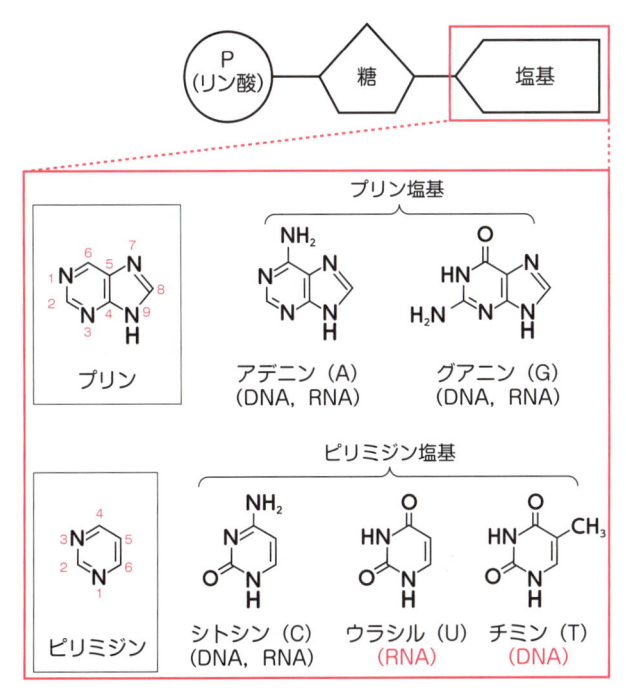

図3-16 核酸を構成する塩基

これらの並び方（塩基配列）が遺伝情報を決めています．なお，塩基と呼ばれていますが，水に溶けても塩基性を示しません．

DNAとRNAでは構成する塩基の種類に多少の違いがあります．DNAを構成する塩基は，アデニン，グアニン，シトシン，チミンであるのに対し，RNAの塩基は，アデニン，グアニン，シトシン，ウラシルです．つまりDNAではチミン（T）が，RNAではウラシル（U）が使われます．

> **重要！**
> DNAの塩基…A, **T**, C, G
> RNAの塩基…A, **U**, C, G

これらの塩基は，構造から2種類に分けることができます．アデニンとグアニンはプリンと呼ばれる構造を持つので**プリン塩基**，シトシン，ウラシル，チミンはピリミジンと呼ばれる構造を持つので，**ピリミジン塩基**といいます．

3．DNA

DNAの二重らせん構造の骨格部分には，リン酸－糖－リン酸－糖…が鎖状に並び，それぞれの鎖から内側に向かって塩基が突出し，アデニンとチミン，グアニンとシトシンが向き合って**水素結合**をしています（図3-17）．この塩基どうしが対になったものを**塩基対**といいます．

塩基対になる組み合わせは決まっており，**AとT（RNAの転写時はAとU），GとC以外は塩基対になりません．**これは，塩基対となるアデニンとチミンの間には2ヵ所，グアニンとシトシンの間には3ヵ所の水素結合があるからで，結合する相手は水素結合の数で決まっています．この塩基どうしの対になる関係を**相補性**といいます．ちなみにヒトの体細胞1個分のDNAのなかには，約60億もの塩基対があります．

真核生物のDNAは，**ヒストン**というタンパク質に巻き付き，これらが折りたたまれて**クロマチン**として細胞の核内に存在します（p.122「3．真核生物の遺伝子」参照）．これらは細胞が分裂する際には凝縮し，染色体となって太くなります．一方で，原核生物や真核生物のミ

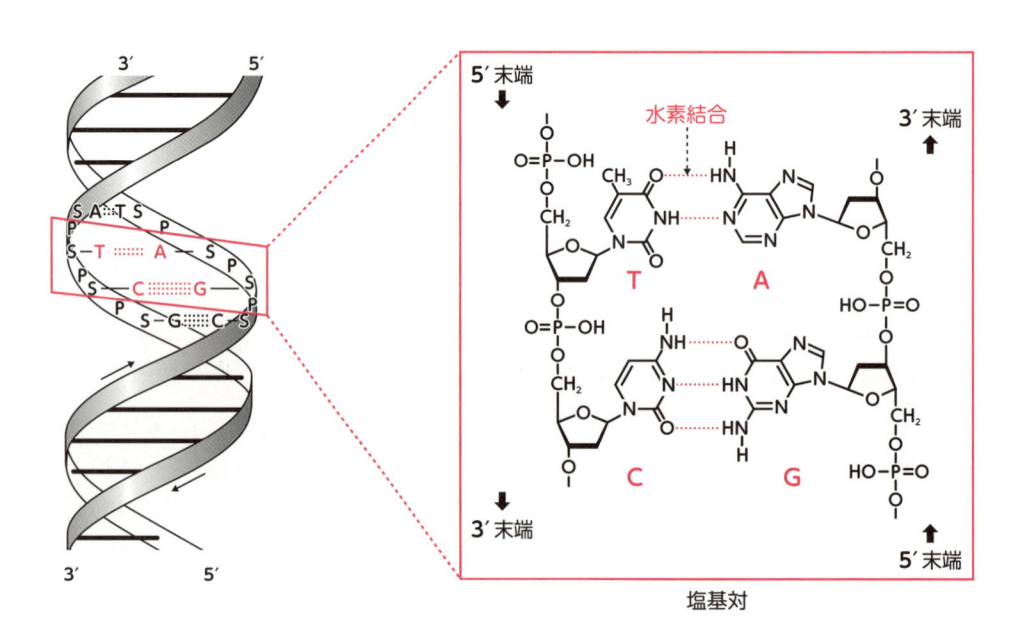

S：デオキシリボース　A：アデニン　G：グアニン
P：リン酸　　　　　　T：チミン　　C：シトシン

図3-17　DNAを構成する二本鎖の結合様式

トコンドリアや葉緑体の DNA は環状のものが多く，そのままの形で存在しています．

4．RNA

1本鎖の RNA には，mRNA（メッセンジャー RNA，伝令 RNA），tRNA〔トランスファー RNA，運搬（または転移 RNA）〕，および rRNA（リボソーム RNA）があります（図3-18）．mRNA は，DNA の情報を転写し，核内から核膜孔を通って細胞質内のリボソームに情報を運ぶ役割を果たします．tRNA は，リボソームがタンパク質を合成するときに，アミノ酸をリボソームまで運ぶ役割をしています．また，水素結合によってクローバー型をしています．先端にアンチコドンと呼ばれる部分があります．役割については第10章「タンパク質の合成」で解説します．rRNA は，リボソームの骨格となり，タンパク質とともに2つのユニットを構成しています．

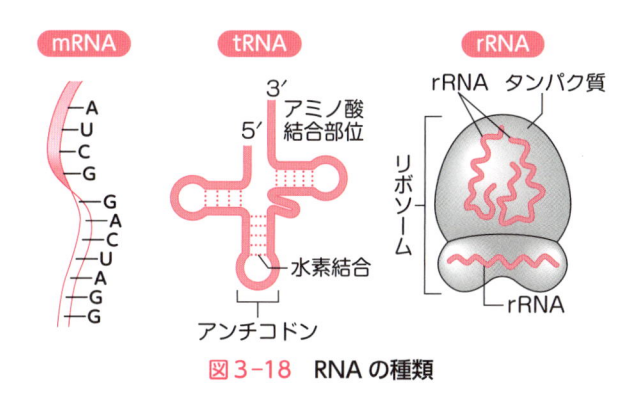

図3-18 RNA の種類

脂 質

脂質は，アセトンやクロロホルムのような有機溶媒には溶けますが，水には溶けない性質（疎水性）の有機化合物です．一般的には脂質は，常温で液体の油や固体の脂肪の総称です．

1．分 類

脂肪酸とグリセリンが結合（エステル結合）したものを中性脂肪といいます．中性脂肪に似た構造で，リン酸を含む化合物をリン脂質といいます．このほかにコレステロールも脂質の一種です．なお，血液中を移動する脂質は，タンパク質との複合体であるリポタンパク質として血漿に溶けています．このような脂質を複合脂質といいます．

2．中性脂肪

ほとんどの中性脂肪は，脂肪酸3分子とグリセリン1分子が結合（エステル結合）したものです．食事で摂取される脂質のほとんどはこの中性脂肪です．これらは小腸内で脂肪酸とグリセリンに分解されてから吸収されます（図3-19）．中性脂肪を構成する脂肪酸部分の主なものは，パルミチン酸，ステアリン酸，オレイン酸，および必須脂肪酸のリノール酸の4種類です．

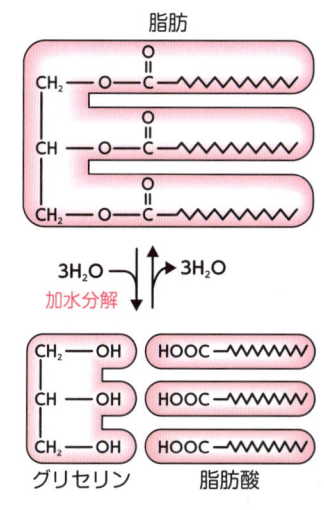

図3-19 脂肪の分解・結合

3．脂肪酸

脂肪酸には，飽和脂肪酸（ステアリン酸など）と不飽和脂肪酸（オレイン酸など）があります（図3-20）．ヒトでは不飽和脂肪酸のうち，リノール酸，α-リノレン酸，アラキドン酸の3つは，自ら生合成することができないので，必ず食事から摂る必要があります．このような脂肪酸を必須脂肪酸といいます．不飽和脂肪酸は，長い炭素鎖の特定の部位に二重結合があるのが特徴です．

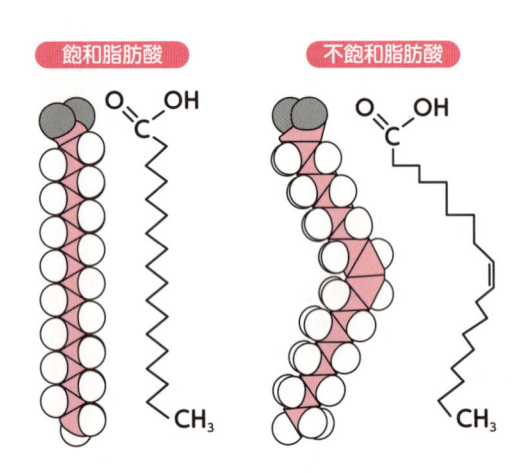

ステアリン酸　　　　オレイン酸

図3-20　飽和脂肪酸と不飽和脂肪酸の構造

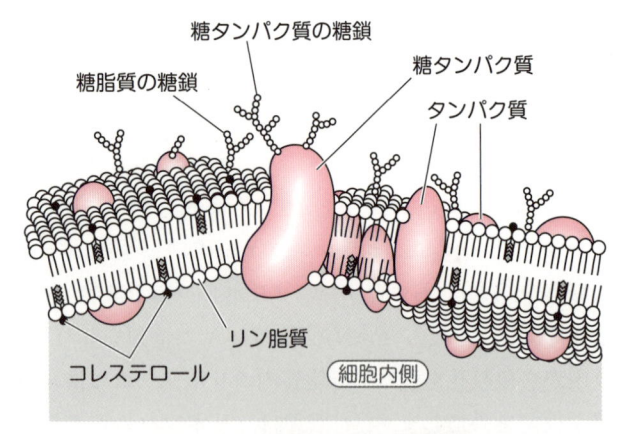

図3-22　細胞膜の断面の模式図

4．リン脂質

リン酸を持つ脂質を **リン脂質** といい，リン酸を含む親水性の部分と脂肪酸でできた疎水性の部分からなります（図3-21）．

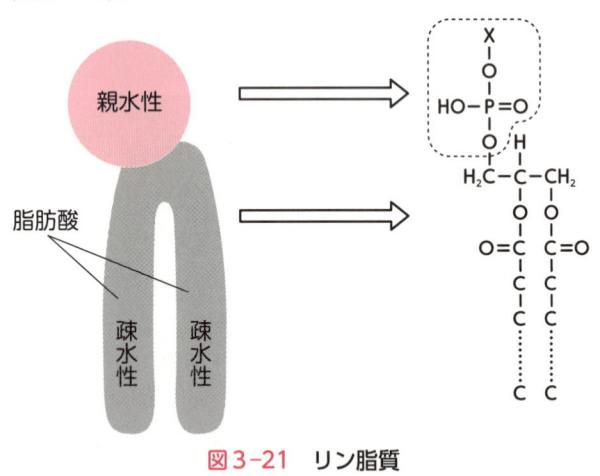

図3-21　リン脂質

細胞膜や細胞小器官の膜などの生体膜は，リン脂質からできた二重の層になっています（疎水性の脂肪酸どうしが向き合っている）．実際の生体膜には，この2層のリン脂質にタンパク質，糖タンパク質，コレステロール，糖脂質などが組み込まれてできています（図3-22）．

5．コレステロール

コレステロールはステロイド骨格と呼ばれる分子構造を持つ化合物の一種です（図3-23）．コレステロールは，生体膜の構成成分の一つで生体膜の性質を変えたり，**ステロイドホルモン**（男性ホルモン，女性ホルモン，副腎皮質ホルモン）や，胆汁酸の原料となったりします．

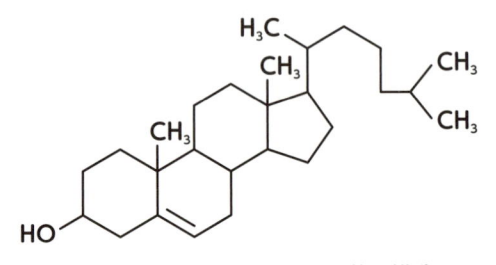

図3-23　コレステロールの分子構造
男性ホルモンの分子構造はp.176の図14-2参照．

応用編！ ワンポイント生物講座

mRNAの抽出方法

　遺伝子の伝達係である mRNA は完成するとその 3′ 末端側にアデニンが多数つながります（ポリ A テール；ポリは多数，A はアデニン，テールは尻尾のこと）．この性質を利用して，細胞をすりつぶした液体（ホモジェネート）から mRNA だけを取り出すことができます（図）．

　A（アデニン）は T（チミン）とだけ相補的に結合し，ほかの塩基とは結合しません．そこで，人工的にチミンが多数つながった分子（ポリ T）を合成します．この合成ポリ T 分子に別の物質，たとえば鉄の微粒子を，直接あるいは別の分子を介して結合させて複合体をつくります．すると，mRNA だけがこの複合体に結合し，複合体は磁石に吸いつけられますから，細胞のホモジェネートから mRNA だけを磁石で選り分けることができるのです．

　この方法を用いれば，鉄の微粒子に結合する分子を取り変えることで，目的に応じた分子や細胞のみを取り出すことができます．たとえば，抗体に別の分子を介して鉄の微粒子を結合すれば，その抗体が認識する分子を表面にもった細胞だけを集めることができます．

　このようにして集めた分子や細胞は，たとえば p85 の**ワンポイント生物講座**で紹介する PCR 法など，次の実験に使われるのです．

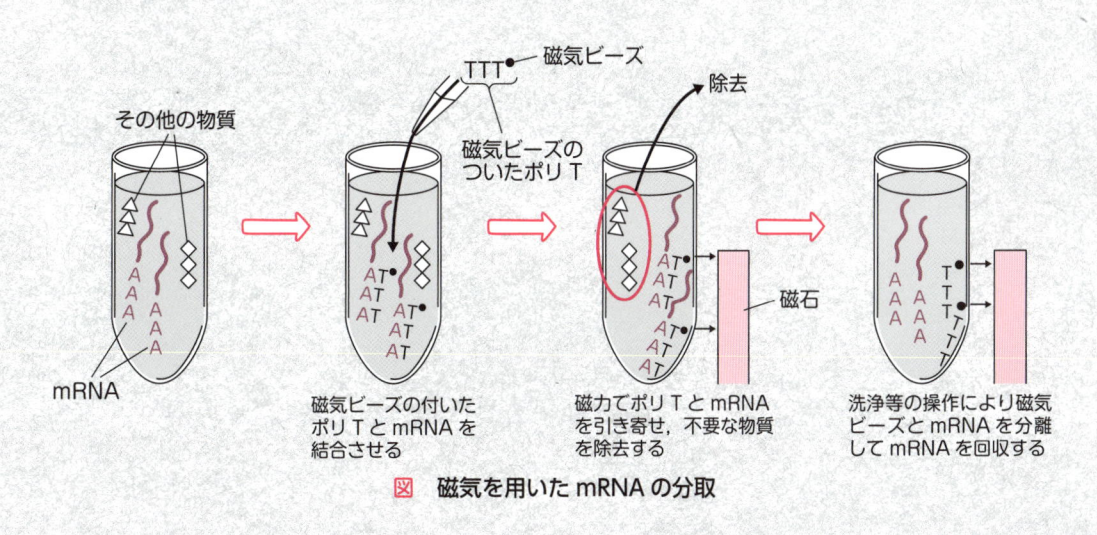

図　磁気を用いた mRNA の分取

第3章 章末問題

① 生体を構成する物質を，乾燥重量（％）の大きいもの（多いもの）から順に2つ答えよ．

② 生体にとって多くがメリットとなる水の性質を5つ答えよ．

③ 構造タンパク質を3つ挙げよ．

④ 例にならってアミノ酸の略記号をそれぞれ答えよ．

　例：フェニルアラニン　→　Phe
　（1）アルギニン　（2）トレオニン　（3）グルタミン酸

⑤ 単糖類のうち，六炭糖を3つ，五炭糖を2つ，それぞれ答えよ．

⑥ 次の二糖類を構成する単糖類の組み合わせをそれぞれ答えよ．
　（1）スクロース　（2）マルトース　（3）ラクトース

⑦ 右図はDNAを構成する五炭糖である．この物質の名前を答えよ．

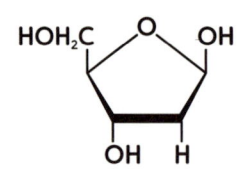

⑧ DNAを構成する塩基のうち，プリン塩基をすべて答えよ．

⑨ RNAにはタンパク質合成に関わるものが3種類ある．3つすべて答えよ．

第4章

代謝のしくみⅠ —異化

　人間のエネルギー源は，一般に3大栄養素といわれる炭水化物，脂肪，タンパク質の順に利用されています．炭水化物の一つであるグルコースは，エネルギーをとり出したあと，二酸化炭素（CO_2）と水（H_2O）になります．つまり，「細胞内で行われる燃焼反応」といえるでしょう．ただし，有害物質は発生しません．脂肪は，重量あたりグルコースの2倍のエネルギーを出しますが，2.7倍の酸素を必要とします．タンパク質は，酵素や細胞の構成成分ですが，エネルギー源として利用した場合，有害なアンモニア（NH_3）などの窒素化合物を生じるので，これらを体内で処理しなくてはなりません．

　栄養源の摂取法もさまざまです．たとえば僧侶たちの食事（精進料理）は修行の一部と考えられており，脂肪分はほとんどなく，タンパク源としては大豆などが利用されています．一方，エスキモー（イヌイット）と呼ばれる人たちの栄養源は動物肉が多いようです．以前はアザラシの生肉も食べていたといわれています．

　このように栄養の摂り方にも，地域によって違いが見られますが，ヒトは同じ種として共通の代謝系を備えています．

　本章では代謝のしくみのうち，異化について学びます．

● キーワード　　**代謝，酵素，ATP，好気呼吸，嫌気呼吸，解糖系，クエン酸回路，電子伝達系，NAD，アルコール発酵，乳酸発酵，オルニチン回路**

1. 代謝とは

　生物が生きていくためには，エネルギーが必要です．すべてのエネルギーの源は太陽エネルギーですが，生物が直接使えるのは，物質中に蓄えられている化学エネルギーです．この化学エネルギーは，物質を分解（異化）すると放出され，合成（同化）する際に再び物質中に蓄えられます．細胞内でのこのような同化作用と異化作用をまとめて**代謝**といいます．

　異化では，有機物を細胞内で分解したときに発生するエネルギーを利用して生命活動に利用します．代表的な異化の例は**呼吸**です．呼吸は**細胞質基質**や**ミトコンドリア**で行われ，グルコースなどが分解されてエネルギーがとり出されます（図4-1）．

　同化とは原料物質を材料として，より複雑な有機物を

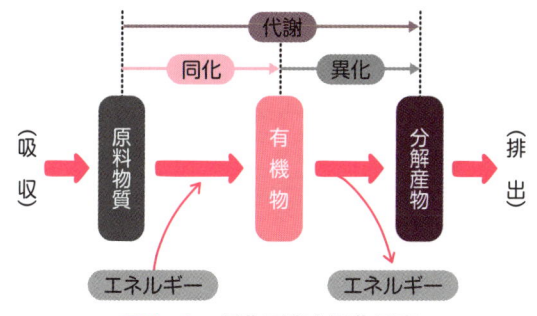

図4-1　同化反応と異化反応

合成するはたらきのことをいい，同化が行われる際にはエネルギーを必要とします．たとえば植物の同化作用の一つである**光合成**は，二酸化炭素と水から炭水化物が合成されるので**炭酸同化**ともいいます．さらにアミノ酸を

合成する窒素同化も一部の植物の体内で行われます．動物の同化では，外部から吸収した物質をからだに必要な物質に合成します（詳しくは第5章「代謝のしくみⅡ」で学びます）．

酵素

一般に化学反応は温度を上げると速く進みますが，生体内での化学反応は 30〜40℃程度の体温という一定条件のなかで効率よく進行します（図4-2）．それはなぜでしょうか．これは酵素が触媒として重要なはたらきをしているからです．酵素はおもにタンパク質でできており，高温ではタンパク質が変性して失活してしまいます．

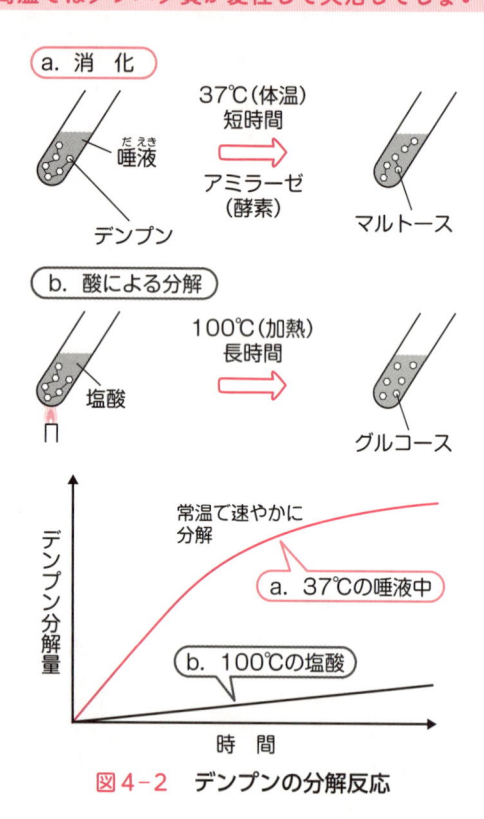

なお，強酸である塩酸でデンプンを分解するためには，高温で長い時間反応させる必要があります．

また，触媒とは化学反応の前後でそれ自体は変化することなく，化学反応を促進する物質のことをいいます．たとえば過酸化水素水を酸素と水に分解する酸化マンガン（Ⅳ）という触媒を無機触媒というのに対して，生体内の酵素を有機触媒（生体触媒）といいます．

代謝

生体内の代謝には，さまざまな酵素が触媒としてはたらいています．酵素は，おもに細胞内でつくられます．消化酵素のように細胞外ではたらく酵素も細胞内でつくられてから細胞外に分泌されます（図4-3）．酵素は生命活動を行ううえで重要な役割を担っています．

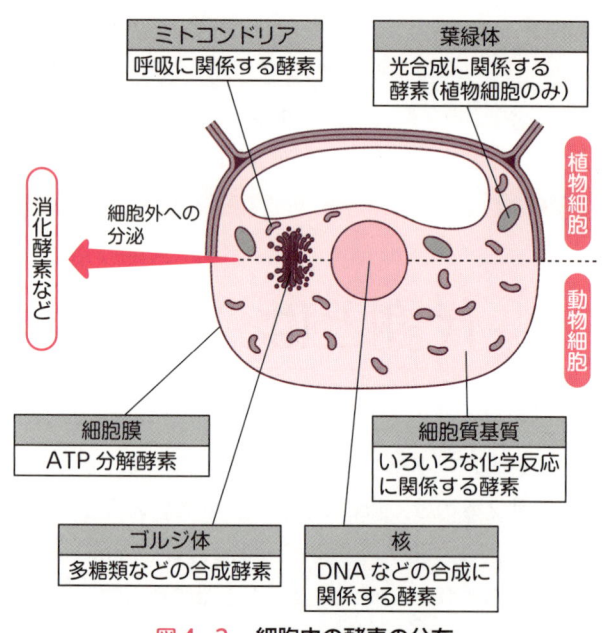

図4-2 デンプンの分解反応

図4-3 細胞内の酵素の分布

2 エネルギーの貯蔵 —ATP

異化作用で有機物が分解される際にエネルギーが放出されますが，この放出されたエネルギーは，生命活動に直接使われるのではなく，いったんATP（アデノシン三リン酸）という物質に蓄えられます（図4-4）．

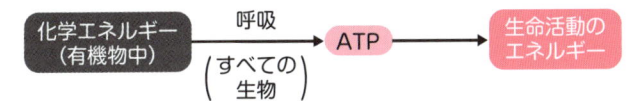

図 4-4　異化作用におけるエネルギーの変換

るときには，約 31 kJ のエネルギーが放出され，逆に ATP が合成される際には，約 31 kJ のエネルギーをとり込むことになります．なお，SI 単位においてエネルギーは，cal（カロリー）から J（ジュール）に表記が変わりました．

ATP と ADP

ATP は，**アデノシン**（アデニンという塩基＋リボースという糖）にリン酸が 3 個結合した物質です．ATP から一番端のリン酸が 1 個取れたものが **ADP**（**アデノシン二リン酸**）です（図 4-5）．

ATP と ADP 間で加水分解酵素によって，エネルギーの吸収と放出を行っています．リン酸どうしの結合には多量のエネルギーが必要で，これを**高エネルギーリン酸結合**といいます．そのエネルギーは ATP 1 モルで約 31 kJ（7.3 kcal）です．したがって ATP から ADP にな

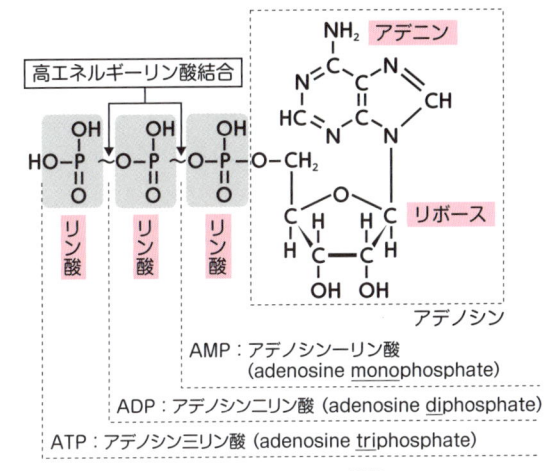

AMP：アデノシン一リン酸（adenosine monophosphate）
ADP：アデノシン二リン酸（adenosine diphosphate）
ATP：アデノシン三リン酸（adenosine triphosphate）

図 4-5　ATP の構造

3 好気呼吸

呼吸とは，呼吸基質であるグルコースからエネルギーを取り出す反応のことをいいます．呼吸には酸素を利用する**好気呼吸**と酸素を利用しない**嫌気呼吸**があります．まずは好気呼吸から説明します．

好気呼吸の過程は大きく 3 つに区分されます．細胞質基質で行われる**解糖系**と，ミトコンドリア内で行われる**クエン酸回路**（TCA 回路，クレブス回路ともいいます）と**電子伝達系**です（図 4-6）．

呼吸の反応式は以下のようになります．

重要！
$$C_6H_{12}O_6 + 6O_2 + 6H_2O \longrightarrow 6CO_2 + 12H_2O + 38ATP$$

このようにグルコース（ブドウ糖）は完全に二酸化炭素と水にまで分解されます．

解糖系

解糖系は，グルコースが**ピルビン酸**になるまでの反応系で**細胞質基質**で行われます．グルコースは，いくつかの酵素によるリン酸化反応によってフルクトース 1,6-ビスリン酸になります．この間ではグルコース 1 モル当たり 2 モルの ATP が消費されます．次いでフルクトー

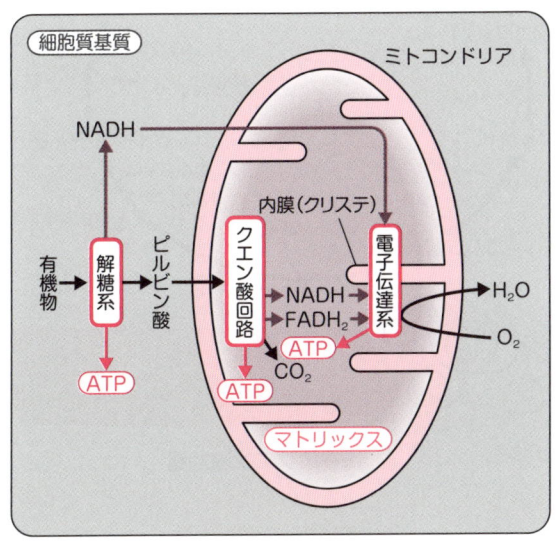

図 4-6　好気呼吸

ス 1,6-ビスリン酸は 2 モルのグリセルアルデヒド 3-リン酸となります．ここから先は炭素数が 3 の中間産物となり，すべて 2 モルずつとなります．さらに酸化とリン酸化の反応が続き，1,3-ビスホスホグリセリン酸と 3-ホスホグリセリン酸の間で 2 モル，ホスホエノールピルビン酸とピルビン酸との間でさらに 2 モルの ATP が合成されます．したがって合成される ATP は 4 ATP となり，解糖系での ATP の収支は－2 ATP＋4 ATP＝＋2 ATP になります．また，2 モルのグリセルアルデヒド 3-リン酸から 1,3-ビスホスホグリセリン酸になる過程で，**補酵素**である **NAD⁺**（ニコチンアミドアデニンジヌクレオチド）による**脱水素反応**により 2 NADH＋2 H⁺ が生じます．この水素は電子伝達系に運ばれます．また，2 モルの水分子（H_2O）も放出されます（図 4-7）．

解糖系をまとめると以下のようになります．

> **重要！**
> **解糖系の反応**
> $C_6H_{12}O_6 + 2ADP + 2H_3PO_4 + 2NAD^+$
> $\longrightarrow 2C_3H_4O_3 + 2ATP + 2NADH + 2H^+ + 2H_2O$

クエン酸回路

解糖系で生じたピルビン酸は，脱水素反応と脱炭酸反応によって**活性酢酸**（アセチル CoA，炭素数 2〔以下〔C_2〕と表す〕）となり，**オキサロ酢酸**〔C_4〕と結合し**クエン酸**〔C_6〕を合成します．このクエン酸からイソクエン酸 → α-ケトグルタル酸 → コハク酸 → フマル酸 → リンゴ酸 → 再びオキサロ酢酸に戻る回路を**クエン酸回路**といい，ミトコンドリアの**マトリックス**（基質）で行われます（図 4-8）．

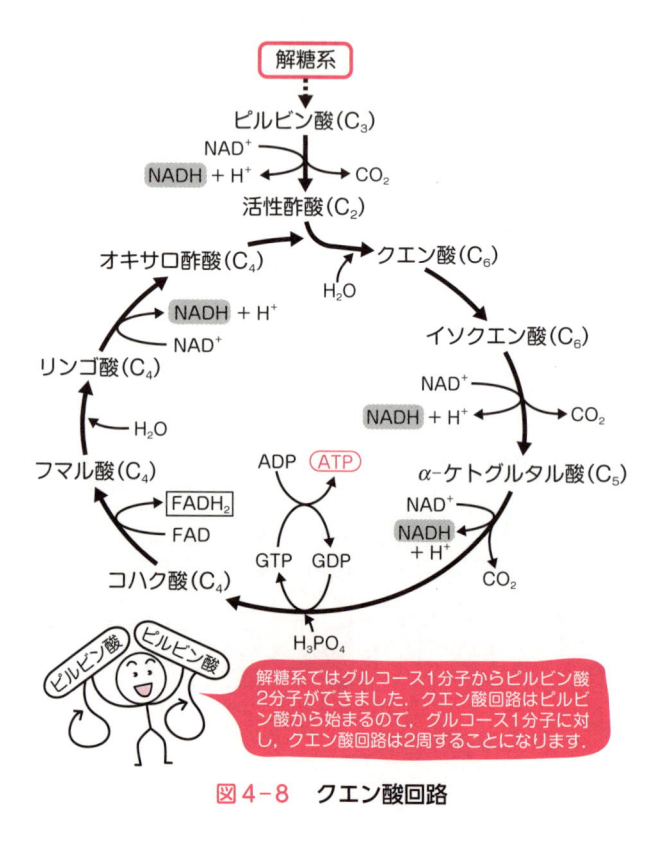

図 4-7 解糖系

図 4-8 クエン酸回路

クエン酸はイソクエン酸［C_6］を経てα-ケトグルタル酸［C_5］に変わりますが，この間に脱水素酵素の補酵素のNAD^+は還元されて$NADH+H^+$が生じ，CO_2も放出されます．次いでα-ケトグルタル酸はコハク酸［C_4］に変化する際に$NADH+H^+$を作り，さらにCO_2を放出します．また，この間にGTPを仲介してATPを合成します．次にコハク酸は，コハク酸脱水素酵素の補欠分子族であるFADによって$FADH_2$を生成しフマル酸［C_4］に変わります．フマル酸はリンゴ酸［C_4］を経てオキサロ酢酸に変わりますが，このときもリンゴ酸脱水素酵素のNAD^+の作用で$NADH+H^+$が生じます．

なお，ピルビン酸から活性酢酸が生じる段階で，$NADH+H^+$とCO_2が生じています．

クエン酸回路をまとめると以下のようになります．なお，1分子のグルコースからピルビン酸が2分子できているので，すべての値を2倍してあります．

重要！ クエン酸回路の反応

$$2C_3H_4O_3 + 4H_2O + 2ADP + 2H_3PO_4 + 8NAD^+ + 2FAD$$
$$\longrightarrow 6CO_2 + 2ATP + 8NADH + 8H^+ + 2FADH_2$$

電子伝達系

電子伝達系はミトコンドリアの内膜（クリステ）で行われます．

脱水素酵素の補酵素であるNAD^+やFADによって運ばれてきた水素（H_2）は，ミトコンドリアの内膜において$H_2 \longrightarrow 2H^+ + 2e^-$に分かれます．2つの水素イオン（$H^+$）は内膜と外膜の間の膜間部分に移動し，2つの電子（e^-）は，内膜にある電子伝達系内を水分子（H_2O）が生成されるまで流れていきます．

1モルの$NADH+H^+$からは3モルのATPが合成されますが，1モルの$FADH_2$からは2モルのATPしか合成されません．それは補酵素$FADH_2$からHが受け渡される際の電子伝達系内の位置が異なるからです．

さて$NADH+H^+$が生じるのは解糖系で1ヵ所，ピルビン酸から活性酢酸の間に1ヵ所，クエン酸回路のなかで3ヵ所の計5ヵ所です．それぞれの物質は2モルずつあるので$5×2$（$NADH+H^+$）が電子伝達系に運ばれてきます．同様に$FADH_2$は，クエン酸回路のコハク酸→フマル酸間で生じるので$1×2×FADH_2$が電子伝達系に入ります．したがって合計$24H^+$（$20+4$）が電子伝達系に運ばれてきます．

ATPが合成されるのは内膜に結合しているATP合成酵素です．1モルの$NADH+H^+$より3ATPが，$FADH_2$より2ATPが生じるので，電子伝達系で生じるATPは$30+4=34ATP$ということになります．またH_2Oは膜間内にあった$24H^+$と電子伝達系を流れてきた$24e^-$，および酸素（$6O_2$）とが結合して$12H_2O$を生じます．

電子伝達系をまとめると図4-9のようになり，反応式は以下のようになります．

重要！ 電子伝達系の反応

$$10NADH + 10H^+ + 2FADH_2 + 6O_2 + 34(ADP + H_3PO_4)$$
$$\longrightarrow 10NAD^+ + 2FAD + 12H_2O + 34(ATP + H_2O)$$

ここまでの好気呼吸の流れを章末（p49）にまとめました．

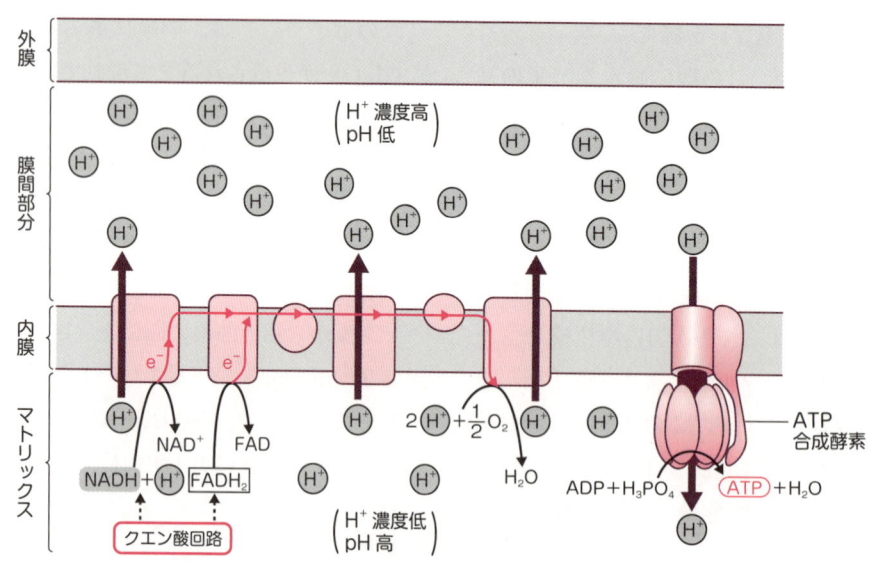

図4-9　電子伝達系とATP合成酵素

4. 嫌気呼吸

　水中や土壌中には，酸素を用いずにグルコースを分解してエネルギーを取り出す**嫌気呼吸**を行う生物がいます．これらの生物は，太古の昔から地球上に生息している生物と考えられています．つまり，好気性細菌が嫌気性細菌に共生してミトコンドリアになる前は，酸素を用いずに細胞質基質内のみで嫌気呼吸を行っていたのです．

　また，私たちヒトも急激な運動をしたときは酸素の供給が間に合わず，乳酸発酵と同じ**解糖**という嫌気呼吸を行ってエネルギーを取り出しています．

アルコール発酵と酢酸発酵

　酵母菌やカビの仲間は酸素のない条件下で，グルコースをエタノールと二酸化炭素に分解する反応を行っています．古来より，この**アルコール発酵**の技術を用いて，日本酒，ビール，ワインなどが作られています．アルコール発酵においても，解糖系によって1モルのグルコースが2モルのピルビン酸に分解され，その過程で水素（2NADH＋2H$^+$）が外れ，最終的には2モルのATPが作られます．ここまでの過程は，細胞質基質内で行われている好気呼吸の反応と同じですが，アルコール発酵では引き続き，ピルビン酸から二酸化炭素（CO$_2$）が外れて，酔いの原因物質である**アセトアルデヒド**になり，次に先ほど解糖系で外れた水素（4H$^+$）が結合して**エタノール**になります（図4-10）．

図4-10　アルコール発酵

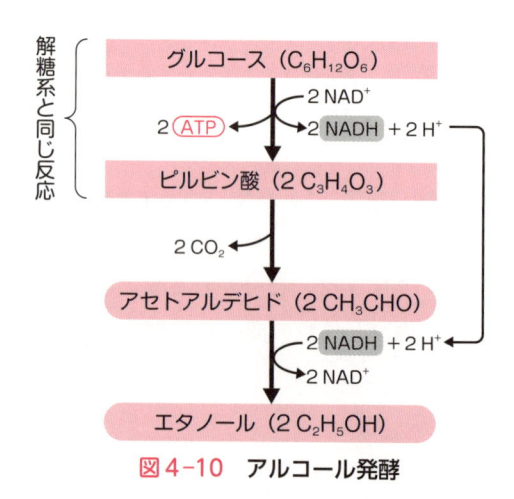

重要！
アルコール発酵
$C_6H_{12}O_6 + 2ADP + 2H_3PO_4 \longrightarrow$
$2C_2H_5OH + 2CO_2 + 2ATP + 2H_2O$

さて，アルコールを空気中でしばらく放っておくとアルコールは酢酸に変化します．生物としてこれと同じことを行っているのが酢酸菌で，**酢酸発酵**といいます．エタノールに酸素が加わり，酢酸菌のはたらきで酢酸（CH_3COOH）と水（H_2O）ができる反応です．

> **重要！**
> **酢酸発酵**
> $C_2H_5OH + O_2 \longrightarrow CH_3COOH + H_2O$

乳酸発酵

アルコール発酵と同様に，グルコースを酸素のない条件下で，乳酸に分解する反応が**乳酸発酵**で，乳酸菌などの細菌類やカビの仲間が行う糖代謝系です．乳酸発酵は食品としての利用も広く，漬物，醤油・味噌，ナタデココ，チーズ，馴れ寿司などさまざまなものが知られています．解糖系の部分はアルコール発酵と同じで，1モルのグルコースは2モルのピルビン酸に分解されます．その後，解糖系で外れた水素（$4H^+$）がもどされて**乳酸**になります．乳酸発酵では1モルのグルコースから2モルのATPが生じます．乳酸菌は，このエネルギーを用いています．

解 糖

激しい運動をして酸素の供給が間に合わないときに筋肉に乳酸（疲労物質）が蓄積される反応で，乳酸菌が作用しないので解糖系とは区別します．乳酸発酵と全く同じ過程で，グルコースから乳酸が作られる反応を**解糖**といいます（図4-11）．

酸素が供給されると蓄積された乳酸の一部（20%）がクエン酸回路や電子伝達系に戻りATPを合成します．このときに生じたATPを用いて残りの乳酸（80%）がグリコーゲンに再合成（**糖新生**）されます．

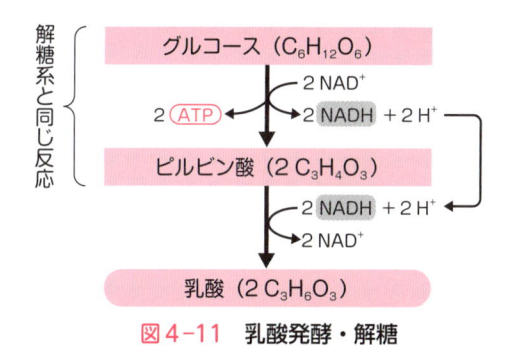

```
解糖系と同じ反応 {
  グルコース（C6H12O6）
        ↓         2 NAD+
  2 ATP ←         2 NADH + 2H+
        ↓
  ピルビン酸（2 C3H4O3）
        ↓         2 NADH + 2H+
        ↓         2 NAD+
  乳酸（2 C3H6O3）
}
```

図4-11　乳酸発酵・解糖

5. 炭水化物以外の代謝

尿素の合成 —オルニチン回路

アミノ酸から脱離したアミノ基は，最終的には肝臓でアンモニアを経て**尿素**に変えられます．

肝臓では，タンパク質が分解されて生じた各種アミノ酸からのアミノ基は，**アンモニア**として肝臓内で処理されます．アンモニアは毒性が強いので，肝硬変などにより肝臓のはたらきが低下して処理できなくなると，脳に送られ昏睡状態に陥ることすらあります．通常は，アンモニアは肝臓の**オルニチン回路**によって弱毒な尿素へと変えられます（肝臓のはたらきについてはp.154「肝臓」参照）．アンモニアから尿素を合成するにはエネルギーが必要で，1モルの尿素を作るために3モルのATPが必要です．生じた尿素は血流に乗って腎臓を経て体外に排出されます（図4-12）．

図4-12　オルニチン回路

図4-13　コレステロールの生合成

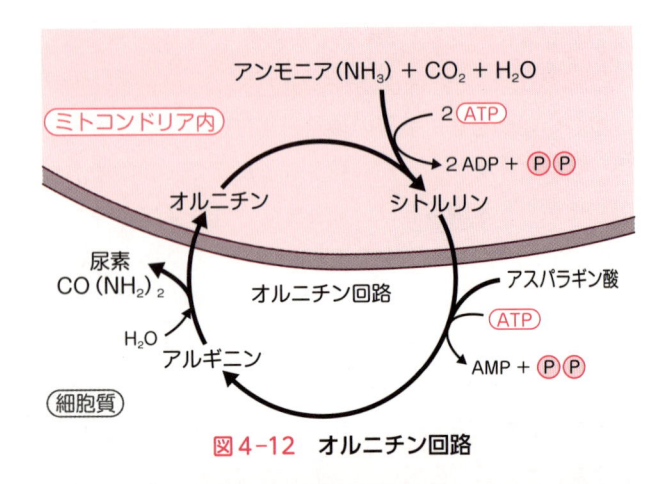

コレステロールの合成

　コレステロールは活性酢酸（アセチルCoA）を原料として，図4-13のような過程で肝臓で作られます．なお，食物から多量にコレステロールを摂取すると，この過程は阻害され，コレステロール合成量が低下します．

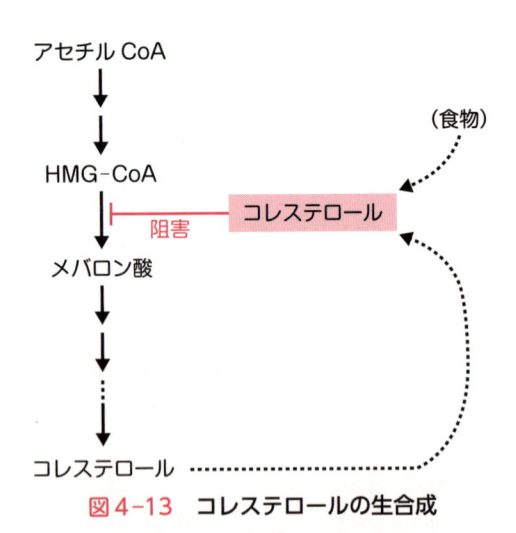

　コレステロールは肝臓で胆汁酸に合成されます．胆汁酸は小腸内に分泌され，食物中の脂質を乳化して消化しやすくし，小腸における吸収を助けます．

　ほかにコレステロールからは，各種ステロイドホルモン（性ホルモン，副腎皮質ホルモン）が作られ，細胞膜の構成成分の一つにもなります．

好気呼吸のまとめ

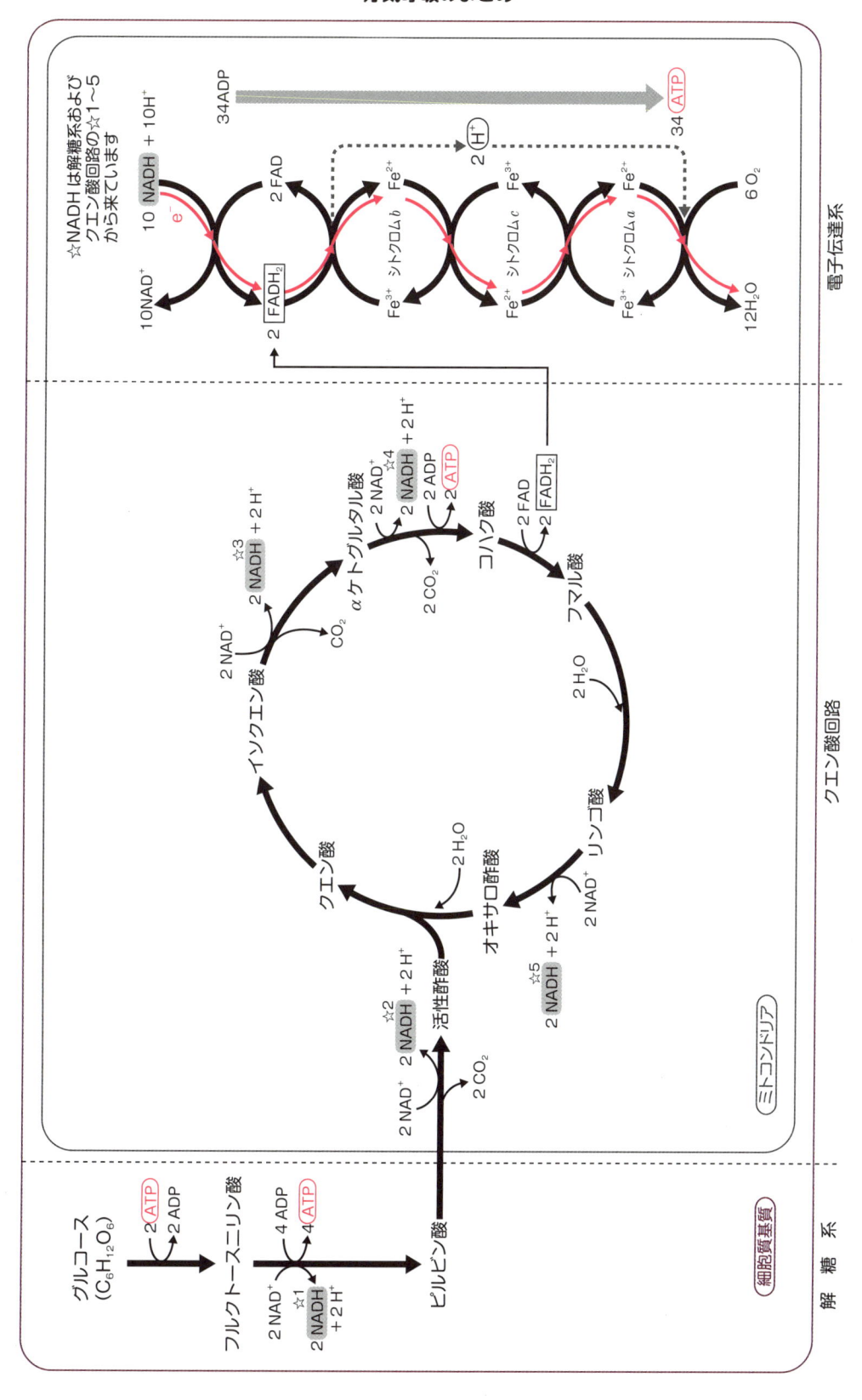

電子伝達系

34 ADP → 34 ATP

10 NADH + 10 H⁺ → 10 NAD⁺
2 FADH₂ → 2 FAD
シトクロム b, シトクロム c, シトクロム a （Fe^{2+} / Fe^{3+}）
6 O₂ + 2 H⁺ → 12 H₂O

☆ NADHは解糖系およびクエン酸回路の☆1〜5から来ています

クエン酸回路（ミトコンドリア）

活性酢酸 → クエン酸 → イソクエン酸 → αケトグルタル酸 → コハク酸 → フマル酸 → リンゴ酸 → オキサロ酢酸 → （クエン酸へ）

- イソクエン酸 → αケトグルタル酸: 2 NAD⁺ → ☆3 2 NADH + 2 H⁺, CO₂
- αケトグルタル酸 → コハク酸: 2 NAD⁺ → ☆4 2 NADH + 2 H⁺, 2 ADP → 2 ATP, 2 CO₂
- コハク酸 → フマル酸: 2 FAD → 2 FADH₂
- フマル酸 → リンゴ酸: 2 H₂O
- リンゴ酸 → オキサロ酢酸: 2 NAD⁺ → ☆5 2 NADH + 2 H⁺
- オキサロ酢酸 → クエン酸: 2 H₂O

ピルビン酸 → 活性酢酸: 2 NAD⁺ → ☆2 2 NADH + 2 H⁺, 2 CO₂

解糖系（細胞質基質）

グルコース ($C_6H_{12}O_6$) → [2 ATP → 2 ADP] → フルクトースニリン酸 → [4 ADP → 4 ATP, 2 NAD⁺ → ☆1 2 NADH + 2 H⁺] → ピルビン酸

第4章 章末問題

① 代謝における分解反応と合成反応を，特に何というかそれぞれ答えよ．

② 好気呼吸に関する酵素が多く含まれている細胞小器官名を答えよ．

③ 右図は ATP の構造図である．
A〜D の名前を答えよ．

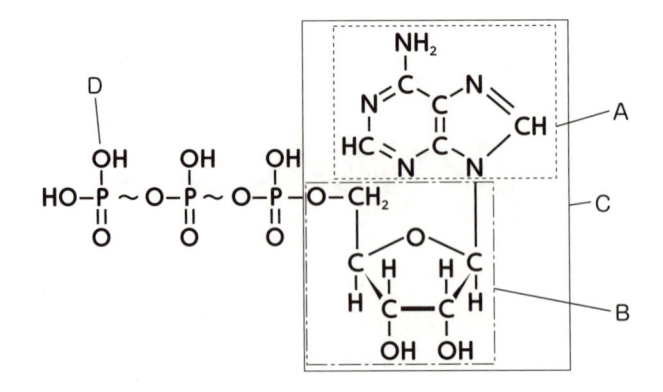

④ 好気呼吸の反応系を3つ答えよ．

⑤ 次の反応式はグルコースを基質とした好気呼吸の反応式である．ア〜ウ内に数値を入れよ．

$C_6H_{12}O_6 \ + \ (ア)\,O_2 \ + \ 6\,H_2O \ \longrightarrow \ (イ)\,CO_2 \ + \ (ウ)\,H_2O \ + \ 38\,ATP$

⑥ ④で答えた3つの反応系で，グルコース1モルにつき生成される ATP の物質量（モル）をそれぞれ答えよ．

⑦ クエン酸回路で，クエン酸からオキサロ酢酸が生成されるまでの中間物質を生成順に答えよ．

⑧ アルコール発酵と乳酸発酵では ATP が生成される．それぞれの反応式をそれぞれ答えよ．

第5章 代謝のしくみⅡ ─同化

　人類は二酸化炭素と水から炭水化物を合成して，火力発電のようにエネルギーを得ることはできていません．しかし，光合成の過程を人工的に効率よく再現できれば，エネルギー問題を克服することができるかもしれません．炭水化物の生成までは時間がかかるとしても，水の分解は光触媒という技術で手が届くまでに研究が行われてきています．つまり紫外線を受ける環境であれば，水が完全に分解できるのです．ただし，地表に届く紫外線だけではエネルギーが十分でなく，やはり植物と同じように可視光線からエネルギーを得られなければ，効率的なエネルギー変換はできません．

　近年，光触媒技術を用いて可視光線から水素を製造する道が開き始めています．将来，今の発電所の変わりに人工的な光合成によってエネルギーをまかなえる日がくるかもしれませんね．

　本章では光合成などの同化について学んでゆきましょう．

> **●キーワード** 炭酸同化，葉緑体，クロロフィル，カルビン・ベンソン回路，バクテリオクロロフィル，C4植物，CAM植物，化学合成細菌，根粒菌

1. 炭酸同化

　二酸化炭素（炭酸ガス；CO_2）を固定して炭水化物を合成（同化）するはたらきを**炭酸同化**といいます．炭酸同化には，緑色の植物や光合成細菌などが行う**光合成**のほかに，ある種の細菌類が行う**化学合成**があります（図5-1）．

　光合成は，光エネルギーを化学エネルギーに変換し，グルコースとして蓄えます．

　緑色植物は光を吸収するための色素である**クロロフィル**を持っています．光合成を行うと，水素源であるH_2OからO_2を発生します．緑色植物以外では，**バクテリオクロロフィル**という色素を持った，紅色硫黄細菌や緑色硫黄細菌などの**光合成細菌**が光合成を行います．水素源はH_2O以外であるため，O_2は発生しません．

　炭酸同化には光合成以外に化学合成があり，**化学合成細菌**が行っています．無機物を酸化して生じたエネルギーを化学エネルギーに変換し，グルコースとして蓄え

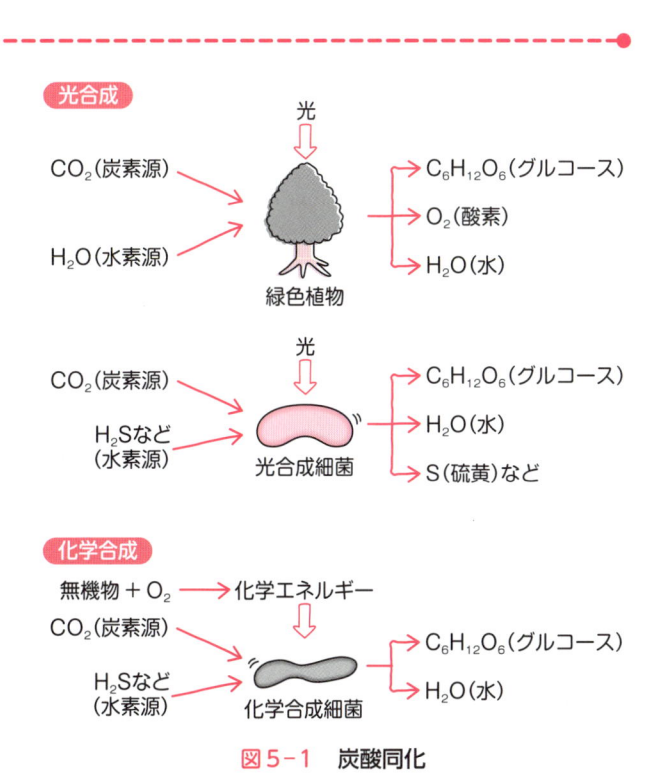

光合成

CO_2（炭素源）
H_2O（水素源）
→ 光 → 緑色植物 → $C_6H_{12}O_6$（グルコース），O_2（酸素），H_2O（水）

CO_2（炭素源）
H_2Sなど（水素源）
→ 光 → 光合成細菌 → $C_6H_{12}O_6$（グルコース），H_2O（水），S（硫黄）など

化学合成

無機物＋O_2 → 化学エネルギー
CO_2（炭素源）
H_2Sなど（水素源）
→ 化学合成細菌 → $C_6H_{12}O_6$（グルコース），H_2O（水）

図5-1　炭酸同化

ます．化学合成細菌は光エネルギーに依存しないため，太陽光の届かない土壌や海洋などに生息しています．

葉緑体とクロロフィル

緑色植物の光合成は葉緑体内で行われます．この葉緑体は約10億年前に原始的なシアノバクテリア（ラン藻類）が真核細胞に共生したものと考えられています．

葉緑体は図5-2のような構造をしており，内部には光が直接関係する反応を行う平らな袋状のチラコイド（膜）が多数あり，そのほかの部分には光を必要としない反応を行うストロマ（基質）があります．

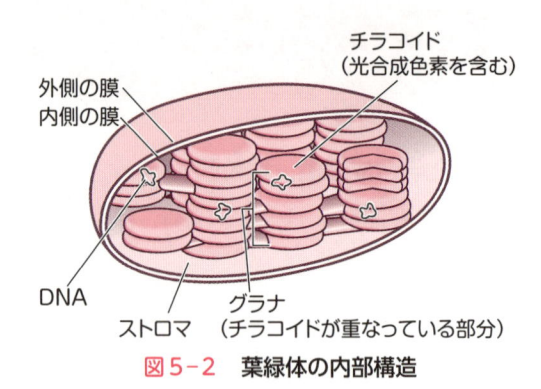

図5-2 葉緑体の内部構造

光を吸収する光合成色素には，金属原子のマグネシウム（Mg）を含むクロロフィルやカロテノイドがあり，これらの光合成色素はチラコイドの膜に含まれています．クロロフィルにはa，b，cの3種類あり，クロロフィルaは細菌を除くすべての光合成生物が持っています．クロロフィルbとcは，吸収した光エネルギーをクロロフィルaに渡すための補助色素です．カロテノイドも補助色素で，カロテン類とキサントフィル類に分類されます．

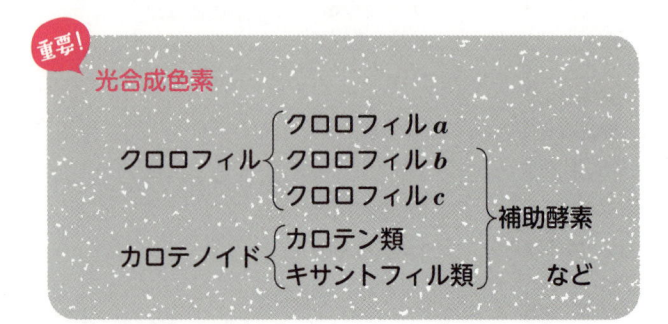

重要！

光合成色素

- クロロフィル
  - クロロフィルa
  - クロロフィルb
  - クロロフィルc
- カロテノイド
  - カロテン類
  - キサントフィル類

補助酵素 など

吸収曲線と作用曲線

光合成では，光合成色素によって光が吸収されます．しかし，吸収する光の波長は色素によって異なります．たとえば，クロロフィルでは青と赤の光をよりよく吸収します．また，カロテノイドは青の光をよく吸収します．このように光の波長と吸収率の関係を示したものを吸収曲線といいます．また，いろいろな波長の光を植物に与え，どの波長の光が光合成に有効かを調べたものを光合成の作用曲線（または作用スペクトル）といいます．光合成の作用曲線と各色素の吸収曲線を比べると，その形がよく似ていることから，光合成にはクロロフィルやカロテノイドで吸収された青（青紫）や赤の光がよく利用されていることがわかります（図5-3）．

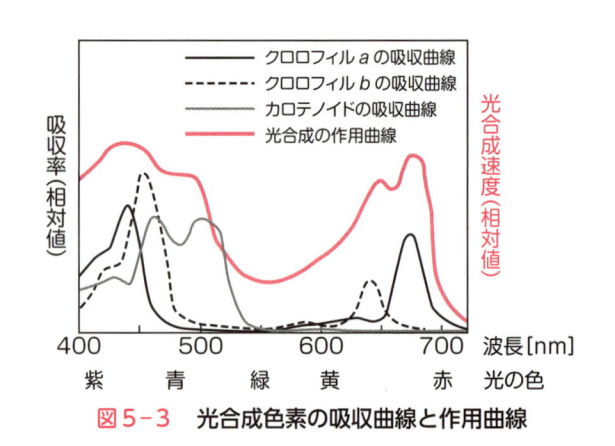

図5-3 光合成色素の吸収曲線と作用曲線

光合成のしくみ

光合成の反応は，次の4つの反応に分けることができます．

反応①は唯一，光が関与し酵素がはたらかない反応です．光エネルギーにより光化学系Ⅱ→光化学系Ⅰでクロロフィルaが活性化します．

反応②は水を分解し，酸素と水素イオンと電子を放出します．さらに，遊離した水素イオンがストロマ中でNADP・2[H]となる反応です．

反応③は電子のエネルギーを利用して，ATP合成酵素のはたらきでATPができる反応です．

反応④は**カルビン・ベンソン回路**といい，CO_2 と NADP・2[H] の H と ATP のエネルギーにより有機物を合成する反応です．ストロマ中で起こります．

以上をまとめると図5-4のようになります．

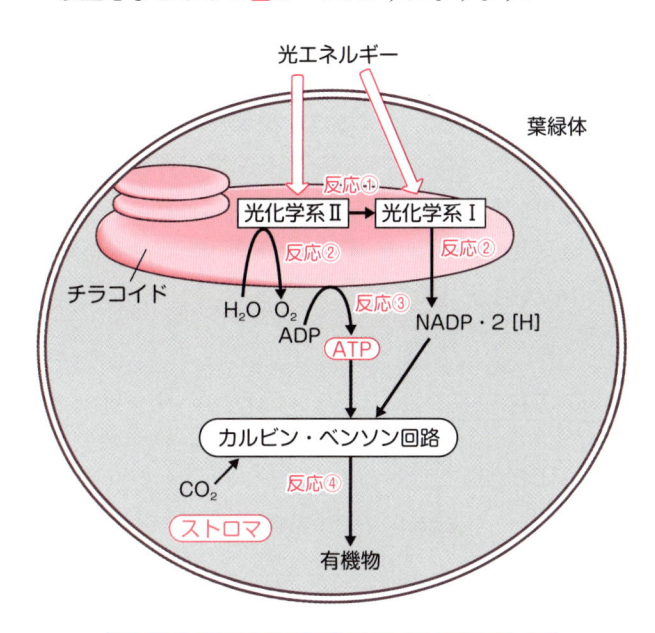

図5-4 光合成の4つの反応

- 反応① 光化学反応
- 反応② 水の分解とNADP・2[H]の生成反応
- 反応③ ATPの生成反応
- 反応④ CO_2の固定反応

また，光合成における反応では酸化と還元が起こっています．酸化と還元については表5-1のようにまとめられます．

表5-1 酸化と還元

	酸素	水素	電子
酸化	結合	離脱	離脱
還元	離脱	結合	結合

酸素移動の例

$2\,\boxed{CuO} + C \longrightarrow 2\,\boxed{Cu} + CO_2$

Cuは還元された　Cは酸化された

電子移動の例

$2\,Cu + O_2 \longrightarrow 2\,CuO$ の場合，

$2\,Cu \longrightarrow 2\,Cu^{2+} + \boxed{4e^-}$ （Cuは酸化された）

$O_2 + \boxed{4e^-} \longrightarrow 2O^{2-}$ （O_2 は還元された）

酸化・還元反応の詳細は，化学の教科書か本シリーズの"まるわかり！基礎化学"の第7章を参照して下さい．

それでは次に反応①〜④を詳しくみていきましょう．

1. 反応①

まず，チラコイド膜でクロロフィル a を囲んでいる**補助色素**に光が当たり，**光化学系Ⅱ**と**光化学系Ⅰ**により光エネルギーを吸収します．次にこの光エネルギーはクロロフィル a に渡されます．するとクロロフィル a が光エネルギーを吸収して**励起状態**になり，電子を放出しやすくなります．この状態のクロロフィルを**活性化クロロフィル**といいます．活性化クロロフィル中の励起電子は非常に不安定で活性化クロロフィルから放出されます．このとき活性化クロロフィルは強力な酸化力を持つようになります．

2. 反応②

光化学系Ⅱのクロロフィル a は，その酸化力によってチラコイドの**内腔**で水を分解します．

$$H_2O \longrightarrow \frac{1}{2}O_2 + H^+ + e^-$$

ここで，この後の反応では使わない酸素を放出します．電子を放出した光化学系Ⅱのクロロフィル a は，水の分解で生じた電子を受け取り，元の活性化クロロフィルにもどります．

一方で光化学系Ⅰの活性化クロロフィルも同様に e^- を放出し，ストロマ中の水素イオン H^+ と脱水素酵素である補酵素 NADP に電子を渡して，$NADPH + H^+$ にします．

3. 反応③

活性化クロロフィル a が放出した励起電子はチラコイドの膜にある**電子伝達系**内を移動します．この間，チラコイド膜のストロマ側からチラコイドの内腔に H^+ が移入し内腔内の H^+ の濃度が高くなります．そしてこの H^+ は，チラコイド内腔より濃度勾配に従ってチラコイドの外側に流れ出ようとします．この H^+ の流れのエネルギーを利用して，チラコイド膜にある**ATP合成酵素**

がADPをリン酸化してATPを合成します．このATP合成反応は，元をたどれば光エネルギーを源としているので**光リン酸化**といいます．

電子伝達系を移動してきた光化学系Ⅱの電子によって，反応①で放出された光化学系Ⅰの電子も補われ，光化学系Ⅰのクロロフィル a は再び活性化クロロフィルにもどります（図5-5）．

ここまでの反応は次式の関係となります．

$$2H_2O + 2NADP^+ + 3(ADP + H_3PO_4) \xrightarrow{光エネルギー} O_2 + 2NADPH + 2H^+ + 3(ATP + H_2O)$$

4．反応④

反応②と③で生産されたATPとNADPH＋H$^+$は，基質のストロマに移動して二酸化炭素の固定に使われます．CO_2を取り込む際には，**ルビスコ**という酵素のはたらきによって，5個の炭素をもつリブロース1,5-ビスリン酸とCO_2から**ホスホグリセリン酸（PGA）**がつくられます．PGAは，さまざまな中間産物を経て，初めに使われたリブロース1,5-ビスリン酸が再生産されます．このようにストロマでの反応経路は回路になっており，発見者の名にちなんで，**カルビン・ベンソン回路**と呼ばれています（図5-6）．

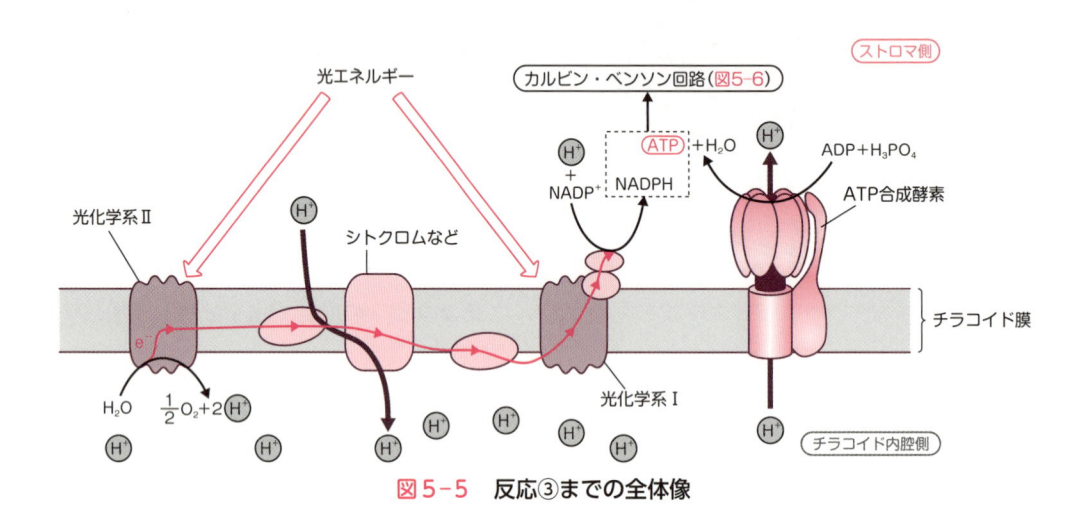

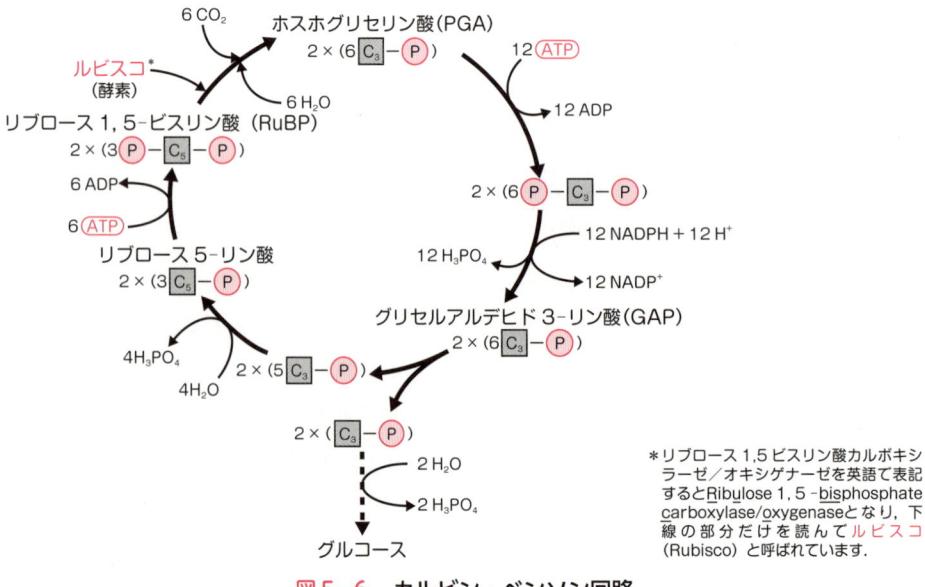

図5-5 反応③までの全体像

図5-6 カルビン・ベンソン回路

＊リブロース1,5ビスリン酸カルボキシラーゼ／オキシゲナーゼを英語で表記すると Ribulose 1,5 -bisphosphate carboxylase/oxygenase となり，下線の部分だけを読んで**ルビスコ**（Rubisco）と呼ばれています．

カルビン・ベンソン回路では，6分子の CO_2 を固定するのに，18分子の ATP と12分子の $NADPH + H^+$ を消費することになります．その結果，カルビン・ベンソン回路では **グリセルアルデヒド 3-リン酸（GAP）** が2分子生じます．その後，次式のように水が反応してグルコースが1分子できます．

> **重要！ カルビン・ベンソン回路の反応式**
> $6CO_2 + 12NADPH + 12H^+ + 18ATP + 12H_2O$
> $\longrightarrow C_6H_{12}O_6 + 12NADP^+ + 18ADP + 18H_3PO_4$

反応①〜④をまとめると次式のようになります．

> **重要！ 光合成の反応式**
> $6CO_2 + 12H_2O \xrightarrow{\text{光エネルギー}} C_6H_{12}O_6 + 6H_2O + 6O_2$

細菌の光合成

細菌（原核生物）にも光合成を行うことができるものがあります．光合成細菌と呼ばれる**シアノバクテリア**や**緑色硫黄細菌**や**紅色硫黄細菌**などです．これらの光合成細菌の特徴の一つは，光合成色素に緑色植物がもつクロロフィルとは構造が異なる**バクテリオクロロフィル**をもつ点です（シアノバクテリアは緑色植物と同じクロロフィル）．このバクテリオクロロフィルは葉緑体ではなく，菌体内の**クロマトフォア**という顆粒中にあります（原核細胞には葉緑体はありません）．また，光化学系に電子を与えるのは H_2O ではなく硫化水素（H_2S）です．これらの細菌は，H_2S を含む沼や泥のなかに生息しており，光化学系では H_2S から電子を引き抜きます．その結果，O_2 ではなく硫黄（S）が発生します．

光合成細菌の光合成の反応式は以下のようになります．

$6CO_2 + 12H_2S \xrightarrow{\text{光エネルギー}} C_6H_{12}O_6 + 6H_2O + 12S$

2. C_4 植物と CAM 植物

多くの植物は，二酸化炭素を気孔より取り入れ，カルビン・ベンソン回路に送って有機物を合成しています．しかし，一部の強光・高温の環境や乾燥地帯で生育している植物には CO_2 を濃縮したり，CO_2 を夜間のみに取り込んだりして過酷な環境に適応しているものがあります．

C_4 植物

サトウキビやトウモロコシなどの強光下でも生育できる植物は，CO_2 を葉肉細胞内で C_3 化合物（ピルビン酸）と結合させ，C_4 化合物の有機酸（**リンゴ酸**）に濃縮した後に，これを分解して CO_2 を取り出してカルビン・ベンソン回路で使うという炭酸同化を行っています．このような植物は，CO_2 が最初に取り込まれるのが C_4 化合物であることから **C_4 植物**といいます（これに対し，ホウレンソウなど一般的な炭酸同化を行う植物は C_3 植物といいます）．

葉肉細胞中で CO_2 を C_4 化合物に固定する反応は，カルビン・ベンソン回路で CO_2 が取り込まれる反応よりも効率がよく，CO_2 濃度が低くても進行します．C_4 化合物は維管束のまわりの**維管束鞘細胞**に送られ，そこで分解されて CO_2 を放出します．これによって維管束鞘細胞では CO_2 濃度が高く保たれるようになり，結果として炭酸同化が促進されることになります．温度が適度に高く光が十分に強いと，細胞内の CO_2 濃度が低下して光合成量が低下することがありますが，C_4 植物はそのような環境でも CO_2 の欠乏に陥らず，高い光合成速度を実現できるのです（図5-7）．

図5-7 C₄植物

れ，いったん C₄化合物の有機酸（リンゴ酸）に固定しておいて，昼間にこれを分解して炭酸同化のための CO_2 として利用しています．このように乾燥している昼間に気孔を開くことなく光合成を行う植物は CAM植物 と呼ばれています．C₄植物の場合は，昼に CO_2 の取り込みと炭酸同化を行っていますが，CAM植物では昼に炭酸同化を，夜に CO_2 の吸収をおこなっている点が異なります（図5-8）．

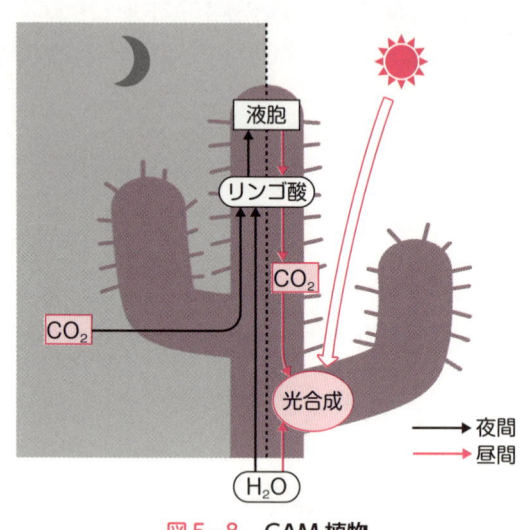

CAM植物

非常に乾燥した地域で生育する，ベンケイソウやサボテンなどは，昼間に気孔を開くと水分が失われてしまいます．これらの植物は夜に気孔を開いて CO_2 を取り入

図5-8 CAM植物

3. 化学合成細菌

細菌のなかには，光が届かない深海や土のなかで独立栄養生活を営むものがいます．これらの細菌は **無機物の酸化反応** で放出されたエネルギーを用いて炭酸同化を行っており，**化学合成細菌** といいます．ただし，酸素や水素は放出しません．化学合成細菌のATP生産は，呼吸や光合成の電子伝達系によるしくみと変わらず，H^+ の流れを利用してATPを合成しています．しかし，太陽エネルギーと異なり，酸化エネルギーは少なく，光合成と比べると同化の速度は非常に遅いのが特徴です．

硝化細菌 には，アンモニアを酸化して亜硝酸にする **亜硝酸菌** と，亜硝酸を酸化して硝酸にする **硝酸菌** があります．土壌中に生息し，窒素循環において重要な役割を果たしています．**硫黄細菌** は硫化水素や硫黄から，**鉄細菌** は鉄から，**水素細菌** は水素の酸化エネルギーを利用して，炭酸同化のエネルギーを得ています（表5-2）．

表5-2 化学合成細菌

細菌の種類	反応式		生息環境
亜硝酸細菌	$2NH_3 + 3O_2 \longrightarrow 2HNO_2 + 2H_2O$	+ 化学エネルギー	土壌中
硝酸細菌	$2HNO_2 + O_2 \longrightarrow 2HNO_3$	+ 化学エネルギー	土壌中
硫黄細菌	$2H_2S + O_2 \longrightarrow 2S + 2H_2O$	+ 化学エネルギー	含硫黄水中
鉄細菌	$4FeSO_4 + O_2 + 2H_2SO_4 \longrightarrow 2Fe_4(SO_4)_3 + 2H_2O$	+ 化学エネルギー	含鉄水中, 酸性
水素細菌	$2H_2 + O_2 \longrightarrow 2H_2O$	+ 化学エネルギー	土壌中

$$CO_2 + 水素 + 化学エネルギー \longrightarrow C_6H_{12}O_6$$

化学合成細菌は化学反応で化学エネルギーを発生させ、グルコースの生成に利用しています。

4. 窒素同化

　私たちの筋肉や酵素などのタンパク質やATP, DNA中には多くの窒素が含まれています。これらの有機窒素化合物は、**窒素同化**という反応によって合成されています。私たちのような動物は、ほかの生物の有機窒素化合物を吸収して必要な窒素化合物を得ています。

植物による窒素同化

　土壌中の水には、窒素固定（後述）や生物体の分解によって生じた**アンモニウムイオン**（NH_4^+）、硝化細菌の硝化作用によって生じた**硝酸イオン**（NO_3^-）などが溶けています。植物は、これらの無機窒素化合物の大部分を NO_3^- の形で吸収しますが、植物体内に入った NO_3^- は、亜硝酸イオン（NO_2^-）を経て最終的には NH_4^+ になります。NH_4^+ は、**グルタミン合成酵素**のはたらきによってATPのエネルギーを用いて、グルタミン酸と結合し**グルタミン**がつくられます。グルタミンのアミノ基は**アミノ基転移酵素**のはたらきによって呼吸の過程で生じたケトグルタル酸に渡されたのち、別の有機酸に渡されて、さまざまなアミノ酸がつくられます。なお、アミノ酸の炭素源は、ケトグルタル酸や有機酸がもたらします（図5-9）。

植物による窒素固定

　窒素（N_2）は大気中に約80％含まれており、ほとんどの生物はこれを窒素源として直接利用することができません。しかし、ある種の細菌やシアノバクテリア（ラン藻類）のなかには、直接 N_2 を利用してアンモニアなどの窒素化合物をつくり出す能力を持っているものがあります。この大気中の N_2 を窒素化合物に取り込む反応を**窒素固定**といいます。この窒素固定を行う細菌は**窒素固定細菌**といいます。たとえばマメ科植物の根に見られる**根粒菌**は、根粒という丸い粒を根のあちこちに形成して根に侵入して共生関係を形成しています。つまり、根粒菌は植物体（宿主）に空気中の N_2 を取り入れて合成したアンモニウムイオン（NH_4^+）を提供し、一方、植物体からは糖を得て分解した有機酸からATPや H^+ を合成しています（図5-10）。

図5-9 窒素同化

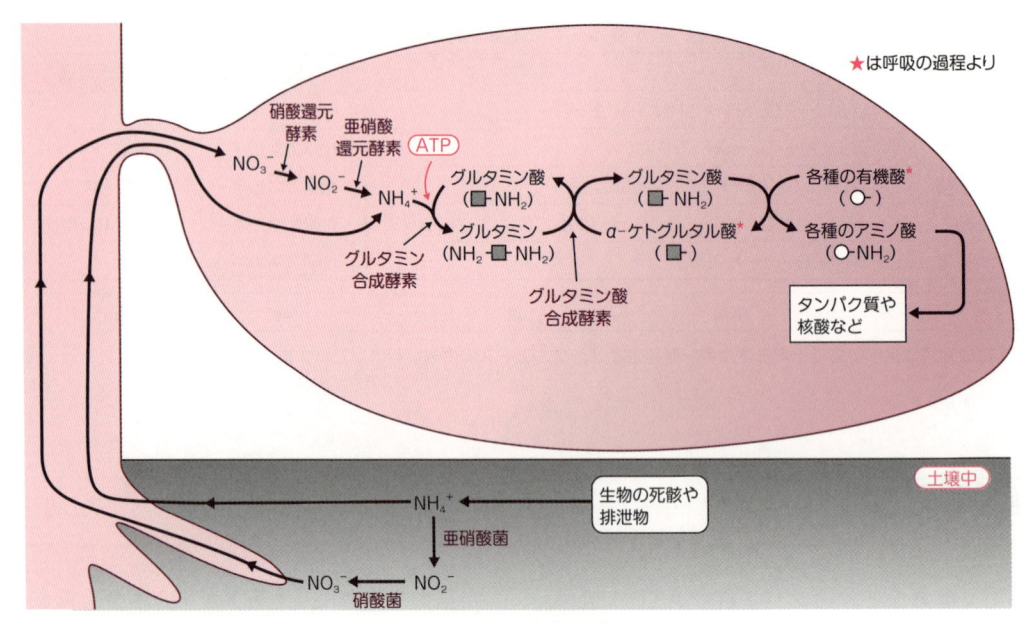

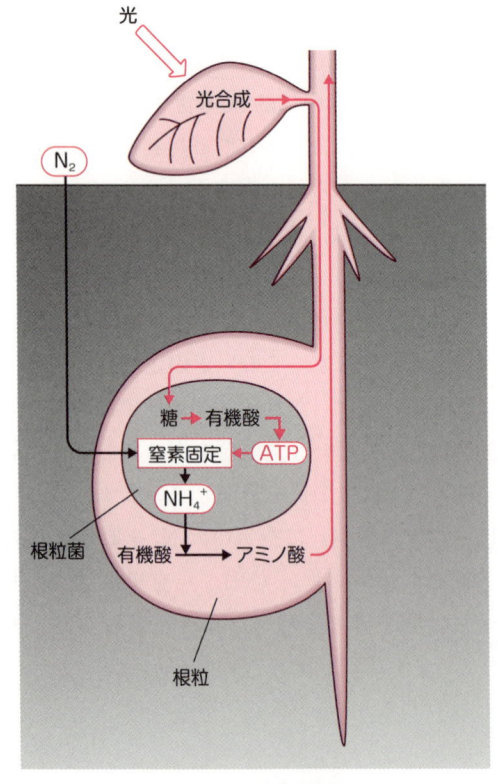

図5-10 窒素固定

また，酸性土壌中に生息する嫌気性細菌の**クロストリジウム**や，河川や中性土壌に生息する好気性細菌の**アゾトバクター**のように，土壌・水中で窒素固定をしながら単独で生活しているものもあります．シアノバクテリアのネンジュモなどは，群体を構成する細胞の一部を特殊化させ，水中に溶けている窒素の固定を行っています．

休耕田などにマメ科植物のレンゲソウを植えておくのは，根粒菌の働きで土壌中に有機窒素化合物を含ませるためです．天然の肥料となるわけです．

動物による窒素同化

動物にとっての窒素源は，硝酸イオンやアンモニウムイオンではなく，食物を通して取り入れるアミノ酸などの有機窒素化合物です．動物はこれらをそのまま，あるいはDNAの塩基配列に基づいてタンパク質などの生体成分として利用しています．

第5章 章末問題

① 光合成の吸収曲線と作用曲線から，何色の光が光合成色素に吸収されていることがわかるか．

② 光合成の反応は，次の4つに分けることができる．ア〜エに適語を入れよ．

反応1：（ア）反応
反応2：（イ）の分解と NADP・2 [H] の生成
反応3：（ウ）の生成反応
反応4：（エ）の固定反応

③ 次の光合成の反応式中のア〜ウに適語を入れよ．

$6CO_2 + 12（ア）+（イ）エネルギー \longrightarrow C_6H_{12}O_6 + 6（ウ）+ 6H_2O$

④ 光合成で発生する酸素は，何に由来する酸素か．

⑤ 光合成の反応4は回路系である．この回路は発見者にちなんで何と呼ばれているか．

⑥ ⑤の回路では，ルビスコという酵素のはたらきにより二酸化炭素が取り込まれる．取り込まれた後にできる化合物の名称を答えよ．

⑦ 代表的な光合成細菌の名前を2つ答えよ．また，これらの生物がもっている光合成色素名を答えよ．

⑧ C_4 植物において，二酸化炭素をはじめに取り込む C_4 化合物（有機酸）の名前を答えよ．また，このときの回路名を答えよ．

⑨ CAM 植物の特徴を述べよ．また，CAM 植物の例を2つ挙げよ．

⑩ 窒素固定を行う生物の例を2つ挙げよ．

第6章 生殖

ベニクラゲというクラゲをご存知ですか？ベニクラゲとはイタリアの海の洞くつで発見された5 mmほどの小さなクラゲです．このクラゲは，老衰して死を迎える前に幼生のポリプに戻ることができるといいます．つまり若返りするということです．オスとメスによる（有性）生殖だけが生殖の方法ではないのです．

また，ベニクラゲと違い，私たちヒトや地球上の生物には寿命があります．個体としての一生は限りあるものですが，生物は命が尽きる前に生殖という方法で子孫を残すことができます．この生殖の方法は生物の進化をたどるように，それぞれの生物によって多種多様な方法があります．しかし，ある視点で眺めると生殖の方法にも共通性と多様性があることがわかります．

本章でもそれぞれの視点を意識しながら学んでいきましょう．

キーワード 有性生殖，受精，体細胞分裂，核相，細胞周期，減数分裂，相同染色体，二価染色体，卵，精子，卵割，胞胚，原腸胚，着床，胎盤

1. 生殖とは

生物が自分と同じ種の新しい個体をつくるはたらきを**生殖**といいます．生殖の方法には，**無性生殖**と**有性生殖**があります．無性生殖は，性とは無関係に自分のからだの一部から新個体を生じる生殖のことをいいます．一方，有性生殖とは，**配偶子**という生殖細胞をつくり，2個の配偶子が合体することによって殖える生殖方法です．

無性生殖

無性生殖には，分裂・出芽・胞子生殖・栄養生殖などがあります（図6-1）．ただし，無性生殖のみで殖える生物はほとんどなく，環境の変化によっては有性生殖も行うものも見られます．

無性生殖の有利な点は，1個体のみで短時間に数多くの子を作ることができることですが，新個体は親と同じ遺伝子構成なので，いわゆるクローン個体になります．つまり子孫に多様性がないため，環境が急に変化すると全滅してしまう可能性もあります．

それでは無性生殖の方法について見ていきましょう．

- **分裂**：生物の体が2つ以上に分かれることによって殖える生殖法です．単細胞生物でよく見られます．
  例）アメーバ・ゾウリムシ・ミズクラゲなど．
- **出芽**：生物の体（母体）の一部が芽のように膨らみ，それが大きくなって体から離れて殖える生殖法です．
  例）酵母菌・ヒドラ・サンゴなど．
- **胞子生殖**：**胞子**という生殖細胞が母体に生じ，その胞子によって殖える生殖法です．胞子は，母体を離れてから単独で発芽し，新個体にまで成長します．胞子には，体細胞分裂で生じるもの（アオカビ）や，減数分裂で生じるもの（アカパンカビの子嚢胞子など）があります．
  例）菌類・コケ植物・シダ植物など．
- **栄養生殖**：植物の栄養器官（根・茎・葉）の一部から，新個体がつくられて殖える生殖法です．

例）むかご（ヤマノイモなど），走出枝（イチゴなど），塊茎（ジャガイモなど），鱗茎（タマネギなど），塊根（サツマイモなど）など．

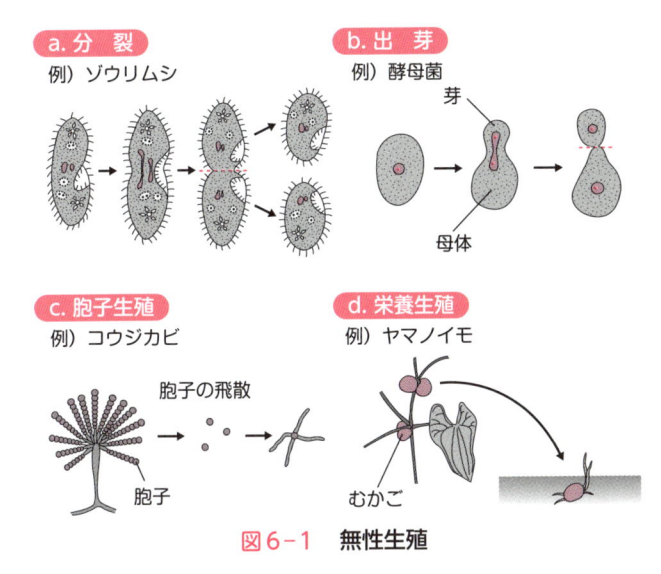

a. 分　裂
例）ゾウリムシ

b. 出　芽
例）酵母菌
芽
母体

c. 胞子生殖
例）コウジカビ
胞子の飛散
胞子

d. 栄養生殖
例）ヤマノイモ
むかご

図6-1　無性生殖

有性生殖

有性生殖では，減数分裂で生じた**配偶子**という2個の生殖細胞が合体することによって新個体が生じる生殖方法です．このような配偶子の合体を**接合**といい，その結果生じる細胞を**接合子**といいます．この接合子がやがて新個体となります．有性生殖で生じた新個体は，両親から半分ずつの遺伝子を受け継ぐので，遺伝子構成は親とは異なり多様な子が生じます．そのため，子は環境の大きな変化にも適応できる形質を備えている可能性が高くなり，無性生殖とくらべて生き残れる確率も高くなります．

配偶子の種類

配偶子の種類には，以下のように3種類あります．

- **同形配偶子**：配偶子の大きさや形が同じもの．
  例）アオミドロ・クラミドモナスなど．
- **異形配偶子**：配偶子に大きさや形のちがいが見られるもの．大形の配偶子を**雌性配偶子**といい，小形の配偶子は**雄性配偶子**といいます．
  例）アオサなど．
- **卵・精子**：雌性配偶子と雄性配偶子の大きさや形が極端に異なるもの．運動能力のない大型の雌性配偶子は**卵**，運動能力を持つ小型の配偶子は**精子**といいます．
  例）ウニ・カエル・ヒト，コケ・シダ植物，イチョウなど．

有性生殖の方法

有性生殖の方法には，大きく次の3つの方法があります．

- **接　合**：2つの配偶子が合体して核を交換することや，2個体が合体して1つになることをいいます（図6-2a）．
  例）クラミドモナス，アオサなど．
- **受　精**：卵と精子の接合を特に**受精**といいます．また，接合子は**受精卵**といいます（図6-2b）．
  例）イチョウ，ウニ，ヒトなど．
- **単性生殖**：卵が受精せずに発生し新個体になる生殖法を単性生殖といいます．卵が単独で発育するアリマキ・ミジンコ・ミツバチの雄などは，**単為発生**ともいいます（図6-2c）．

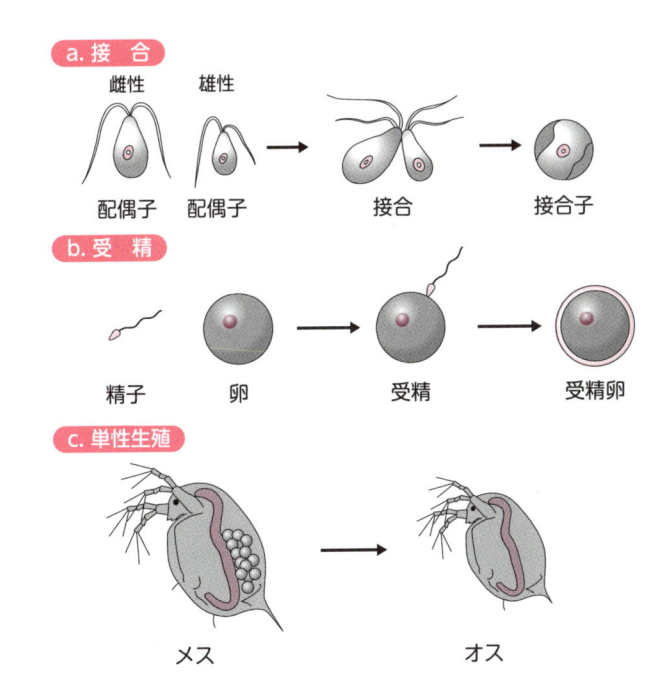

a. 接　合
雌性　雄性
配偶子　配偶子　接合　接合子

b. 受　精
精子　卵　受精　受精卵

c. 単性生殖
メス　オス

図6-2　有性生殖
a. アオサ, b. ウニ, c. ミジンコの例．
cの単性生殖では，環境など外的要因の悪化によりメスがオスを生み出し，有性生殖を行います．遺伝子組み換えを経て環境耐性を得ます．

無性生殖と有性生殖の特徴をまとめると表6-1のようになります．

表6-1 生殖の特徴

	無性生殖	有性生殖
遺伝子構成	親と子は同じ	親と子は異なる
環境変化への適応	遺伝子構成が同じなので，環境への適応力は弱い	遺伝子構成が異なるので，環境への適応力は強い
殖え方	単独で殖えるので，効率が良い	2つの配偶子が接合（受精）する必要があるので効率は悪い

2. 細胞分裂

生物を構成している細胞（体細胞）が二分する際に行う分裂を体細胞分裂といいます．また，多細胞生物の生殖器官で生殖細胞がつくられる際に行われる細胞分裂を減数分裂といいます．減数分裂を知るために，まず，体細胞分裂のしくみを知ることから始めましょう．

体細胞分裂

減数分裂も体細胞分裂も，分裂時期の定義や分裂にかかわる構造は同じです．まずは簡単に体細胞分裂について見ていきましょう．

体細胞分裂では，1個の母細胞は核分裂に続く細胞質分裂の過程を経て2個の娘細胞になります．

間期

核分裂が終わり，次の核分裂がはじまるまでの時期を間期といいます．間期ではDNAの複製のほか，分裂に必要な物質が合成されます．

核分裂

核分裂は，染色体などの特徴から前期・中期・後期・終期の4つの時期に分けられます．

- **前期**：核のなかにある細い糸状の染色糸が凝集し，太くて短い紐状の染色体になります．染色体を構成しているDNAは間期中に複製されており，前期に染色体はX字型の状態（2本の染色分体）になります．前期の終わりには核膜と核小体が消失します．
- **中期**：染色体が赤道面に並び，紡錘糸が染色体の中央（動原体）に付着します．
- **後期**：染色分体が縦列面から裂けて2分され，紡錘糸に引かれて両極（動物極と植物極）へ移動します．
- **終期**：前期とは逆に染色体は，ほぐれるようにして細い糸状の染色糸となって広がり，光学顕微鏡では確認できなくなります．終期の終わりには，核膜と核小体が再び現れて，新しい核（娘核）ができます．

細胞質分裂

細胞質分裂は，核分裂の終期の後にはじまります（図6-3）．

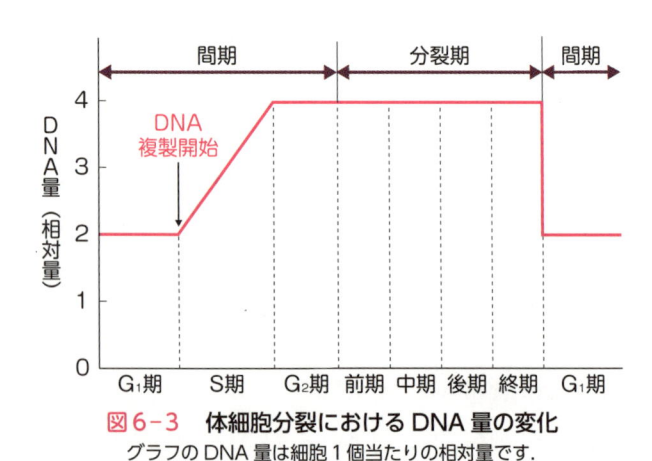

図6-3 体細胞分裂におけるDNA量の変化
グラフのDNA量は細胞1個当たりの相対量です．

- **動物細胞**：赤道面付近の細胞膜に，アクチンが輪状に配置し，これが収縮することで細胞膜にくびれが生じ，細胞質が2分します．
- **植物細胞**：赤道面付近に細胞板というしきりができて，細胞質が2分します．

つまり，間期の G_1 期には1つの細胞分の DNA があり，DNA の複製がはじまる S 期から終期までは1つの細胞に2細胞分の DNA が含まれます．細胞が分裂するときに DNA も2分されて G_1 期に戻ります（p.64「細胞周期」参照）．

染色体と DNA

核内のすべての DNA は，染色体を形成する際に切れたり絡まったりせず，規則正しく収納されているものと考えられています．そのしくみは現在も研究されています（図6-4）．また，染色体数は生物により異なっていますが，同じ生物種であればその数は同じです（表6-2）．

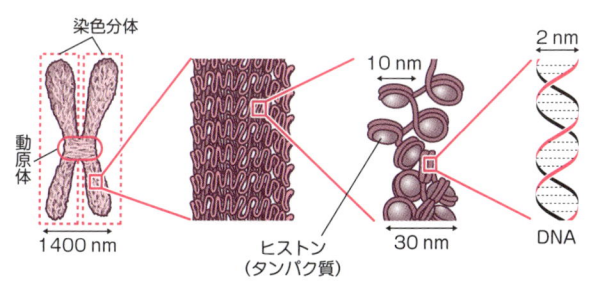

図6-4　染色体を構成する DNA

表6-2　植物と動物の染色体数

植　物	染色体数	動　物	染色体数
ムラサキツユクサ	12	ハリガネムシ	4
エンドウ	14	キイロショウジョウバエ	8
タマネギ	16	ネコ	38
トウモロコシ	20	ヒト	46
イ　ネ	24	チンパンジー	48
スギナ	230	イ　ヌ	78

ヒトの染色体数は46本です．そのなかで男女に共通している染色体は44本（22組）で，これを**常染色体**といいます．常染色体は，全く同じ大きさと形の染色体が2本ずつ組になっています．この1組の染色体を**相同染色体**といいます．相同染色体の一方は父親から，他方は母親から受け継いだものです．常染色体以外の2本の染色体は**性染色体**といい，女性は XX，男性は XY で表します（図6-5）．

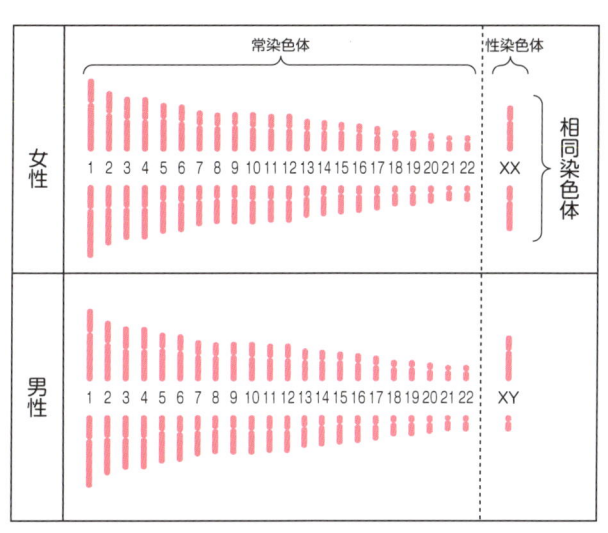

図6-5　ヒトの染色体

卵や精子が作られる際には，これらの染色体が半数になります．このとき減数分裂（後述）が行われます．つまり常染色体が22本になり，性染色体は卵の場合 X のみに，精子の場合 X または Y になります．

ヒトの ABO 式血液型の遺伝子は，第9染色体の長腕の先端にあります（図6-6）．

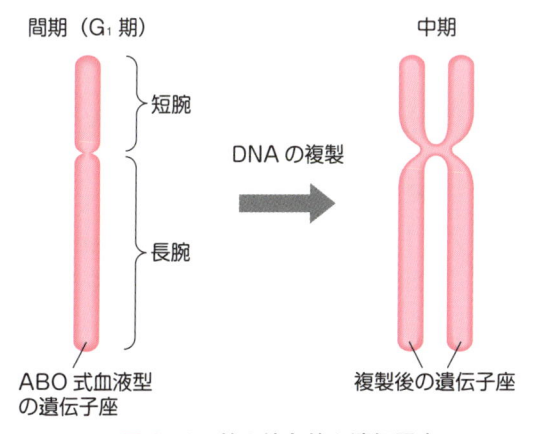

図6-6　第9染色体と遺伝子座

> **重要！**　染色体上にある遺伝子の位置のことを**遺伝子座**といい，その場所は遺伝子ごとに決まっている

核型と核相

染色体の特徴を示す際に核型が使われます。これは染色体を形や大きさで順番に並べて識別する方法をいいます。また、(分裂中期に赤道面に並んだ)染色体で核型を調べることを核型分析といいます。核型を調べることで染色体数もわかります。このとき、染色体の組のようすを核相といいます。核相は相同染色体の組の数を n とし、体細胞のように相同染色体がペアになっている場合を複相といい $2n$ で表します。つまりヒトの場合は $2n = 46$ となります。一方、減数分裂によって生じた生殖細胞では、相同染色体が二分されているので1本ずつになっています。このときの核相を単相といい n で表します。

細胞周期

細胞分裂でできた細胞が、次の分裂を経て新しい細胞になるまでの周期を細胞周期といいます(図6-7)。細胞は間期と分裂期(M期)を交互に繰り返しながら増殖していきます。この間期から分裂期までの一連の過程の繰り返しが細胞周期です。

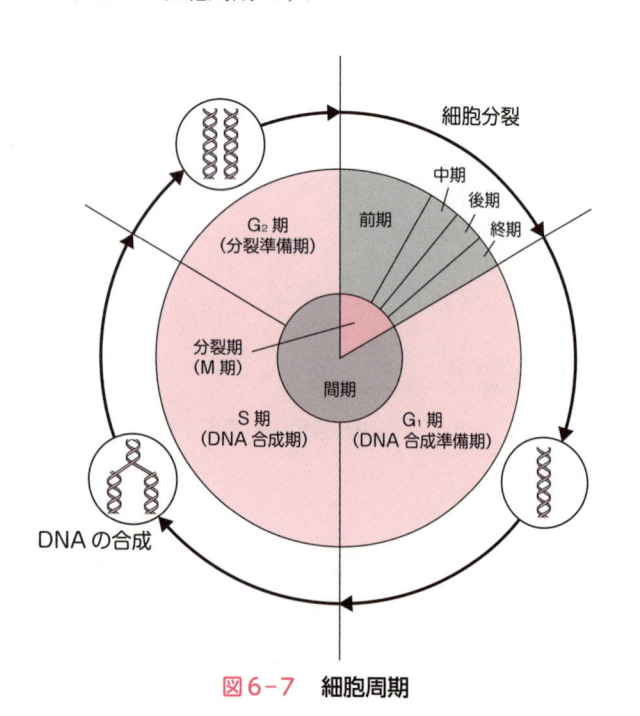

間期は、次の3つの時期からなります。
- G_1期：DNAの複製を準備している期間。
- S期：DNAを合成している期間。
- G_2期：細胞分裂のための準備をしている期間。
- M期：細胞分裂期。

減数分裂

私たちの体細胞の核には、父親由来と母親由来の遺伝子セット(ゲノムという)が1組ずつ存在します。つまり、相同染色体の父方由来の染色体と母方由来の染色体の2組あるということと同じです。このような細胞を二倍体といい、遺伝情報を2組持っている($2n$の状態)ことになります。

父親からABO式血液型の遺伝子のうちBを、母親からOを受け継いだ場合、血液型の遺伝情報は2つあるわけですが、この場合、優性の法則で表現型はB型になります(詳しくは第8章「遺伝の世界」参照)。ただし、体細胞分裂では、間期のS期にDNAの複製を行い、分裂期(M期)で二分されるため、分裂後も分裂前と同じく核には2組の遺伝情報が含まれていることになります。

これに対して配偶子形成では、DNAの複製は1回ですが、2回連続して分裂を繰り返すため染色体数が半減します。この分裂様式を減数分裂といい、できた細胞は一倍体(n)となります。減数分裂では、第一分裂の後期に、相同染色体は別々の娘細胞に分かれて両極へ移動して染色体数が半減します。このように両極へ移動する染色体の組み合わせはランダムに起きるので、その組み合わせは多様になります(図6-8)。

たとえば、ヒトの体細胞は23組の染色体を持つため、配偶子の種類は 2^{23} 通り $= 8.4 \times 10^6$ 通りとなります。実際には、第一分裂の前期で相同染色体(対合している内側の染色分体)どうしに乗換えが起こる場合が多いため、遺伝子の組み合わせはさらに一層多様になります。同じ親から生まれた兄弟姉妹でも、形質が異なるのはこのためです。

図6-7 細胞周期

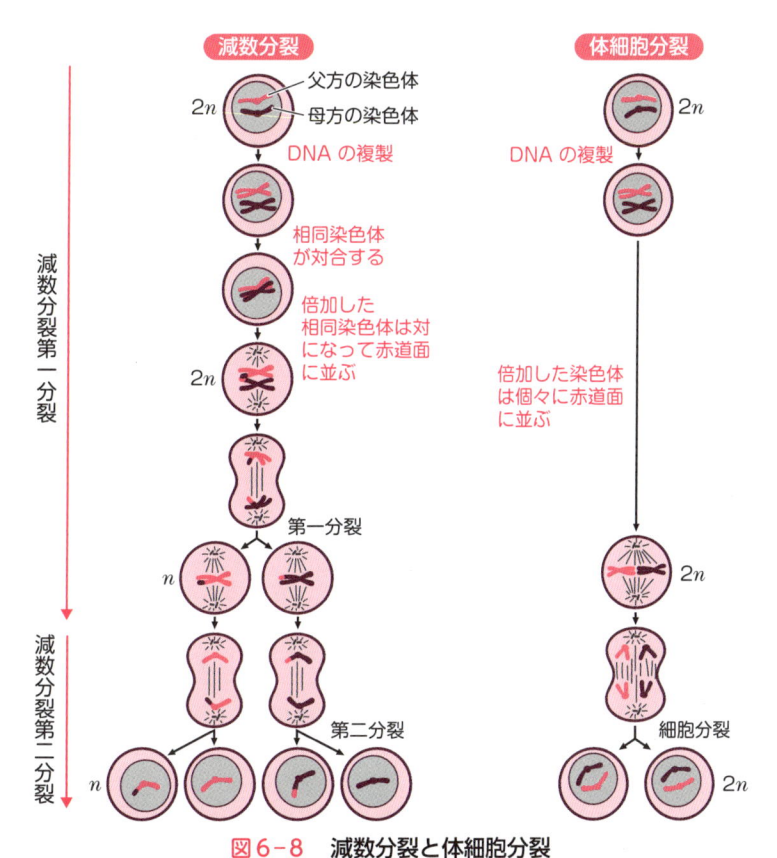

図6-8　減数分裂と体細胞分裂
体細胞分裂と比較すると，減数分裂では分裂が2回起こり，分裂後には染色体が半数の4個の娘細胞ができます．

1. 減数分裂の過程

減数分裂では，2回の分裂が連続して起こります．**第一分裂**では染色体数が半減しますが，後に続く**第二分裂**では染色体数は変化せず，体細胞分裂と同じ様式で進行します．したがって，染色体数$2n$の母細胞1個から，染色体数nの生殖細胞が4個できます．第一分裂と第二分裂の間には間期が見られません．

2. 減数分裂の特徴

第一分裂では，相同染色体が対合して**二価染色体**（4本の染色分体からなる）を形成します．分裂は，その対合面で生じるので染色体数は半減することになります．なお，第一分裂では各染色体の縦裂は起こりません．第二分裂では，各染色体は縦裂して二分し染色分体が両極に移動します（図6-9）．これは体細胞分裂時の染色体の行動と似ています．

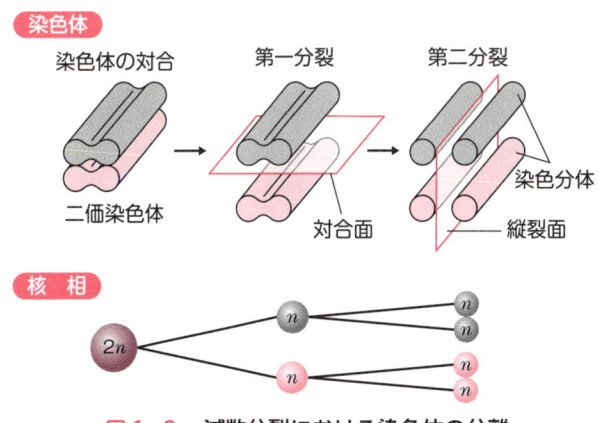

図6-9　減数分裂における染色体の分離

3. DNA量の変化

生殖母細胞の間期（S期）にDNAの複製が起こるのでDNA量は倍加します．次に第一分裂と第二分裂が引き続いて起こり，その間には間期がなくDNAの複製が起こらないため，生殖細胞は生殖母細胞の半分のDNA量を持つことになります（図6-10）．

図6-10 減数分裂におけるDNA量の変化

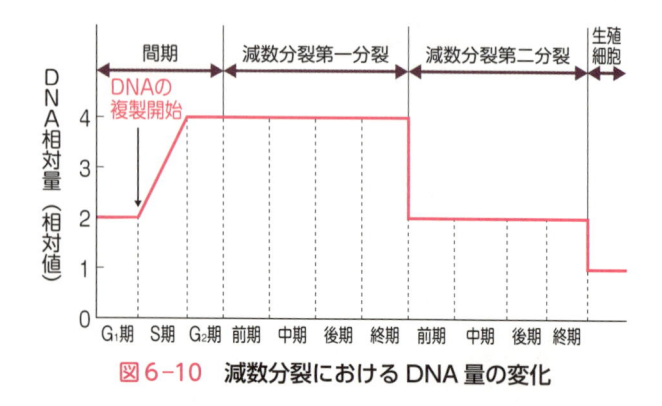

図6-11 染色体の分裂
A, aは遺伝子を表しています．

4．染色体と遺伝子

1対の遺伝子は1対の相同染色体の同じ場所（遺伝子座）に存在しています．そのため，減数分裂のときには，遺伝子が染色体といっしょに行動し，配偶子では遺伝子が対をなさず単独です（図6-11）．この配偶子が接合（受精）すると，染色体も遺伝子もふたたび対をつくることになります．

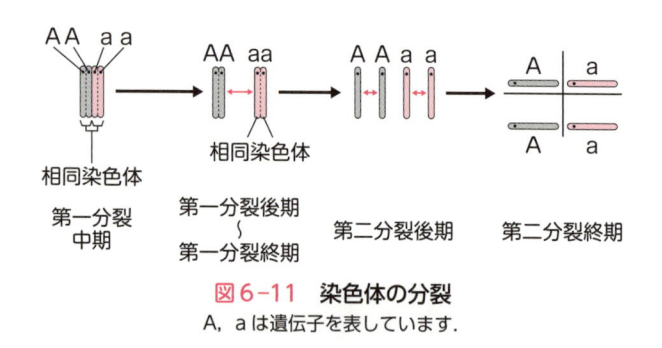

減数分裂と体細胞分裂の特徴をまとめると表6-3のようになります．

表6-3　体細胞分裂と減数分裂

	核相の変化	染色体数	相同染色体の対合
体細胞分裂	$2n \to 2n$ （1個）（2個）	変化なし	生じない
減数分裂	$2n \to n$ （1個）（4個）	半減	対合し二価染色体となる

3. 動物の生殖と初期発生

動物の配偶子形成

減数分裂では，基本的に1個の二倍体（$2n$）の体細胞から4個の一倍体（n）の生殖細胞ができます．

精子形成の場合，1個の精原細胞（$2n$）が体細胞分裂し，一次精母細胞に成長します．一次精母細胞（$2n$）は減数分裂し，二次精母細胞（n）を経て4個の精細胞になります．精細胞は，さらに変態して4個の精子（n）になります（図6-12a）．精子形成では核が凝縮し，精子の先端には受精の際に卵の細胞膜を溶かす際に使われる先体が形成されます．細胞質の多くは捨てられ，運動エネルギーを供給するミトコンドリアが核の後方に位置して中片と呼ばれる部分を作ります．中心体は一対あり，そのなかの中心粒の一方が核後方へ微小管を伸ばし，精子の運動器官であるべん毛を形成します（図6-12b）．

一方，卵形成では，2回の減数分裂で不等分裂を行います．卵原細胞（$2n$）→ 体細胞分裂 → 一次卵母細胞（$2n$）→（減数分裂第一分裂）→ 二次卵母細胞（n）［＋第一極体］→（減数分裂第二分裂）→ 二次卵母細胞［＋第二極体］→ 卵（n）というように進行します（図6-12c）．その結果，細胞質を失わずに保持した大型の卵と，細胞質をほとんど含まない極体になり，極体はやがて消失します．

結果として次のことがいえます．

> **重要！**
> 精子では1個の精原細胞（$2n$）から4個の精子（n）が，卵では1個の卵原細胞（$2n$）から1個の卵（n）が生じる

動物の生殖と初期発生 67

a. 精子形成

始原生殖細胞 → 精原細胞(2n) → 一次精母細胞(2n) → 二次精母細胞(n) → 精細胞(n) → 精子(n)

増殖期／成長期／減数分裂

c. 卵形成

始原生殖細胞 → 卵原細胞(2n) → 一次卵母細胞(2n) → 二次卵母細胞(n) → 卵(n)／第一極体(n)／第二極体(n)

成長期／減数分裂

b. 精子の構造

ミトコンドリア／中心粒／核／先体

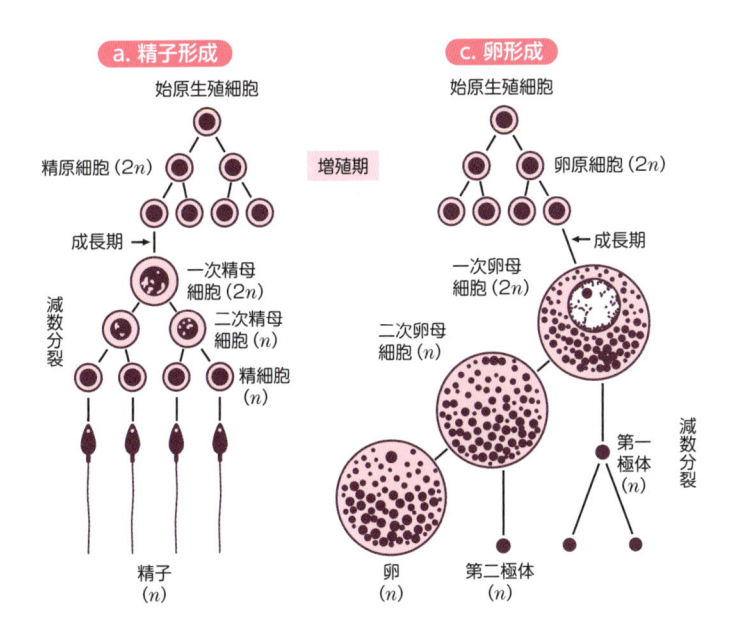

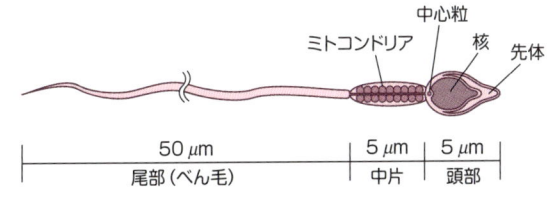

尾部(べん毛) 50 μm ／ 中片 5 μm ／ 頭部 5 μm

図6-12 配偶子形成

減数分裂により1個の一次精母細胞から成熟した精子が4個できますが，一次卵母細胞からは成熟卵は1個しかできず，残り3個の細胞は極体になります．

動物の受精

多くの脊椎動物の二次卵母細胞は，減数分裂第二分裂中期で分裂を停止しています．受精によって，二次卵母細胞の減数分裂が進行し完了するとともに，卵と精子の核が一緒になって2倍体の核を持った受精卵が誕生します（図6-13）．

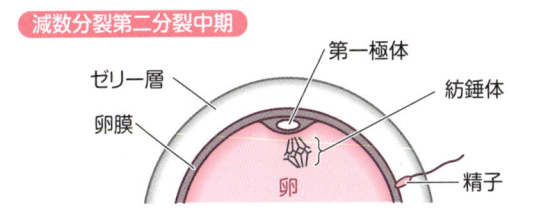

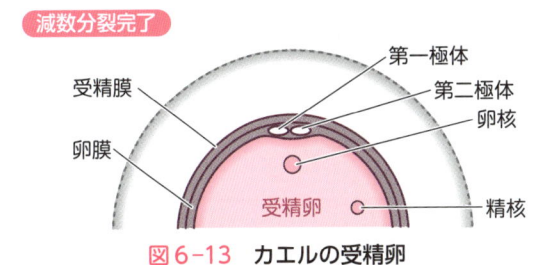

減数分裂第二分裂中期

ゼリー層／卵膜／卵／第一極体／紡錘体／精子

減数分裂完了

受精膜／卵膜／受精卵／第一極体／第二極体／卵核／精核

図6-13 カエルの受精卵

二次卵母細胞に精子が侵入すると，減数分裂が再開され，卵核と精核が合体して受精卵になります．

動物の初期発生

受精卵は，極体を放出した側を**動物極**，その反対側を**植物極**といいます（図6-14）．

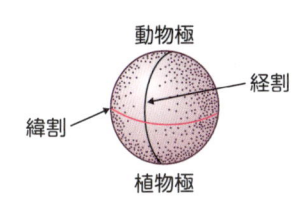

動物極／経割／緯割／植物極

図6-14 受精卵の割面

受精後の第一分裂は，動物極と植物極を通る面で起こります（**経割**）．その後は一定間隔で分裂が繰り返されます．受精卵の細胞分裂は，通常の体細胞分裂とは異なる点があるため**卵割**と呼ばれます．また，分裂後の細胞は**割球**といいます．卵割は通常の体細胞分裂と異なり，G_1期（DNA合成準備）およびG_2期（分裂準備）がないので，分裂後に細胞（割球）の成長が起こりません．したがって，割球は分裂するたびに次第に小さくなっていきます（図6-15）．卵割が進むと，胚の中央部分の割球は周囲に押しやられて中央部分は**卵割腔**となり，全体的に桑の実のような**桑実胚**になります．やがて個々の割球は中空のボールの皮のように周囲を埋めるようになります．この段階の胚を**胞胚期**といい，胚の中央の空所

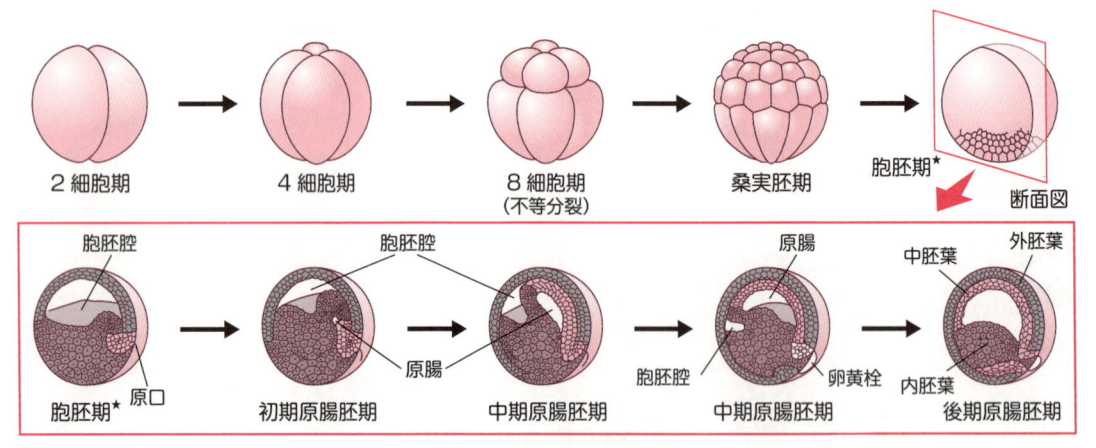

図6-15 カエルの初期発生

2細胞期 → 4細胞期 → 8細胞期（不等分裂）→ 桑実胚期 → 胞胚期* → 断面図

胞胚期*（胞胚腔・原口）→ 初期原腸胚期（胞胚腔・原腸）→ 中期原腸胚期（原腸）→ 中期原腸胚期（胞胚腔・卵黄栓）→ 後期原腸胚期（中胚葉・外胚葉・内胚葉）

は卵割腔から**胞胚腔**へと呼び名が変わります．胞胚期を過ぎると赤道面より植物極側の細胞が内側へ陥入をはじめます．この時期を**原腸胚期**といいます．陥入により生じた細胞によって囲まれた管を**原腸**といい，消化管の原型となります．陥入した部分が将来の口になる動物を**先口動物**といい，逆に肛門になる動物を**後口動物**といいます．たとえばヒトは後口動物です．この時期の終わりには胚の細胞は，その位置関係によって**外胚葉，中胚葉，内胚葉**の三胚葉に区別することができるようになります．また多くの多細胞動物では頭尾軸，背腹軸，左右軸が決定されます．

原腸胚以降は，**神経胚・尾芽胚**を経るにつれ，内部では徐々に器官形成が行われます．外胚葉からは表皮や神経系が，中胚葉からは脊索や骨，筋肉，血管系が，内胚葉からは腸や肝臓，膵臓，肺などが形づくられます（図6-16）

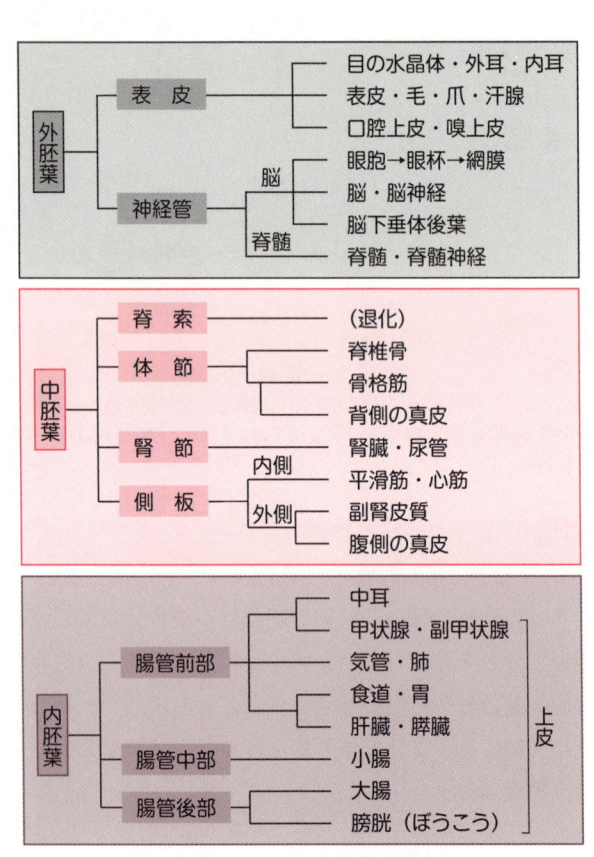

外胚葉
- 表皮
  - 目の水晶体・外耳・内耳
  - 表皮・毛・爪・汗腺
  - 口腔上皮・嗅上皮
- 神経管
  - 脳
    - 眼胞→眼杯→網膜
    - 脳・脳神経
    - 脳下垂体後葉
  - 脊髄
    - 脊髄・脊髄神経

中胚葉
- 脊索 ──（退化）
- 体節
  - 脊椎骨
  - 骨格筋
  - 背側の真皮
- 腎節 ── 腎臓・尿管
- 側板
  - 内側 ── 平滑筋・心筋
  - 外側
    - 副腎皮質
    - 腹側の真皮

内胚葉
- 腸管前部
  - 中耳
  - 甲状腺・副甲状腺
  - 気管・肺
  - 食道・胃
  - 肝臓・膵臓
- 腸管中部 ── 小腸
- 腸管後部
  - 大腸
  - 膀胱（ぼうこう）

（上皮）

図6-16 カエルの器官形成

4. ヒトの発生

受精から着床

　ヒトの場合，腟内に放出された精子は，子宮内壁を進み，左右の卵管内を子宮方向にたなびく線毛の動きに逆らって卵管采〔卵管（輸卵管）の先端〕に向かって泳ぎ続けます．腟内に放出された精子は2～3億匹ですが，卵管の先端にまで到達できるのは数百匹です．次に，左右どちらかの卵巣から排卵された二次卵母細胞が，卵管の先端付近で精子と出会うと受精し，その後，二次卵母細胞で止まっていた卵発生は，第二極体を放出して受精卵となります．受精後約30時間を過ぎるころから卵割が始まります．この時点では，卵はまだ卵管内にいますが，さらに卵割が進んで卵は卵管内の線毛運動で子宮へと運ばれていきます．受精後約6日目，卵が胞胚に相当する段階（胚盤胞）に達したときに，周囲を包んでいた透明帯が脱ぎ捨てられ，子宮の粘膜にもぐり込みます（着床）．着床によって妊娠が成立します（図6-17）．

胎盤の形成

　4週目のころには心臓が拍動を開始し，手足の元となる膨らみもできてきます．8週目には体長3 cmほどに成長し主要臓器もできあがります．また，このころになると胎児の周囲には，しょう膜・羊膜・卵黄のう・尿のうなどを含む胚膜も形成され，胚の保護や栄養供給，排出などの重要なはたらきをするようになります．羊膜の内側の胎児との間には，羊水が満たされ胎児を保護します．
　外側のしょう膜は，絨毛という突起を子宮内膜に伸長させます．絨毛には血管が通っていて，子宮内膜中の血液から酸素や栄養分を受け取って胎児に送り，逆に二酸

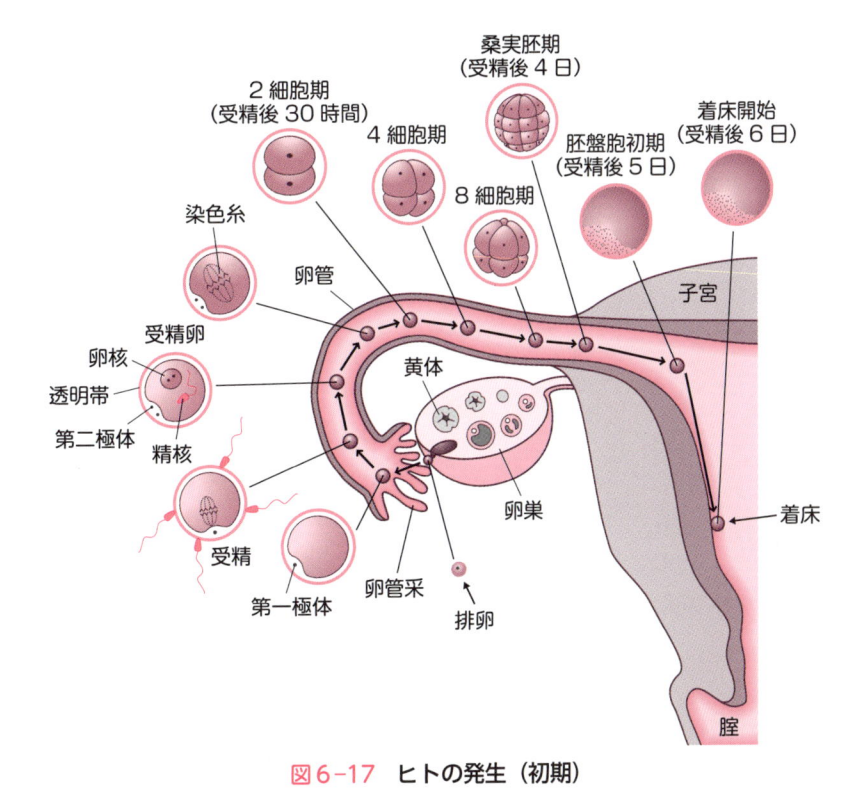

図6-17　ヒトの発生（初期）

化炭素や老廃物を子宮側の血管に渡しています．この子宮内膜と絨毛が張り巡らされた部分を**胎盤**といいます．

やがて胎盤の子宮内膜と絨毛の間にすきまが広がり，子宮の壁から絨毛に血液が吹き付けるようになります．この血液は胎児側の絨毛内の血液と混ざり合うことなく，血液中の成分のみが効率よく交換されます．

胎盤と胎児の間は，やがて**へそのお**（臍帯）で結ばれます（図6-18）．

ところで，ヒトの発生は，受精卵から細胞分裂が進むにつれて少しずつ，細胞の「運命」が決まることで進みます（第7章で詳しく学びます）．では，その「運命」は後戻りできないのでしょうか．その可能性に挑んできたのが再生医療です．次ページの**ワンポイント講座「再生医療」**で解説しています．

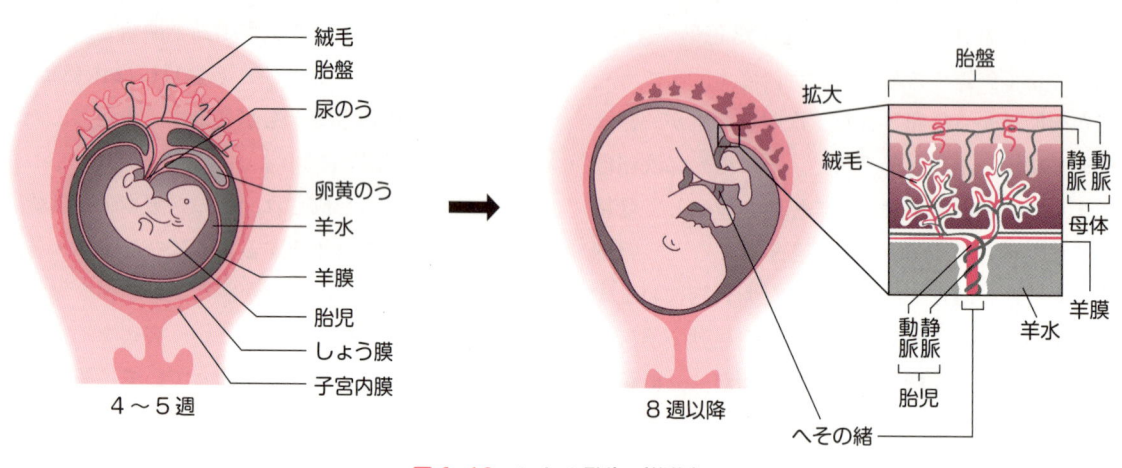

図6-18 ヒトの発生（後期）

応用編 ワンポイント生物講座

再生医療
―ES細胞とiPS細胞

　ヒトの場合，受精卵は5日ほどで胚盤胞と呼ばれる袋状の構造に変わります（図1）．胚盤胞の外側の，袋に相当する部分は栄養膜（外細胞塊）と呼ばれ，子宮内膜とともに将来の胎盤を形成します．一方，胚盤胞の内側の，中身に相当する部分を内細胞塊と呼び，これが将来の胎児になります．

　内細胞塊を体外で培養，すなわち細胞を育てることによって，どんな細胞にでも分化できる細胞をつくることができます．これを胚性幹細胞（ES細胞）と呼びます．21世紀が始まる頃，ES細胞は奇跡の細胞でした．ES細胞を用いれば，必要とするあらゆる細胞をつくることができ，これを患者に移植すれば，これまで治療の方法がなかった脳や心臓の病気も治すことができると考えられていたのです．ES細胞は，病気で失われた部分を元通りに治す，まさに夢のような「再生医療の切り札」でした．

　しかしながら，ES細胞を用いた研究や治療に対しては反対する声も少なくなかったのです．胚盤胞は，子宮に戻せば胎児になるからです．しかし，再生医療の研究や臨床応用のためにES細胞を新たにつくるには，受精卵から得られた胚盤胞を壊さなければなりません．この事実は，受精と発生の過程でヒトはいつからヒトになるのか，命はどこから始まるのか，という生命倫理の根元的な議論を呼び覚ましました．

　この問題を一気に解決したのが，京都大学の山中伸弥教授らが2006年に発表したiPS細胞（人工〔誘導〕多能性幹細胞）です（図2）．翌2007年には，ヒトの細胞を用いたiPS細胞も発表されました．細胞はすべて受精卵から生じますが，第7章で学ぶように発生が進むにつれて，それぞれの細胞の個性が現れます．この現象を分化と呼んでいます．ところがiPS細胞は，この分化の状態を「初期化」します．この結果，iPS細胞もES細胞と同じく，あらゆる細胞に分化する可能性（多能性）をもちます．体

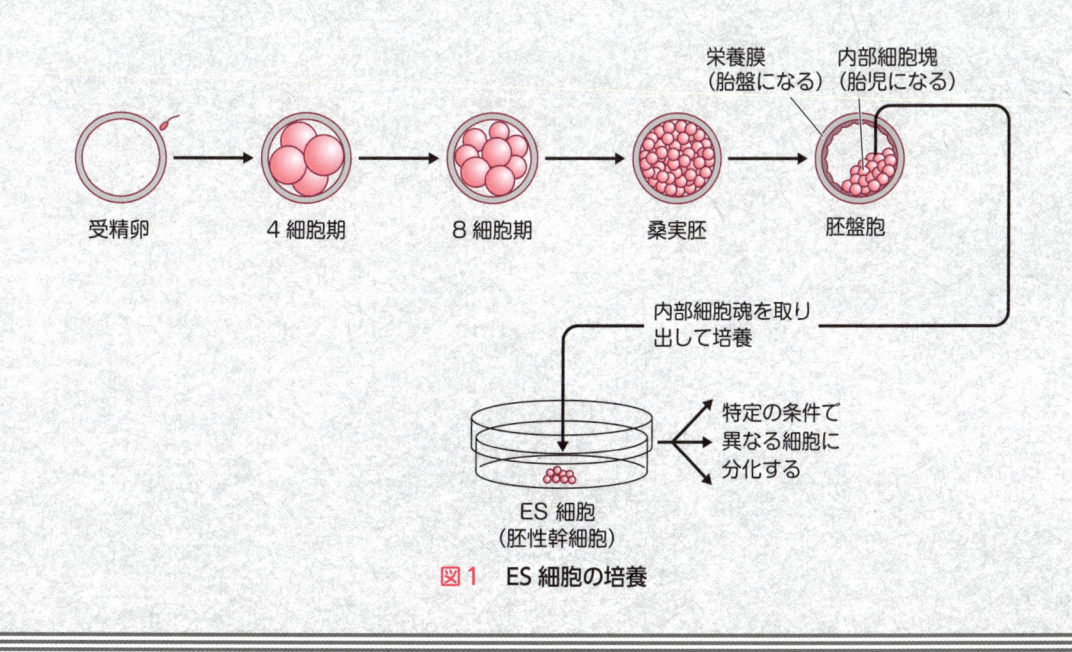

図1　ES細胞の培養

応用編 ワンポイント生物講座

再生医療
―ES細胞とiPS細胞（続き）

外で培養することにより，患者が必要とするどんな細胞でも理論的にはつくることができるのです．しかもiPS細胞は，遺伝子操作が必要ではあるものの，受精卵を壊さずに成人の皮膚の細胞からつくることができるため，ES細胞が抱えていた生命倫理上の問題を解決するとされています．この業績が認められ，山中教授は2012年のノーベル生理学・医学賞を受賞されました．

現在，ES細胞とiPS細胞は再生医療の研究においてお互いに長所と短所を補いあう関係にあります．わが国を含め，多くの研究者が実験室での研究成果を臨床の場に応用しようとしています．夢のような治療法をわれわれが手にするのもそう遠くないことでしょう．

ただし，これらの研究が，あらたな問題を明らかにしたことも忘れてはいけません．2011年にはES細胞やiPS細胞から精子が，2012年には卵がつくられたと報告されました．これらの技術は，ヒトが生命を授かるプロセスをも変えてしまう可能性（危険性）をはらんでいます．このように，生物学や医科学の進歩は，常に生命倫理の課題と向き合うことになります．何が患者にとって必要なのか，何が人類にとって幸せなのか，患者も研究者も考えていくことが求められています．

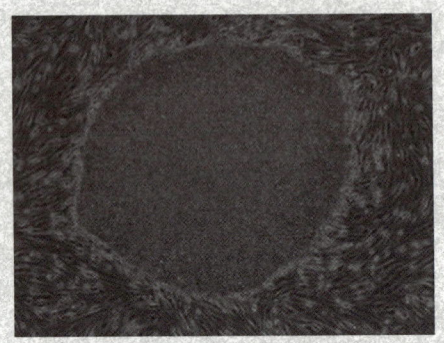

図2 線維芽細胞から樹立したヒトiPS細胞のコロニー（集合体）
（京都大学 山中伸弥 教授 提供）

第6章 章末問題

① 次に挙げる生物のなかで，出芽によって個体を増やす生物をすべて選び記号で答えよ．
   a. ゾウリムシ，b. ジャガイモ，c. ヒドラ，d. サンゴ，e. ミズクラゲ，f. イチゴ，g. アオカビ

② 次に挙げる生物のなかで，卵と精子の受精によって個体を増やす生物をすべて選び記号で答えよ．
   a. ミジンコ，b. アオミドロ，c. イチョウ，d. シダ，e. クラミドモナス，f. カエル，g. ウニ

③ 有性生殖について無性生殖と比較したときに，以下の要素についてそれぞれ簡単に説明せよ．
   （1）親と子の遺伝構成　　（2）環境への適応　　（3）増殖効率

④ 動物細胞の体細胞分裂中期で，「$2n=4$」，「中心体」，「紡錘糸」を指し示した図を描け．なお，染色体は母型由来のみを着色すること．

⑤ 細胞周期のなかの，間期の内訳を答えよ．

⑥ 減数分裂について，体細胞分裂との相違点を2つ挙げよ．

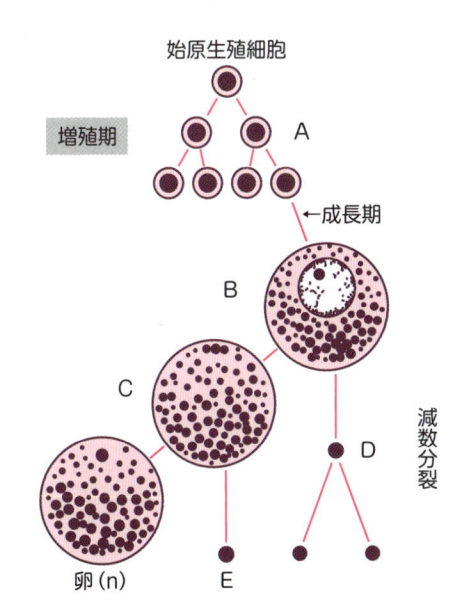

⑦ 右図は卵の形成をあらわしたものである．A～Eに適語を入れよ．また，それぞれ核相（2nまたはn）も併せて答えよ．

⑧ 以下の器官のうち，外胚葉から分化するものをすべて選び記号で答えよ．
   a. 大腸，b. 膵臓，c. 脊髄，d. 心筋，e. 肝臓，f. 爪，g. 骨格筋，h. 汗腺，i. 内耳

⑨ ヒトの卵はどのような段階で受精するか．以下の用語のなかから選び記号で答えよ．
   a. 卵原細胞　　b. 一次卵母細胞　　c. 二次卵母細胞　　d. 卵

第7章

発生のしくみ

発生のしくみの解明は，1900年初頭よりはじまりました．これに取り組んだ学者はドイツ人たちでした．彼らは自作の道具を用いて，小さな両生類卵に挑みました．現代のような精密機器がそろっていたわけではありませんが，器用に卵を縛ったり，細胞片を移植したりしていました．

さて，ドイツが誇れる技術にレンズの研磨があります．カール・ツァイスというレンズメーカーはカメラや顕微鏡の分野で，現在でも優れた製品を作り出しています．創業者であるカール・フリードリヒ・ツァイスが，細胞説（植物）で有名なシュライデンの助言を受けて光学機器を開発したという話はあまり知られていません．このように研究者には料理人と同じように，自分に合った道具を作り，さらにそれを改良してくれる職人が必要なのかもしれませんね．

本章では，1個の丸い受精卵がどのようなしくみで生物個体として特徴的な形態になるのかを学びます．

● キーワード　灰色三日月環，モザイク卵，調節卵，予定運命，形成体，誘導，組織・器官形成，ホックス遺伝子

1. 未受精卵から胞胚期

現在の発生学の分野では，遺伝子発現との関係が解明されつつあり，大変ホットな学問領域となっています．

動物の配偶子形成と発生過程は，6章で学びましたが，これらは主に現象を追ったものでした．本章ではまず，発生のしくみを解明してきた古典的な実験から見ていくことにしましょう．

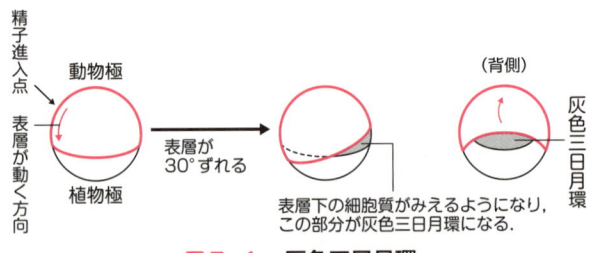

図7-1　灰色三日月環

腹側と背側の決定

両生類の発生では，精子が進入した場所と反対側に**灰色三日月環（灰色新月環）**ができて，将来の背側になることを観察結果より知ることができます（図7-1）．

両生類（とくにカエル）の未受精卵は，植物極側に卵黄が多い端黄卵で，動物極側の表層全体がメラニン色素によって黒ずんでいます．受精では，精子は卵の動物半球であればどこからでも進入できます．精子が卵細胞に進入すると，精子の中心体のはたらきによって，卵細胞の表層部分が，その下の細胞質に対して約30度回転します．これを**表層回転**といい，その方向は精子の進入点側では植物極（下）に向かって，反対側では動物極（上）に向かって動きます．たとえるならば，黒い水泳

帽を被った様子を思い浮かべてみてください．精子はちょうど帽子の部分（＝髪の毛のある部分）に受精し，その直後に，帽子を顔のほうに移動させて，後頭部の部分が露出(ろしゅつ)するようなイメージです．実際の卵では，植物半球の表層にはメラニン色素が少ないため，精子進入点の反対側では，表層の下にあって外側からは見えなかった細胞質が灰色三日月環として見えるようになるのです．

実は，この灰色三日月環のある位置は，卵の発生にとって重要な部分なのです．この部分は，やがて**原口**(げんこう)が生じる位置になります．したがって（一部の）両生類では，精子の侵入と同時に，進入側が腹側に，灰色三日月環側が背側と決まるのです．

> **重要！**
> **カエルやイモリの受精卵**
> 精子の進入側…腹側になる
> 灰色三日月環側…背側（原口）になる

この灰色三日月環の重要性を実験で検証した学者がいます．その学者とは，ドイツのフライブルグ大学の**ハンス・シュペーマン**（1869〜1941年）です．彼は1935年に，形成体の発見などによりノーベル生理学・医学賞を受賞しています．

図7-2のように両生類の卵を，灰色三日月環を含む部分で卵を二分した場合，正常な個体が2個体できますが，灰色三日月環を含む部分と含まない部分で二分すると，含む部分からは正常発生した個体が生じます．

しかし，含まない部分は未分化な細胞塊となり発生はしません．したがって灰色三日月環のあたりが受精直後からすでに重要な意味を持っていることがわかります．

モザイク卵と調節卵

1．モザイク卵

クシクラゲやホヤでは，卵割の早い時期に胚の一部の割球が失われると，完全な個体にならず，体の一部が失われた個体ができます．このように胚の個々の細胞が将来何に分化するか（これを**発生運命**(はっせいうんめい)という）が発生の初期から決まっているような卵を**モザイク卵**(らん)といいます．有櫛動物(ゆうしつ)のなかまのクシクラゲでは，正常に発生した場合には，くし列が8列できるのですが，4細胞期に割球を1個と3個に分けると，くし列が2列の個体と6列の個体ができてしまいます（図7-3）．

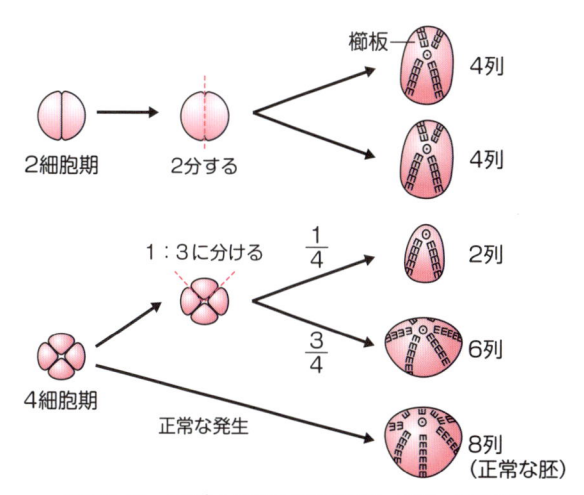

図7-3 モザイク卵の分割実験（クシクラゲ）

2．調節卵

ウニやイモリなどでは，卵割期のある時期までは，一部の割球が失われても残った割球で発生運命を調節して，ほぼ完全な個体ができます．このように発生開始からしばらくの間，胚の一部の細胞が失われても調節が可能であるような卵を**調節卵**(ちょうせつらん)といいます．しかし，調節卵でも発生が進めば調節能力は失われていくので，モザイク卵との差は本質的なものではないのです．ただ，調節能力が失われる時期が早いか遅いかの違いなのです．

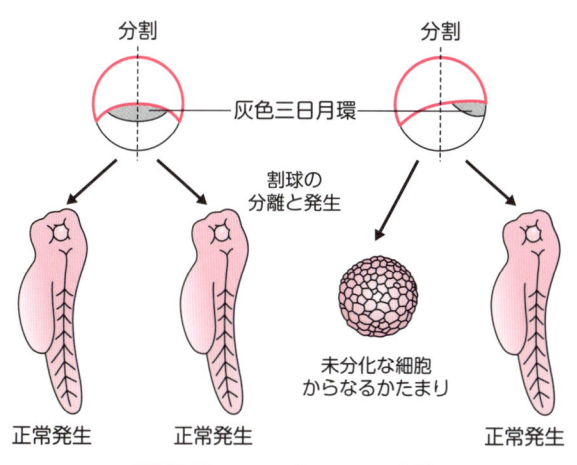

図7-2 シュペーマンの実験

図7-4は，先に述べた灰色三日月環の性質を調べたシュペーマンによる別の実験です．この実験では初期原腸胚を原口のある部分で完全に二分した場合には，完全な個体が2個体できますが，弱く（髪の毛などで）縛った場合には，双頭の個体になったというものです．この場合も調節卵であるイモリの卵は，個体の一部分が欠けることはありません．

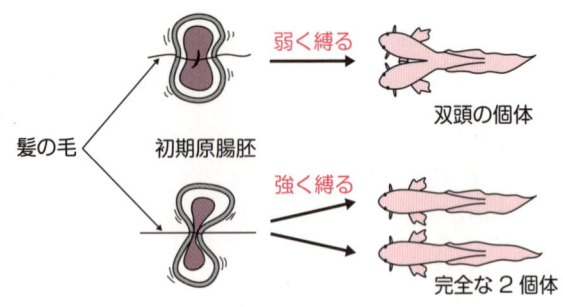

図7-4　調節卵の実験（イモリ）

卵の極性

卵の**極性**とは，動物極と植物極のどちらかに，発生に関する何らかの物質の濃度勾配（かたより）があるということです．これについてはスウェーデンの生物学者スヴェン・ヘルスタディウスによる**ヘルスタディウスの実験**があります（図7-5）．

ある種のウニでは，分割された細胞中に核が含まれなくても精子が受精すれば発生が進むことが知られていました．このことを利用して，図7-5のように未受精卵を縦・横方向に分割して受精後の発生を調べました．まず未受精卵を縦方向に二分割して受精させたところ，それぞれが正常発生しました．しかし，横方向に二分割して受精させたものでは，植物半球側は不安全な幼生に，動物半球側は胞胚までしか発生しなかったというものです．この実験から，動物極側と植物極側の両方の細胞質が正常な発生には必要であることがわかりました．

これについては8細胞期の割球を，二分割した実験でも同様の結果になりました（図7-6）．

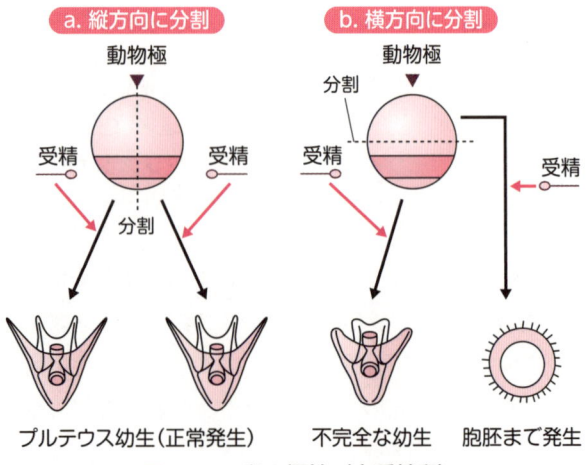

図7-5　卵の極性（未受精卵）

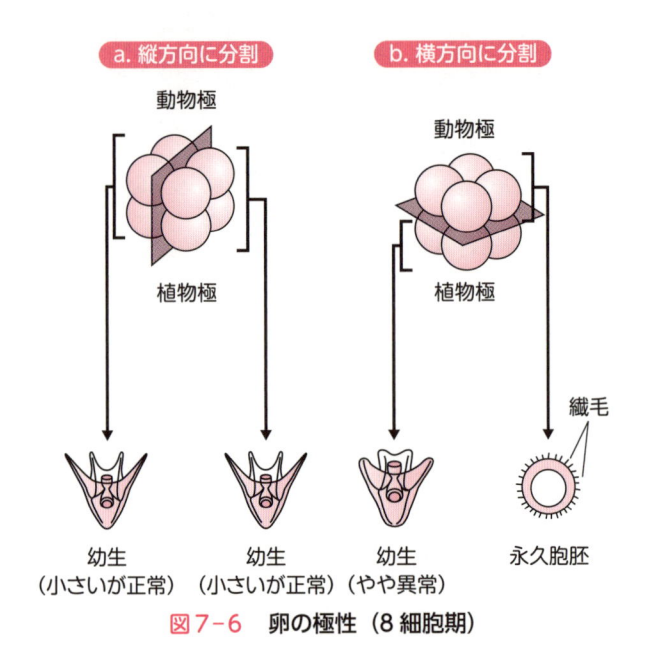

図7-6　卵の極性（8細胞期）

つまり，調節卵であるウニの卵においても動-植物軸に沿って（縦方向）は**モザイク性がある**（発生初期から発生運命が決まっている）ということです．

また，ヘルスタディウスは64細胞期における小割球の重要性を示す実験も行っています．

図7-7のように，64細胞期の中割球・大割球・小割球を単独または組み合わせて発生させたところ，小割球がウニの発生に必要であることを見出しました．

なお，その後の研究で，小割球には原腸形成を誘導する能力があることがわかりました．

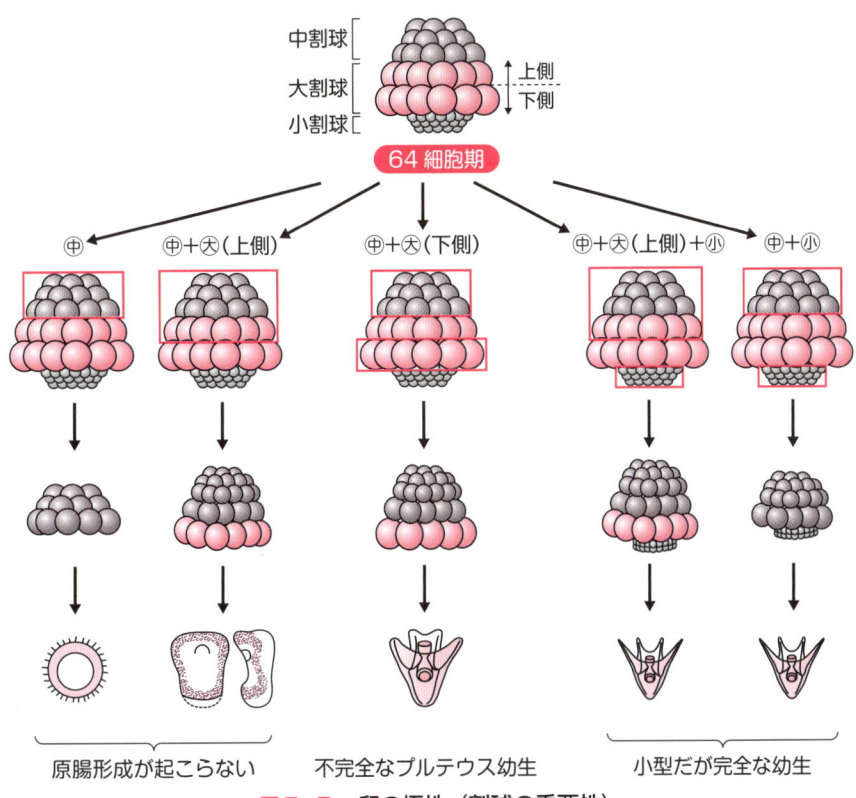

図 7-7 卵の極性（割球の重要性）

大割球を大，中割球を中，小割球を小と表しています．

2. 胞胚期から神経胚期

ここまで述べた卵発生のしくみは，未受精卵から胞胚期の前，ウニの 64 細胞期までのものでした．胚の細胞（割球）数が増え，このあとの胞胚期から原腸胚期に胚全体が最もダイナミックな変化を示す時期が見られます．胞胚期以降の胚発生のしくみを明らかにしようとする試みが 1920 年ころからはじまります．

フォークトの実験

1926 年，ドイツの生物学者ウォルター・フォークト（1888～1941 年）は，陥入が始まる原腸以降，胚のどの部分が将来どのような器官や組織になるのか（予定運命）を，イモリの胞胚や初期原腸胚を用いて調べました．

1. 局所生体染色法

比較的毒性の少ない色素（中性赤や硫酸ナイルブルーなど）を含んだ寒天片を使って，生きたままのイモリの胞胚や原腸胚の表面に押し当てておくと，接触した細胞が染まります．このようにして胚表面の各部の細胞が，どのような組織や器官に分化するのかを調べました（図 7-8）．

この図では，直線的に染め分けた 4～11 番までの部分が陥入したことがわかります．

図7-8　局所生体染色法（直線染色）

2．原基分布図（予定運命図）

発生において分化がまだ進んでいない細胞の集まりを**原基**といいます．**原基分布図（予定運命図）**とは，胞胚の各部分の原基の様子を示したものです．図7-9では胚の曲面の染色を行い，胚全体の原基分布（予定運命）を図に表したものです．また，図7-10は，フォークトが1926年に発表した図を，中村　治博士が1942年に修正したものです．

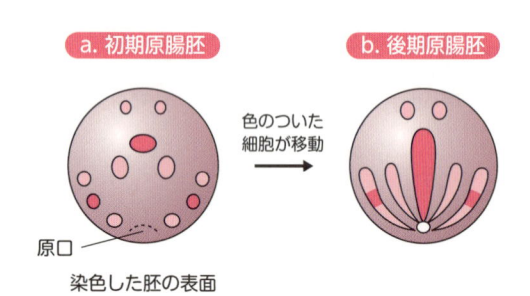

図7-9　局所生体染色法（曲面染色）

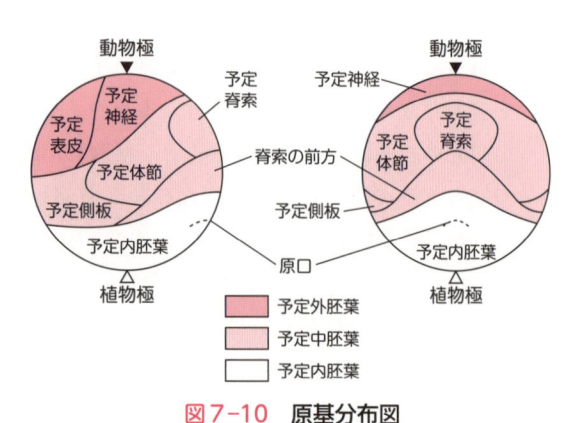

a. 初期原腸胚
b. 後期原腸胚

図7-10　原基分布図

予定運命の決定時期

シュペーマンは，細胞の色で区別できる2種類のイモリ（スジイモリとクシイモリ）の胚を用いて実験を行い，以下のような結果を得ました（表7-1，図7-11）．

表7-1　交換移植実験のまとめ

実験		いろいろな時期の胚で，予定神経域の一部と，予定腹皮域の一部を交換移植した
結果と考察	初期原腸胚	予定表皮域の細胞片は神経に，予定神経域の細胞片は表皮となった ☆予定されていた分化が変更された
	神経板が生じた時期	予定表皮域の細胞片は表皮に，予定神経域の細胞は脳や眼などになった ☆予定どおりの分化が進んだ
まとめ		予定神経域，予定表皮域の決定は原腸胚期の間で徐々に起こり，神経胚初期には決定されている

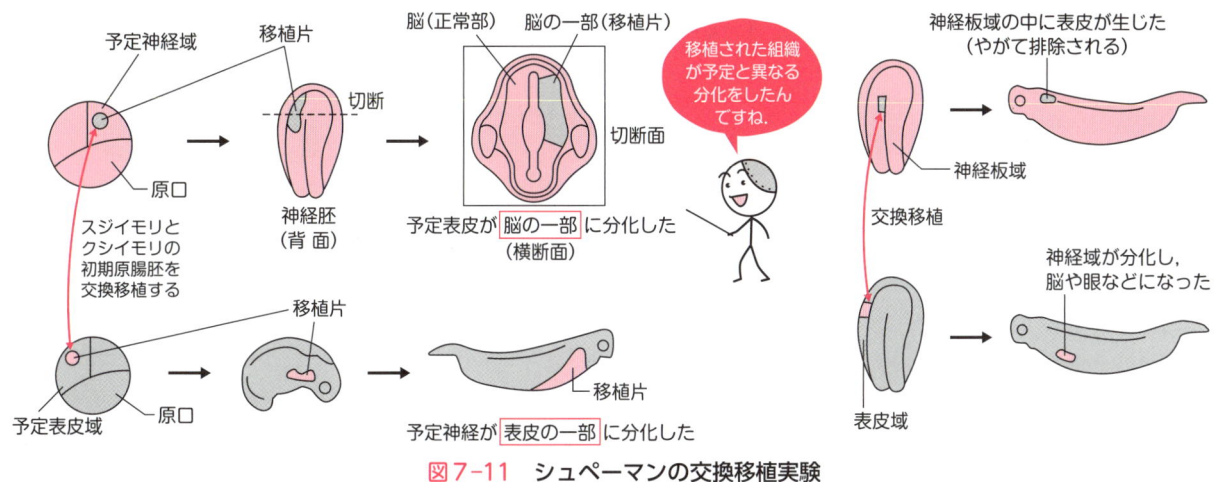

a. 初期原腸胚期に交換

図中ラベル: 予定神経域／移植片／脳（正常部）／脳の一部（移植片）／切断／切断面／原口／スジイモリとクシイモリの初期原腸胚を交換移植する／神経胚（背面）／予定表皮が**脳の一部**に分化した（横断面）／移植片／予定表皮域／原口／予定神経が**表皮の一部**に分化した

吹き出し：移植された組織が予定と異なる分化をしたんですね．

b. 神経板の生じた時期に交換

図中ラベル: 神経板域の中に表皮が生じた（やがて排除される）／神経板域／交換移植／神経域が分化し，脳や眼などになった／表皮域

図7-11　シュペーマンの交換移植実験

実際のイモリ卵の色はスジイモリが褐色，クシイモリが白色です．そのため，色のちがいで移植片の区別ができました．

形成体と誘導

シュペーマンは，原腸胚において陥入が始まる原口の上の部分である**原口背唇部**に着目して実験を行い，以下のような結果を得ました（表7-2，図7-12）．

表7-2　シュペーマンとマンゴルトの実験

実験	初期原腸胚の表（腹）皮域に，別の同じ時期の胚から切り取った原口の動物極側の部分（原口背唇部）を移植
結果	表（腹）皮になるはずの移植片の周囲の外胚葉から神経管が形成．移植片はおもに脊索に分化
まとめ	初期原腸胚の原口背唇部は，自らは予定どおり脊索や体節に分化し，さらに接した移植先の外胚葉の細胞を神経に導き，**二次胚**をつくらせるはたらきがある

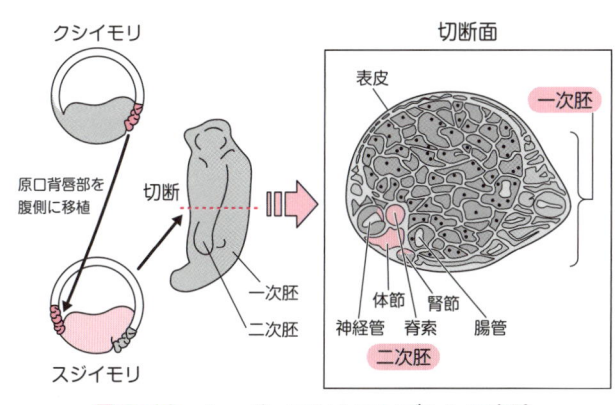

原口背唇部のように，胚のある部分が，ほかの部分の分化の方向を決定させるはたらきを**誘導**といい，このようなはたらきのある部分を**形成体（オーガナイザー）**といいます．

1．形成体の誘導

原口背唇部（もとは灰色三日月環の部分）が形成体としての機能を持つことはわかりましたが，どのようにして原口の動物極側部分に形成体が作られるのでしょうか．この疑問に答える実験を行ったのがオランダの生物学者である**ニューコープ**でした（表7-3，図7-13）．

表7-3　ニューコープの実験

実験	予定内胚葉を背側と腹側に分けて，予定外胚葉と組み合わせて培養する実験を行った
結果	・腹側の予定内胚葉と組み合わせた場合→予定外胚葉の培養片のなかに血球細胞が誘導 ・背側の予定内胚葉と組み合わせた場合→予定外胚葉の培養片のなかに脊索と筋肉が誘導
まとめ	形成体は背側予定内胚葉からの誘導によってつくられる

図中ラベル: クシイモリ／原口背唇部を腹側に移植／スジイモリ／切断／一次胚／二次胚／表皮／一次胚／二次胚／神経管／体節／腎節／脊索／腸管／切断面

図7-12　シュペーマンとマンゴルトの実験

図7-13 ニューコープの実験

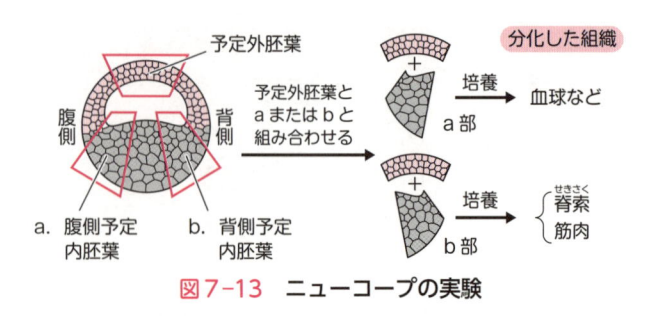

2. ニューコープセンター

内胚葉の背側部分を <u>ニューコープセンター</u> といい，ここから分泌される誘導物質によって中胚葉域に形成体が分化します．

3. 中胚葉誘導

原腸陥入が起こる前の胞胚期に予定外胚葉（動物極側）と予定内胚葉（植物極側）を分離し，それぞれを単独で培養すると，動物極側からは未発達な表皮が，植物極側からは卵黄細胞が分化するだけで，中胚葉組織は形成されません（図7-14）．

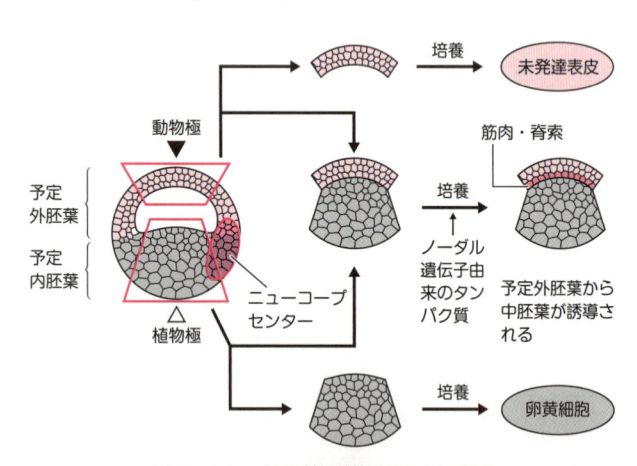

図7-14 中胚葉誘導を調べる実験

しかし，分離した予定外胚葉と予定内胚葉を接着させて培養すると，予定外胚葉側の接着面側に中胚葉組織が分化してきます．これは，予定内胚葉から分泌される <u>中胚葉誘導因子</u> が予定外胚葉にはたらきかけて中胚葉を誘導した結果であり，このことを <u>中胚葉誘導</u> といいます．また，この中胚葉誘導因子はノーダルという遺伝子の産物である分泌タンパク質であることが近年わかってきました．この分泌タンパク質を受容する物質がTGF-β受容体タンパク質であることが有力視されています．

植物極側から分泌される中胚葉誘導因子は，植物極側をピークに動物極側に向かって濃度勾配を作り，中程度の濃度領域で帯状に中胚葉組織を誘導すると考えられています．

4. 神経誘導

誘導された中胚葉細胞群のうち最も背側の領域は，<u>形成体（オーガナイザー）</u> となります（図7-10の予定脊索域）．この形成体の細胞群が原口から陥入すると，胞胚腔の背側の壁に沿って（裏打ちするようにして）動物極の方向に移動し，その後，<u>脊索</u>（やがて脊椎の一部となる部分）に分化します．神経胚期になるころには，胚の背側の正中線に沿って，細い棒状の脊索となります．脊索は，予定外胚葉へはたらきかけて <u>神経（神経板）</u> を誘導します．これを <u>神経誘導</u> といいます．誘導を受けた神経外胚葉は，まわりの外胚葉から分かれて <u>神経管</u> を形成し，神経管の前端部は大きく膨らんで <u>脳</u> を形成します（図7-15）．

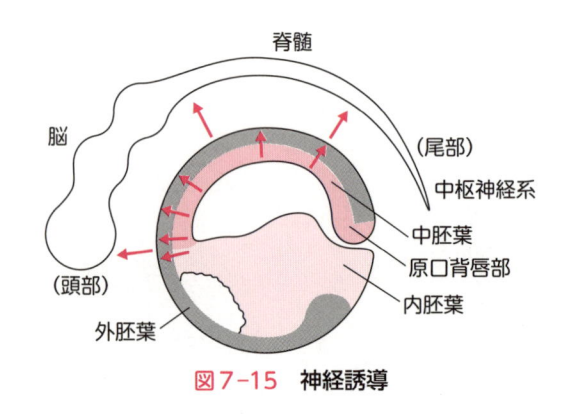

図7-15 神経誘導

STEP UP 遺伝子発現による背腹の決定

灰色三日月環が形成される際に、植物極には**ディシェベルド**というタンパク質がみられます。このタンパク質が表層回転によって背側の赤道面付近に移動すると、細胞質に蓄積していたβカテニンというタンパク質が核に移動して、コーディン遺伝子などの背側に特徴的な遺伝子が発現します。一方、腹側ではβカテニンタンパク質は細胞質にとどまったままとなるので、BMP遺伝子など腹側に特徴的な遺伝子の発現が起こります。

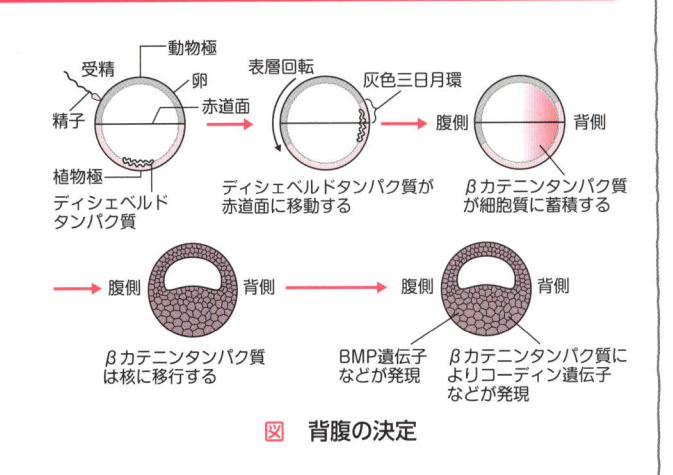

図　背腹の決定

3. 神経胚期以降

誘導は原口背唇部だけに見られる現象ではありません。私たちの体の組織や器官は、誘導が次から次に起こることで形成されます。このような連鎖的に生じる誘導を**誘導の連鎖**といいます。

眼の形成と誘導の連鎖

1. 眼の形成

- 一次誘導（神経誘導）：原腸胚の原口背唇部（一次形成体）が**神経管**を誘導します。神経管の前方は膨らんで脳となり後方は脊髄となります（**図7-15**）。
- 脳の一部（前脳）が左右に向かって膨らんで、**眼胞**を形成します。次に眼胞は、表皮と接すると中央がくぼんだ**眼杯**になります（**図7-16**）。
- 二次誘導：眼胞・眼杯は二次形成体として、表皮から**水晶体**を誘導します。
- 三次誘導：水晶体はさらに三次形成体として表皮にはたらきかけて**角膜**を誘導します。

このように眼は誘導されます。角膜ができるまでの誘導の連鎖は**図7-17**のようにまとめられます。

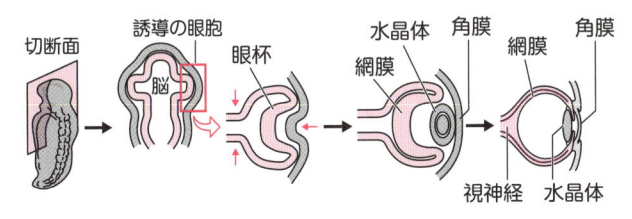

図7-16　眼の誘導

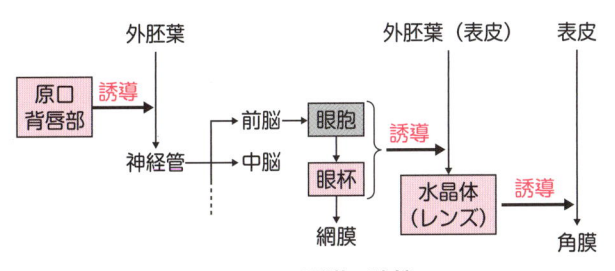

図7-17　誘導の連鎖
枠の部分が形成体になります。

組織や器官の形成

1. 四肢の形成

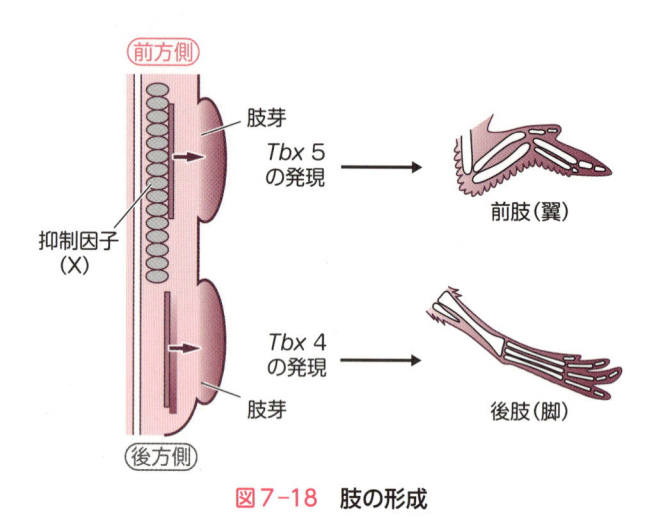

手足を作る四肢形成では，肢芽という突起が前後左右に4ヵ所形成され，この肢芽が伸びて手（前肢）や足（後肢）になります（図7-18）．できた肢芽が前肢になるか後肢になるのかを決めるのは $Tbx4$ と $Tbx5$ と呼ばれる遺伝子です．4ヵ所にできる肢芽のうち，前方2ヵ所では $Tbx5$ 遺伝子が，後方2ヵ所では $Tbx4$ 遺伝子がはたらき，それぞれの肢芽が前肢になるか後肢になるかが決定されます．

図7-18 肢の形成

2. 指の形成

指は，肢芽が伸長することにより順につくられていきます．肢芽先端の表皮のすぐ内側には細胞分裂がとくにさかんな部分（外胚葉性頂堤）があります．肢が伸びていくと，やがてその先端は平らになって，手（肢）のひらとなり指が形成されます．また，親指が前方側に，小指が後方側に生じるのは，肢芽の先端部後方に極性化域という領域があるからです．この極性化域は，周囲の細胞にはたらきかけて，極性化域に近いところには後ろ（小指）側の性質を与え，遠ざかるにつれて，より前（親指）側の性質をもつようにはたらいていると考えられます．このようなはたらきを位置情報といいます（図7-19）．

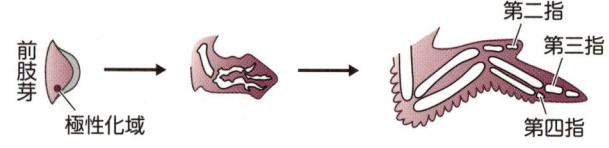

図7-19 前肢の形成（ニワトリ）
極性化域に近い場所が将来第四指になっています．

> **重要!** 親指から小指まで発生の条件を決めているのは極性化域（位置情報）による

3. アポトーシス

細胞死には2通りあり，1つは細胞が傷害を受けた場合に起こります．この細胞死をネクローシス（壊死）といいます．また，細胞が自らを積極的に消滅（自滅）する細胞死をアポトーシスといいます．アポトーシスは，積極的に自らの細胞を排除する生理的な細胞死です．

典型的なアポトーシスは"がん"などの異常細胞から身を守るために，がん化した細胞をアポトーシスにより排除します．

また，病原体などから身を守るのは，体に備わった免疫細胞です．免疫細胞は最初自分の細胞と外敵を区別できません．そこで，胸腺という組織で，自己の細胞を外敵と認識してしまう不要なT細胞だけをアポトーシスにより除去します．

さらに，形づくりを行うための細胞死が決まった場所と時期に起こることが知られており，これをプログラム細胞死といいます．プログラム細胞死の典型的な例は手足に指ができる過程に見られます．手足の元となる肢芽の先端は一枚の平板になっており，形成の初期には，手のひらと指がシート状につながっています．しかし，肢芽形成の最終段階で，指間膜と呼ばれる水かき部分の細胞にアポトーシスが起こり，一本一本が独立した指が形づくられるわけです．アヒルなどの水鳥の場合は，指間膜が消失せずに膜状に残るので，水かきになります（図7-20）．

4. アクチビン

1989年，アクチビンというタンパク質が，形成体のはたらきをする中胚葉誘導物質の一つであることがわかりました．このアクチビンを未分化細胞に与えると，濃度の違いによっていろいろな臓器や器官ができることがわかります．たとえば低い濃度では血球や体腔上皮が，中濃度では筋肉が，高濃度では脊索ができます．また，さらに濃度を高くすると，心臓などのほかに，腎臓や膵臓もできることがわかっています（図7-21）．

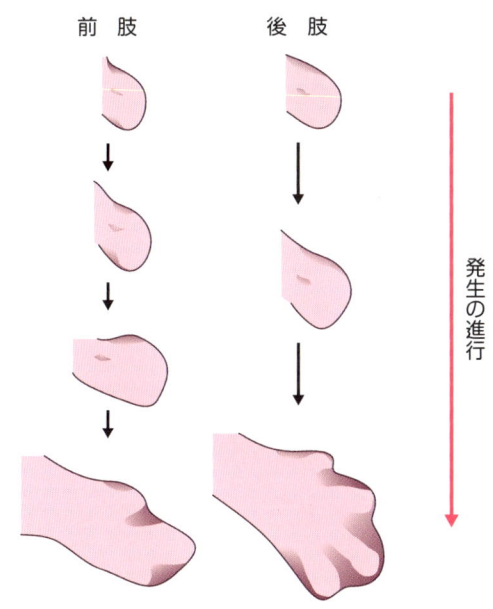

図7-20 肢の形成におけるプログラム細胞死
色のついた部分にアポトーシスが起こり，指が形成されます．

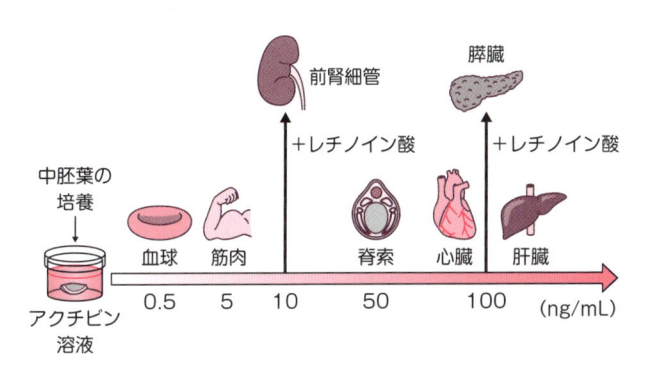

図7-21 アクチビンによる中胚葉誘導

4 発生と遺伝子の関係

現在では，発生のしくみは遺伝子レベルで解明されつつあります．なかでもショウジョウバエは，羽化するまでの日数が4日と早いため，結果がすぐわかるという利点から，研究が進んでいます．

分節遺伝子

ショウジョウバエでは，ビコイド遺伝子が作るmRNAが卵細胞の細胞質の前端側に蓄えられています．受精が行われると翻訳が始まり，ビコイド遺伝子のタンパク質が，卵細胞の前方でつくられるのですが，やがて胚のなかで前から後ろに向かって拡散し，胚の前後（前後軸）を決めるもとになります（図7-22）．

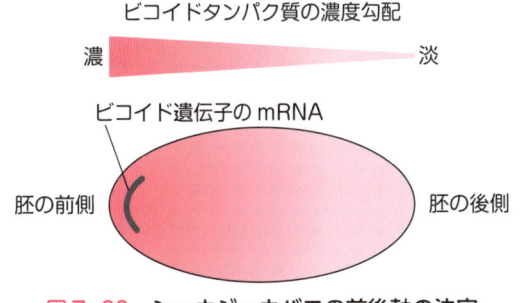

図7-22 ショウジョウバエの前後軸の決定

受精卵が64細胞期を経て胞胚のころになると，分節遺伝子のうちのギャップ遺伝子がはたらき始めるのですが，この遺伝子はビコイドタンパク質の量によって転写が開始されるかどうかが決まります．発生が進むと，別の分節遺伝子であるペアルール遺伝子が前後軸（背腹の軸）に沿って，それぞれ決まったパターンで発現するよ

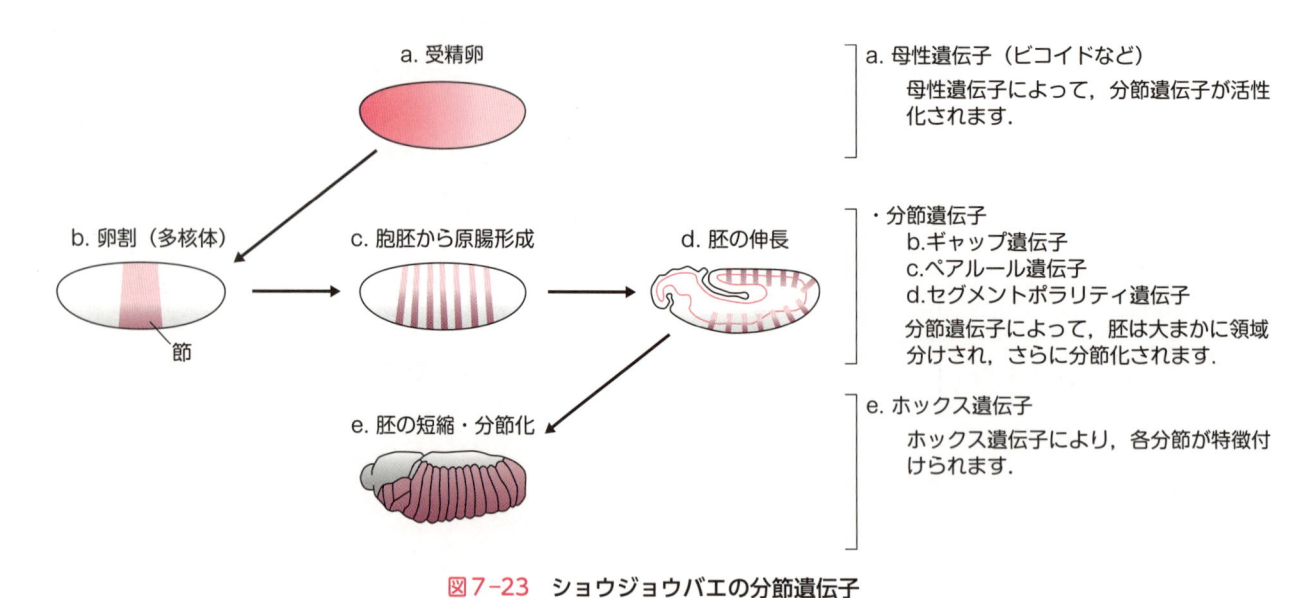

図7-23 ショウジョウバエの分節遺伝子

a. 受精卵
b. 卵割（多核体）
c. 胞胚から原腸形成
d. 胚の伸長
e. 胚の短縮・分節化

a. 母性遺伝子（ビコイドなど）
　母性遺伝子によって，分節遺伝子が活性化されます．

・分節遺伝子
　b. ギャップ遺伝子
　c. ペアルール遺伝子
　d. セグメントポラリティ遺伝子
　分節遺伝子によって，胚は大まかに領域分けされ，さらに分節化されます．

e. ホックス遺伝子
　ホックス遺伝子により，各分節が特徴付けられます．

うになります．さらに，別の分節遺伝子の**セグメントポラリティ遺伝子**もはたらいて，前後軸に沿って**節**が並ぶようになります（図7-23）．

ホックス遺伝子

節が，頭，胸，腹のどの部分になるかの決定は，さらに**ホックス遺伝子**という遺伝子が指令を出します（ハエの場合はホメオボックス遺伝子ともいう）．ホックス遺伝子が正常にはたらくことにより，頭，胸，腹が体の前から後に向かって，順に並んでショウジョウバエの体がつくられるのです（図7-24）．

もし，**アンテナペディア**というホックス遺伝子の一つに突然変異が生じると触角が脚に変化します．このように，体のある部分だけが別の部分に換わるような突然変異を**ホメオティック変異**といいます（図7-25）．

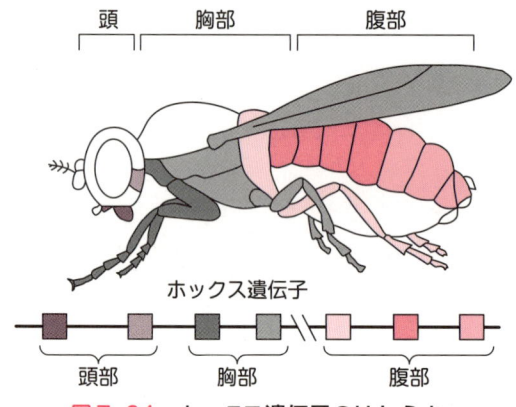

図7-24 ホックス遺伝子のはたらき

図7-25 ホメオティック変異
アンテナペディアの例．

// 応用編 //
ワンポイント生物講座

PCR法の原理

生物の体のどこかで，DNAの複製は常に行われています．大腸菌のような細菌（原核生物）でさえ，非常に正確に自分のDNAを複製することができます．ところが，試験管の中でDNAを増やすような実験は，1980年代まではとても難しい作業でした．PCR（ポリメラーゼ連鎖反応）法は遺伝子増幅法とも呼ばれ，ねらった部分のDNAを何万倍にも増やすことができ，今では遺伝子組み換えなど分子生物学の実験には欠かせない方法です．PCR法とは，DNA合成酵素であるポリメラーゼ（polymerase）の働きが連鎖反応（chain reaction）のように進む，という意味です．この方法の原理を発明したことにより，1993年にキャリー・マリス博士がノーベル化学賞を受賞しています．

PCR法の3つのステップ

PCR法は3つのステップに大きく分けられます．
1. 最初に95℃で二本鎖のDNAを一本鎖にする．
2. 一本鎖のDNAにプライマーを約55℃で結合させる．
3. 72℃でDNA合成酵素を働かせ，二本鎖のDNAに育てる．

1〜3を1サイクルとして，これを数十回繰り返します．理論上，1サイクルでDNAは倍になります（図）．ステップの順番にしくみを説明していきます．

DNAは二本鎖だと安定しているので，DNAを複製する際にはこの二本鎖を1本ずつにほぐす必要があります．細胞内でDNA複製が起こる際には，さまざまな酵素がこの反応を行いますが，試験管内ではサンプルを95℃程度に加熱すれば，簡単に二本鎖がほぐれます．

DNAを増幅するDNA合成酵素を働かせるには，DNAが一部分でも二本鎖になっていなければなりません．そこで，プライマーと呼ばれる短いDNA鎖を用意し，55℃で一本鎖DNAにそれぞれ結合させます（プライマーは最初のステップで2本に別れたDNAの＋鎖と－鎖で相補となる2種類を用意します）．

72℃でDNA合成酵素を活性化して，一本鎖だったDNAを二本鎖に育てます．このときサンプルを含む緩衝液の中にはプライマーのほかに，DNAのもとになるヌクレオチド（A, T, C, G）などの材料を加えることも必要です．

また，DNAではなく，mRNAからでも増幅することができます．逆転写（reverse transcription）酵素によってmRNAをDNAにしてから，PCR法で増幅する方法で，これをRT-PCR法と呼びます．

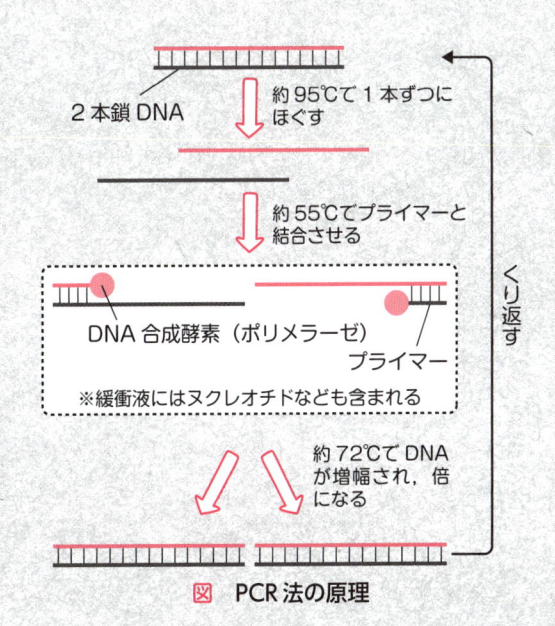

図 PCR法の原理

応用編 ワンポイント生物講座

PCR法の原理（続き）

酵素タンパク質

　PCR法の確立には，海底深くに棲む耐熱菌のDNA合成酵素が単離されたことが決定的でした（第2章で登場した古細菌の一種です）．ヒトやネズミのDNA合成酵素は37℃で働くようにできており，95℃に熱せられればすぐに変性してしまい，永久に機能を失ってしまいます．酵素はタンパク質の一種なので，熱による変性が起きるのは肉を加熱すると色や食感が変わるのと同じ現象です．

　一方，耐熱菌は海底深く100℃を超える水温の中で生きています（水圧がかかっているので海底の海水は沸騰しません）．生きているということは耐熱菌が増えているということでもあり，つまりDNAは複製されているということです．耐熱菌の酵素は，100℃を超える条件下でも機能できるよう進化しているのです（分子進化）．耐熱菌のDNA合成酵素（*Taq*ポリメラーゼなど，*Taq*は耐熱菌の学名に由来）を用いれば，DNAのサンプルを95℃に熱しても酵素の活性は失われません．PCR法ではこれを用いています．

　また，DNA合成酵素のような酵素タンパク質のほかにも，遺伝子工学実験で欠かすことのできないタンパク質があります．海に棲むオワンクラゲの発光タンパク質であるGFP（緑色蛍光タンパク質）です．この技術によりさまざまな細胞を自在に発光させることができるようになり，さまざまな遺伝子発現の実験に応用されています．発見した下村 脩博士は2008年にノーベル化学賞を受賞しました．

　このように，現代の分子生物学の発展をクラゲや古細菌のような特殊な生物が支えているのもおもしろいことです．

応用編！ワンポイント生物講座

DNAシークエンサーの原理

　DNAはヌクレオチドと呼ばれる単位でつながってできている長い鎖状の分子です．DNAは，元素にまで分解してしまえば，炭素（C），水素（H），酸素（O），窒素（N），リン（P）に分かれます．しかし，これらの元素の割合を調べてもDNAに書き込まれた情報を読みとることはできません．DNA上の情報は，ヌクレオチド（あるいはその中の塩基）の並び方で決まるためです．したがって，DNAの塩基配列を順番に読む技術，また，迅速かつ正確に読める技術が極めて重要になります．配列を英語でシークエンス sequenceと呼び，配列を読む機械のことをシークエンサーと呼びます．

　まず，同一の塩基配列をもったDNA鎖を大量に用意します．このためには，PCR法（**ワンポイント生物講座「PCR法の原理」参照**）や遺伝子組み換え法を用います．このDNAを特殊な酵素で端から切断していくのですが，このときどのくらいの長さを切り落とすかは1本1本のDNAがそれぞれランダムに決まるように，また残ったDNAの長さが1塩基分の違いで長短さまざまになるように，反応条件を調整します．ちょうどよいところで反応を止めるとさまざまな長さのDNA鎖ができます．このDNA鎖を長さごとに並べて，それぞれの鎖で一番端に残った塩基が何であるのかを調べます．DNAの場合，「文章」を綴る「文字」である塩基は4種類しかないので，非常に正確な判別が可能です（構成アミノ酸が20種類あるタンパク質とはそこが違います）．端に残った塩基がわかれば，それをつなげることでもとのDNAの塩基配列がわかるという原理です（**図**）．

　現在のシークエンサーの動作はもっと複雑ですが，非常に高速で塩基配列を読むことができるようになったおかげで，ヒトを含むさまざまな種のゲノムを解読したり，個々のヒトのゲノムを解読したりすることができるようになりました．今日も数万台，数十万台のシークエンサーが密やかに仕事をして，遺伝情報を解明しつつあるのです．

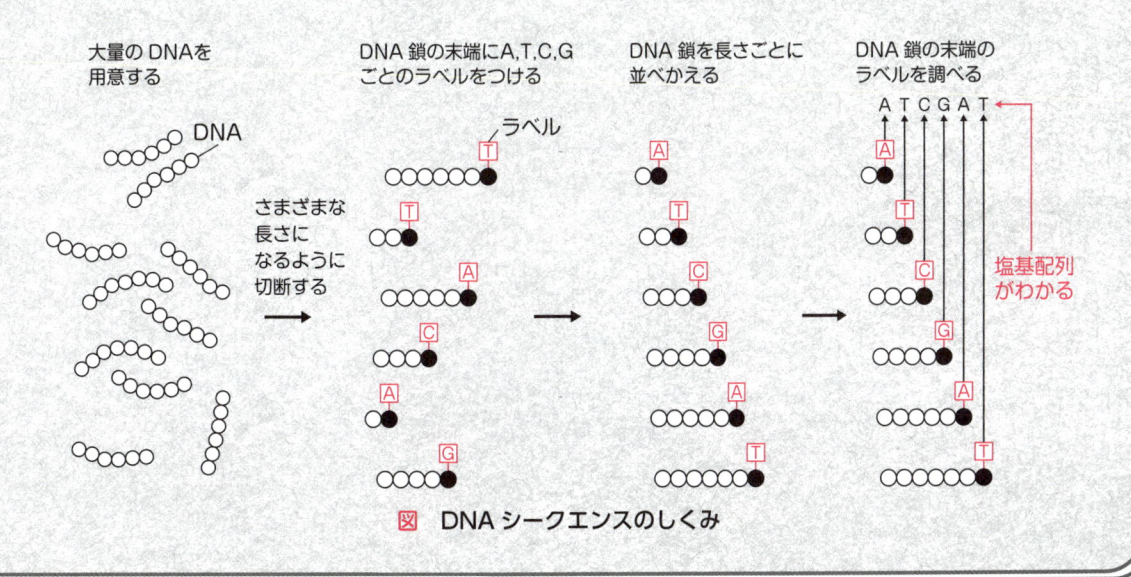

図　DNAシークエンスのしくみ

第7章 章末問題

① 両生類の受精において，精子侵入点の反対側にでき，細胞質の一部が見える部分を何というか．

② クシクラゲの4細胞期の各割球を2個ずつに分離した場合，クシ列はそれぞれ何列生じるか．

③ ウニの4細胞期の割球を横方向に二分して上下に分けた場合と，縦方向に二分した場合では，それぞれの割球はどのような幼生になるか．

④ フォークトの局所生体染色法で用いられた1番〜11番までの印のうち，陥入せずに背側神経域部分に残ったのは何番か．

⑤ 右図はイモリの後期胞胚の原基分布図である．A〜Cの部分は将来どのような組織に分化するか．

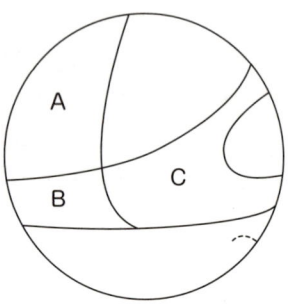

⑥ 次の文章中のア，イに適語を入れよ．
原口背唇部のように，胚のある部分がほかの部分の分化の方向を決定させるはたらきを（ ア ）といい，このようなはたらきのある部分を（ イ ）という．

⑦ 眼の形成において，水晶体を誘導する眼の組織は何か．

⑧ アクチビンによる中胚葉誘導において，アクチビンの濃度を高くすると分化してくる組織や器官を2つ挙げよ．

第8章 遺伝の法則

　今日では，遺伝学は最先端の分子レベルの研究が行われています．エンドウの種子が「丸」か「しわ」といった形質も，遺伝子の違いが原因でデンプンの構造が異なっているためであることが明らかにされています．DNAのすべての塩基配列を解明するヒトゲノムプロジェクトも2003年に終わりました．しかし，DNAには未解明な部分も多く残っており，分子生物学のブームは今後も続くことは確かです．

　一方で，生物は環境への適応と進化によって，長い時間をかけて遺伝子が変化し，多種多様な生物が誕生してきました．しかし，この多様性は環境の影響だけではなく，減数分裂の際に生じる配偶子中の遺伝子の組み合わせによっても生じます．染色体と遺伝子の動きがリンクしている，という可視的な事実を再認識することも大切です．

　本章では，メンデル遺伝のエッセンスを学習することにしましょう．

キーワード　メンデルの法則，エンドウマメ，遺伝子，検定交雑，連鎖，組換え，遺伝子地図，伴性遺伝

1. 遺伝のルール1

メンデル

　遺伝現象について研究し，遺伝学の父と呼ばれる**グレゴール・メンデル**（G. J. Mendel, 1822～1884年）は，研究当時，オーストリアのブリュン（現在のチェコ共和国のブルノ）にあった修道院の司祭を務めていました（図8-1）．

図8-1　グレゴール・メンデル

　彼が本職である司祭の仕事の傍らに行った研究で優れていたことは，次の2点でした．

重要
- 研究成果を論文に残したこと
- 統計処理をきちんと行ったこと

　しかし，彼の実験は学会で発表したにもかかわらず，その功績は当時評価されることはありませんでした．彼の死後，16年経った1900年に**ド・フリース**，**コレンス**，**チェルマク**の3人の遺伝学者によってメンデルの残した論文が再検証されて，彼が行った実験が正しいものであることが確認されたのです．

メンデルに選ばれたエンドウマメ

マメ科の植物エンドウは，食用として当時から栽培されていました．若い種子はグリーンピースとしてシュウマイの上に乗っていることがあるので見たことがあると思います．

ところで，メンデルは多くの植物からなぜエンドウを選んだのでしょうか？エンドウは秋に種子をまくと翌年の夏に種子が実ります．つまり，約半年で子どもの世代の種子の形や色などの結果がわかるのです（図8-2）．このようにエンドウには一世代が短いという特徴があります．さらに表8-1のような特徴もあり，遺伝を研究するにはうってつけの材料であったのです．

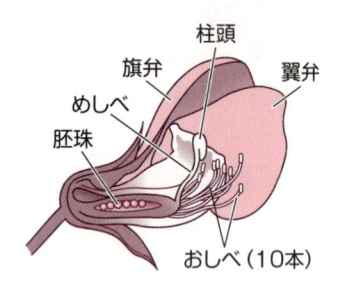

図8-2　エンドウの花の構造

表8-1　エンドウの特徴

・世代が短い
・対立形質が多い
・雑種どうしでも種子ができる
・自家受粉するが人為交配も可能

一遺伝子雑種

メンデルは修道院の中庭に7×35 mの実験園を作り，1856年から約7年間にわたり22品種，355回の人為交配を行い12,980株のエンドウのさまざまな形質を調べました．

メンデルは，何種類ものエンドウの種子を買い，約2年を費やして，はっきりした7対の対立形質を持つ純系を選んで交雑実験を行いました．

人為交配では，①つぼみの時期におしべをとり除き，自家受粉を防ぐ，②目的の形質を持つ系統の花粉をめしべの先につける，③ほかの花粉がつかないように袋をかぶせる，という手順で行います．

この方法でまずは，代々丸い種子しか実らない純系の株と代々しわの種子しか実らない純系の株を親（P）として人為交配しました（図8-3）．

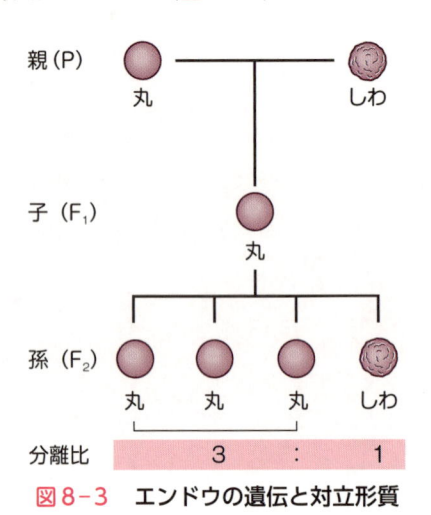

図8-3　エンドウの遺伝と対立形質

このPの株にできた種子が子の代（F_1）にあたります．この実験ではF_1はすべて丸い種子となりました．

なお，7つの対立形質のうち，①種子の形，②子葉の色については形質が種子の段階で判別できますが，③種皮の色，④さやの形，⑤さやの色，⑥花の咲く位置，⑦茎の高さ，については種子をまいてエンドウを育ててみないと判別できない形質です．種子のまわりにある種皮やさやは親の一部なのです（図8-4）．

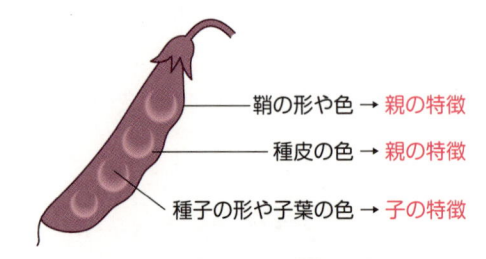

図8-4　エンドウの遺伝的特徴

次に，孫の代（F_2）の形質を調べる際には，F_1を人為交配せずに自家受粉を行いました．つまり種子をまいて，花が咲き，種子ができるまで自然に任せて放っておいたのです．その意味では自家受粉可能なエンドウは遺伝の実験材料として都合がよいのです．

F₂の代の結果は，表8-2のように丸い種子が5,474個，しわの種子が1,850個となり，おおむねその分離比は3：1になりました．このような交雑を**一遺伝子雑種**といいます．

> **重要　一遺伝子雑種**
> 1つの形質について交雑を行い，子や孫の代の形質や分離比を調べること

表8-2　種子の形と子葉の色

形質		次世代の形質が種子でわかるもの	
		種子形	子葉色
P	優性	丸	黄
	劣性	しわ	緑
F₁		すべて丸	すべて黄
F₂で現れた個体数	優性	5474	6022
	劣性	1850	2001
F₂の分離比(優性：劣性)		丸：しわ 2.95：1	黄：緑 3.01：1

優性の法則

純系の親（丸）と純系の親（しわ）を人為交配すると，F₁には中間の形質は現れずに丸い種子だけが実りました．

このような親どうしの掛け合わせで子に現れる形質を**優性形質**，現れない形質を**劣性形質**といい，子で優性の形質だけが現れることを**優性の法則**といいます．

> **重要　優性の法則**
> 純系の親どうしを掛け合わせたときに優性の形質だけが子に現れること

なお，「優性」，「劣性」という用語は，その形質が「優れている」，「劣っている」ということ示すものではなく，「出やすい」か「出にくい」と考えたほうがよいでしょう．

分離の法則

表8-2のように，子（F₁）の自家受精で生じた孫（F₂）の代では，優性の形質（丸）と劣性の形質（しわ）はほぼ3：1の割合に出現しました．メンデルは，この実験結果について，「1つの形質について，1組（2つ）の要素がある．**配偶子**（生殖細胞）がつくられるときに，この組になった要素が分かれて別々の配偶子に入る」と考えました．これが**分離の法則**です．

> **重要　分離の法則**
> 組になっている要素（対立遺伝子）が分かれて別々の配偶子に入ること

メンデルの考えた「要素」とは現在の遺伝子のことで，1組の要素とは1組の**対立遺伝子**のことを指しています．したがって，分離の法則とは**相同染色体**にある対立遺伝子が，減数分裂（p.64参照）によって生殖細胞（卵細胞や精細胞）ができるときに，互いに分離して別々の配偶子に入ることを示します（図8-5）．

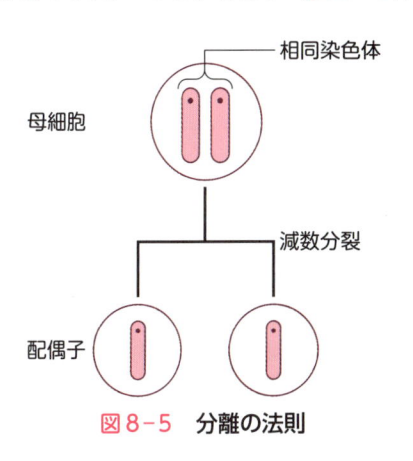

図8-5　分離の法則

これにいち早く気がついたのは，アメリカの**ウォルター・サットン**（W. S. Sutton）です．図8-6でRは丸形の，rはしわ形の種子の遺伝子を示しており，RR, Rr, rrのような遺伝子の組み合わせを**遺伝子型**といい，遺伝子型によって表面に現れる形質のことを**表現型**といいます．

このように，一遺伝子雑種では優性の法則と分離の法則がはたらき，F_2の表現型の分離比が丸：しわ＝3：1になることがわかります．

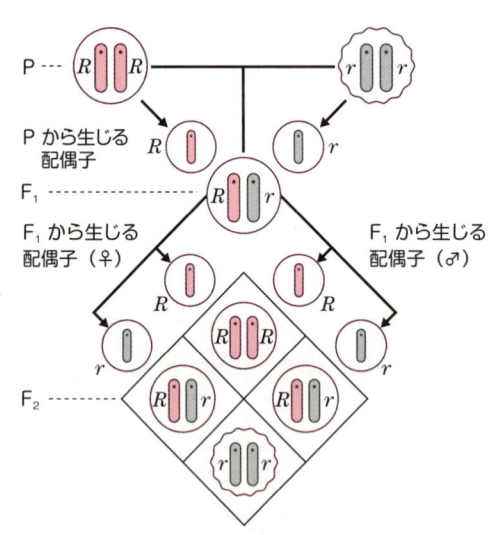

図8-6 サットンが考えた遺伝子と染色体の関係

2. 遺伝のルール2

二遺伝子雑種

メンデルは，同時に2種類の形質がどのように遺伝するかについても調べました．これを**二遺伝子雑種**といいます．たとえば図8-7のように，種子の形と色といった2つの形質について同時に着目して調べていくものです．

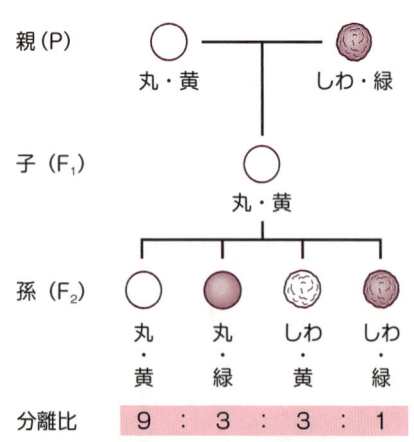

図8-7 エンドウの種子の形と子葉の色の遺伝（二遺伝子雑種）

実験の方法は一遺伝子雑種のときと同じです．まず，親（P）は表現型が［丸・黄］と［しわ・緑］のそれぞれ純系のPを用いて人為交雑を行います．この結果，交雑で生じた子（F_1）は，すべて表現型が［丸・黄］になりました．したがって，子葉の色については黄色が優性形質であることがわかります（先に種子の形については丸型が優性形質とわかっていると仮定しています）．

つぎに，F_1どうしをかけ合わせ（自家受精），孫（F_2）を作ったところ，［丸・黄］，［丸・緑］，［しわ・黄］，［しわ・緑］の各表現型の分離比が，およそ9：3：3：1になりました（実際の実験値は，315：108：101：32）．

さて，ここで種子の形のみ，子葉の色のみの分離比について見てみましょう．つまり［丸］：［しわ］の分離比は，実験値で（315 + 108）：（101 + 32）= 423：133となり約3：1，［黄］：［緑］の実験値は（315 + 101）：（108 + 32）= 416：140でやはり約3：1になっていることがわかります．

> **重要**
> **二遺伝子雑種**
> 2種類の形質を同時に扱う一遺伝子雑種の組み合わせのこと

独立の法則

メンデルの二遺伝子雑種の実験結果（図8-7）を、遺伝子で考えると図8-8のようになります。

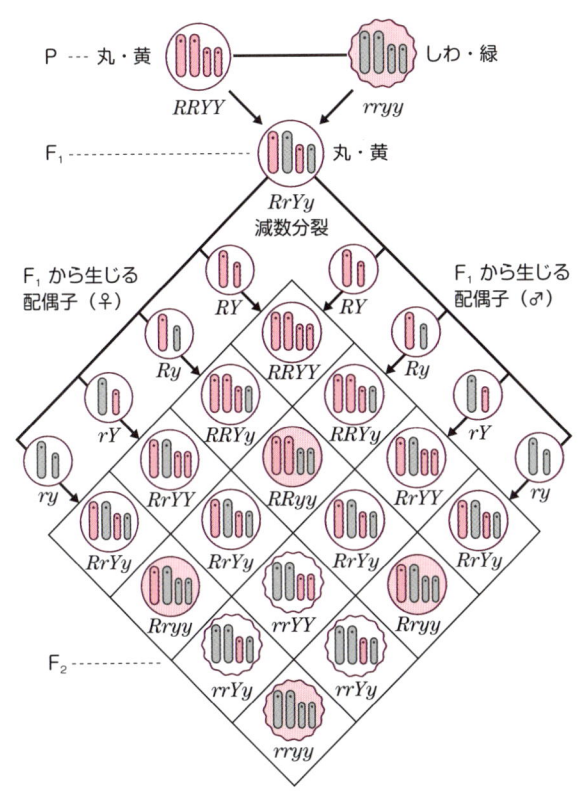

表現型の分離比　丸・黄：丸・緑：しわ・黄：しわ・緑＝9：3：3：1

図8-8　独立の法則

種子の形を決める遺伝子をR（丸），r（しわ）とし，子葉の色を決める遺伝子をY（黄），y（緑）とすると，それぞれの親（P）は純系なので$RRYY$と$rryy$になり，作られる配偶子は，分離の法則によりRYとryになります。子（F_1）の遺伝子型は$RrYy$となるので，表現型が［丸・黄］になります（**優性の法則**）。次にこのF_1の配偶子が，$RY：Ry：rY：ry＝1：1：1：1$の比で作られ，孫（F_2）を理論的に求めると［丸・黄］：［丸・緑］：［しわ・黄］：［しわ・緑］＝9：3：3：1に生じました。この値は実験値（315：108：101：32）とほぼ一致したので，配偶子の分離比が正しかったことを確認したのです。そこでメンデルは，二遺伝子雑種における配偶子の別れ方について，優性・分離に継ぐ第3番目の法則として**独立の法則**を提唱しました。

独立の法則とは「2組以上の対立形質があり，それぞれの遺伝子が別々の染色体にある場合，各対立遺伝子は干渉することなく互いに独立して配偶子に入る」ことをいいます。

> **重要！**
> **独立の法則**
> 2組以上の対立遺伝子が異なる染色体にあるとき，対立遺伝子はお互いに影響し合うことはない

別の言い方をすれば，F_1の配偶子には種類の違う染色体（つまり長い染色体と短い染色体）が入るということで，長いものどうし（たとえばRRとRr）は，同一の配偶子には入らないということです。

図8-8に4本とも長い染色体だったり短い染色体だったりするF_2はありませんね。

検定交雑

表現型が丸くても遺伝子型がRrの**ヘテロ**の場合，もし，この種子を購入して畑にまき，生じた子の代に当たる種子を収穫したら，理論上1/4はしわのものになってしまいます。丸い種子を期待していた場合には，購入した種子の遺伝子型はRRの純系であるべきなのです。では，その丸い種子の遺伝子型がRRなのかRrなのかを調べるにはどうしたらよいでしょうか。その答えは**検定交雑**を行うことです。検定交雑とは，表現型がわかっていて未知の遺伝子型の個体に，**劣性ホモ**の個体を掛け合わせて，どのような子が生じるかを調べる方法です（図8-9）。

図8-9 検定交雑

種子の分離比も1：1になるわけです．

> **重要！**
> **検定交雑**
> 得られる子の表現型の分離比は，検定される個体がつくる配偶子の分離比と一致する

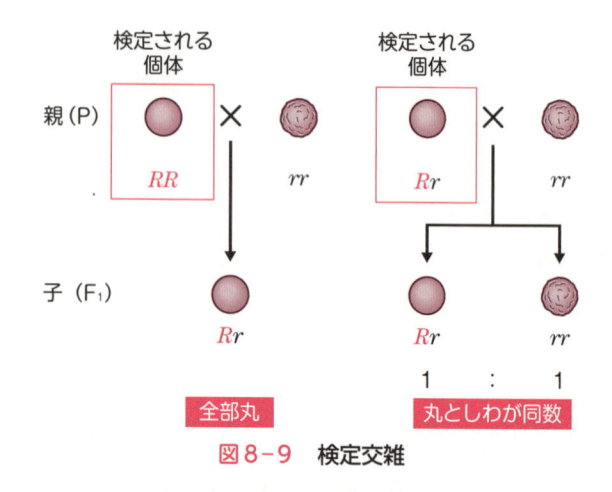

　図8-9左を見ると，もし検定される親（P）の遺伝子型がRRであった場合は，その配偶子はRしか受け継がないので，生じた子（F_1）のすべてが丸い種子となります．また，図8-9右のように，検定されるPの遺伝子型がRrであった場合，配偶子には分離の法則に従ってRかrのどちらかが受け継がれる（つまり1：1の分離比）ことになります．したがって生じるF_1の

　二遺伝子雑種の場合の検定交雑も同じです．劣性ホモ（たとえば$rryy$）を掛け合わせればよいのです．その際のコツは形質ごとに考えることです．たとえば検定交雑の結果が，［丸・黄］：［丸・緑］：［しわ・黄］：［しわ・緑］＝1：1：1：1になったならば，［丸］：［しわ］と［黄］：［緑］に分ければよいのです．

［丸］：［しわ］＝2：2＝1：1 ⟶ $Rr × rr$
［黄］：［緑］　＝2：2＝1：1 ⟶ $Yy × yy$

　このように，一遺伝子雑種と同じ考え方で未知の遺伝子型が$RrYy$と決まります．

3. 特殊な遺伝

一遺伝子雑種の例

　一遺伝子雑種において，今まで見てきたような遺伝のルールに合わないと思われる例がいくつかあります．しかし，これらも基本的にはメンデルの遺伝の法則によって説明ができるのです．

1．不完全優性

　優性の法則が不完全な遺伝をするものがあります（図8-10）．

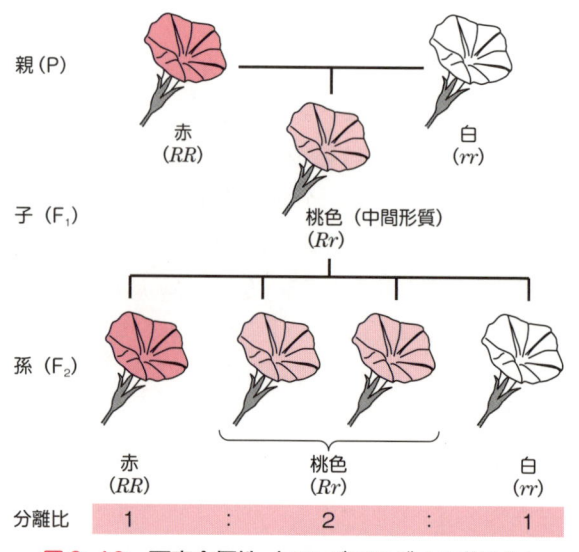

図8-10 不完全優性（マルバアサガオの花の色）

純系の親（P）である RR［赤］と rr［白］との掛け合わせでは，子（F_1）の遺伝子型は Rr となり優性の法則があてはまるのであれば $R>r$ で赤になるはずですが，この場合は，桃色という中間色になるというものです．したがって，孫（F_2）も同様に Rr が桃色になるので，［赤］：［桃］：［白］＝ 1：2：1 になります．このような R と r の間の優劣関係が不完全な遺伝現象を **不完全優性** といい，両親の中間の色である桃色の形質を示す個体を **中間雑種** といいます．また，本来，白という色素はアサガオにはなく，r 遺伝子は色素を作ることができない遺伝子で，光の関係で花びらが白く見えているにすぎません．赤い絵の具を水で薄めて桃色に見えると考えればよいでしょう．

2．致死遺伝子

　致死遺伝子 とは，遺伝子がホモになると致死作用を示す遺伝子のことをいいます（図8-11）．

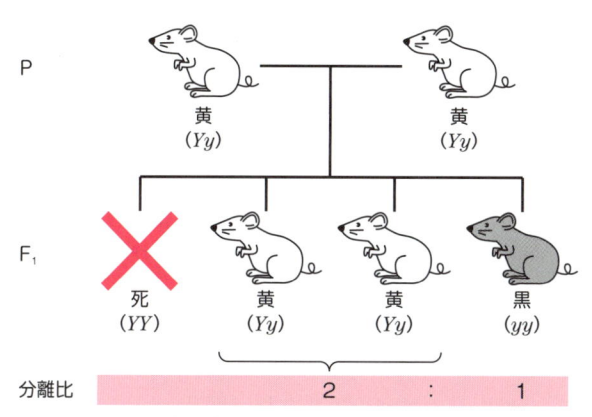

図8-11　致死遺伝子（ハツカネズミの体毛の色）
YY のホモ接合型では原腸胚初期に死亡します．

　P に YY はいません．YY の個体は，発生の途中で死んでしまい出生しないからです．したがって，黄色の体毛の個体の遺伝子型は Yy しかありません．Y が優性遺伝子で，yy の個体は黒色になります．F_1 を $Yy \times Yy$ とすると，F_2 は $YY:Yy:yy = 1:2:1$ というようにメンデルの法則に従うのですが，YY が出生しないので，表面上［黄］：［黒］＝ 2：1 になります．このような Y 遺伝子は，体毛に関しては黄色の優性遺伝子ですが，ホモ（YY）の場合に致死作用を示すので致死遺伝子と呼ばれています．

　この場合，Y 遺伝子は「劣性の致死作用を示す遺伝子」と表現されます．劣性と聞くと y の小文字を連想しますが，優性とは簡単にいうと「表に出やすい」，劣性は「表に出にくい」でした．したがって，**Y 遺伝子は 1 つでは表に出ない＝致死作用がない，YY と 2 つそろって（ホモ）表に出る＝致死作用がある** と考えればよいのです．

3．複対立遺伝子

　1 つの形質に遺伝子が 3 つ以上ある遺伝子があります．たとえば，ヒトの血液型の分類法はいくつかありますが，最もポピュラーなのは ABO 式血液型です．この血液型は A, B, O の 3 つの遺伝子で決定され，表現型，遺伝子型，配偶子の種類は表8-3 のようになります．

表8-3　複対立遺伝子（ヒトの ABO 式血液型）

表現型	A 型		B 型		AB 型	O 型
遺伝子型	AA	AO	BB	BO	AB	OO
配偶子	A, A	A, O	B, B	B, O	A, B	O, O

　AB 型があるように遺伝子 A と遺伝子 B には優劣関係がなく，遺伝子 O は遺伝子 A と遺伝子 B に対しては劣性です．この遺伝子の優劣関係を等号・不等号の記号で表すと次のようになります．

$$A = B > O$$

　また，アサガオの葉の形については，図8-12 のような組み合わせがあり，柳葉は $a'a'$ の時にしか現れません．優劣関係は　$A > a > a'$　となります．

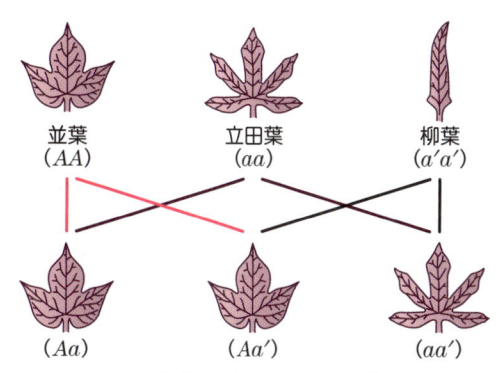

並葉（AA）　立田葉（aa）　柳葉（$a'a'$）

（Aa）　（Aa'）　（aa'）

図8-12　複対立遺伝子（アサガオの葉）

二遺伝子雑種の例

二遺伝子雑種において，メンデルの法則にしたがった例では，孫（F_2）の比は9：3：3：1に分離しました（図8-8）．ここでは，これらの分離比の組み合わせが異なる例をいくつか紹介します．ただし，これらも基本的には，メンデルの法則に則っているのです．

1．補足遺伝子

補足遺伝子とは，二組の対立遺伝子が補足的にはたらきあって1つの形質を発現させる遺伝子のことをいいます（図8-13）．

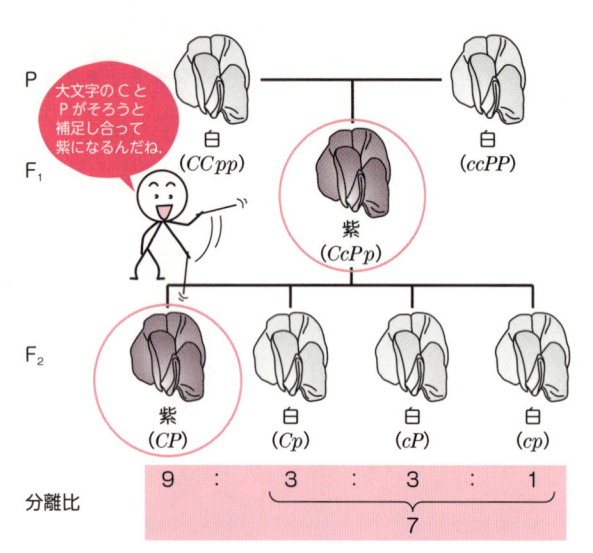

図8-13 **補足遺伝子（スイートピーの花の色）**
CとPが補足し合ったときに紫色になります．

まず，親（P）の遺伝子型に「なぜ？」と思うかもしれません．実はこの遺伝子型も純系なのです．Pを$CCPP$［紫］×$ccpp$［白］，子（F_1）を$CcPp$［紫］になるようにしても良いのですが，これではこの補足遺伝子のルールが見えてきません．そこで敢えてPに$CCpp$［白］×$ccPP$［白］とし，F_1が$CcPp$［紫］となるように設定して，白い花どうしの掛け合わせから紫の花が生じるという補足遺伝子の関係を表しています．

このとき，遺伝子のはたらきをたとえると，下記のように考えるとよいでしょう．

C遺伝子：色素原をつくる遺伝子（絵の具）

P遺伝子：色素原を色素に変える酵素の遺伝子（筆）

つまり，C（絵の具）はP（筆）がないと色がつかないというしくみで，これらの優性遺伝子を補足遺伝子といいます．したがって孫（F_2）の比は［紫］：［白］＝9：7となります．

2．抑制遺伝子

抑制遺伝子とは，二組の対立遺伝子のうち，一方の優性遺伝子が他方の優性遺伝子のはたらきを抑制する遺伝子のことをいいます（図8-14）．

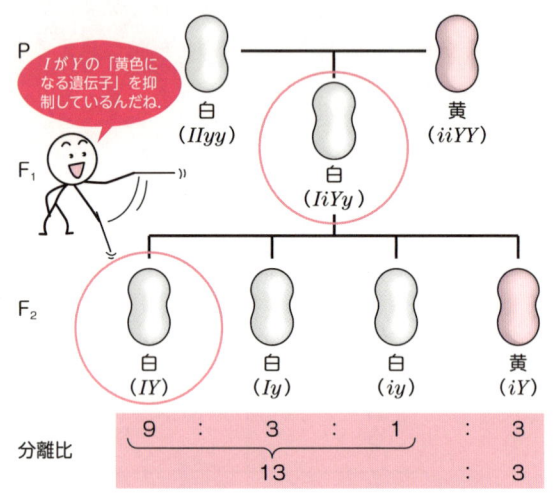

図8-14 **抑制遺伝子（カイコガのまゆの色）**
Yは黄色を発現するがIがある場合，黄色の発現を抑制します．

この場合も，補足遺伝子と同じで親（P）は純系で子（F_1）がヘテロになっています．孫（F_2）はF_1×F_1なので，どれもメンデルの基本型（図8-8）に従っています．

遺伝子記号（アルファベット）には，その遺伝子のはたらきを示す英単語の頭文字がよく使われます．この場合，Yは黄色を意味する<u>Y</u>ellow，Iは抑制を意味する<u>I</u>nhibitの頭文字です．つまり，I遺伝子のはたらきは，色の優性遺伝子Yがあっても発現を抑制してしまいます．このようなI遺伝子を抑制遺伝子といいます．もちろん色の遺伝子が劣性のy遺伝子のときはIがあろうとなかろうと色素は発現せずに白色となります．したがって，まゆが黄色になるのは，遺伝子型が$iiYY$のときと$iiYy$のときだけです．よってF_2の表現型の分離比は，

［白］：［黄］＝ 13：3 になります．

3．条件遺伝子

条件遺伝子とは，二組の対立遺伝子のうち一方の優性遺伝子が他方の優性遺伝子の発現のための条件になる遺伝子のことをいいます（図 8-15）．

C 遺伝子はメラニン色素を作る遺伝子で，E 遺伝子がなく単独の場合には毛の色は黒色になります．そこに E 遺伝子が共存すると相互作用によって灰色になるというものです．

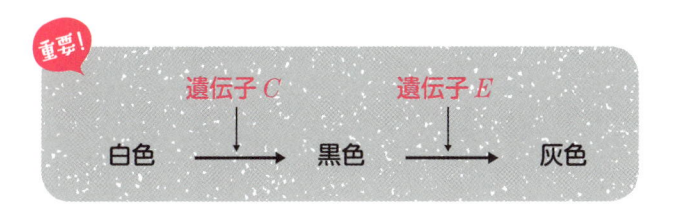

> **重要！**
> 遺伝子 C → 遺伝子 E
> 白色 → 黒色 → 灰色

補足遺伝子と似ているのですが，C 遺伝子が単独で発色する点が異なっています．したがって F$_2$ では，［灰］：［黒］：［白］＝ 9：3：4 という分離比になります．この例では，E 遺伝子を条件遺伝子といいます．

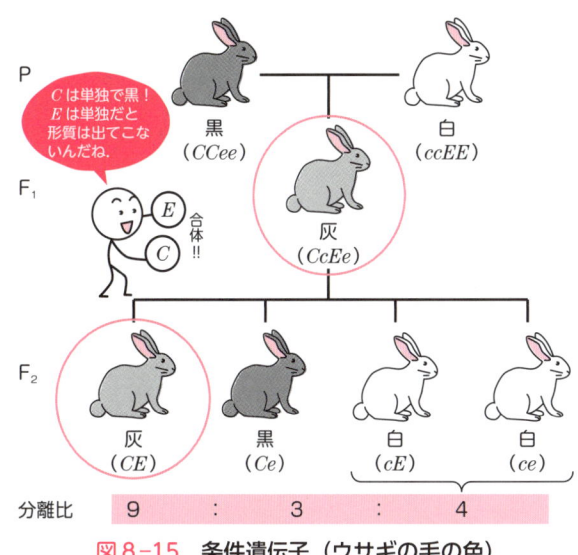

図 8-15 条件遺伝子（ウサギの毛の色）
E と C がそろったときのみ灰色となります．

4. 連鎖と組換え

独立と連鎖

ヒトの遺伝子数は，約 22,000 個であると推定されています（Nature, 2004 年）．また，ヒトの染色体数は 23 組 46 本で，遺伝子は父型由来の染色体にも，母型由来の染色体にも含まれるので，それぞれ父母由来の 23 本の染色体中に約 22,000 個の遺伝子が含まれていることになります．つまり，同じ染色体に少なくとも 2 種類以上の遺伝子が含まれていなければ納まりきれません（実際には数百〜数千個含まれる）．このとき，異なる種類の対立遺伝子が同じ染色体に含まれる場合を**連鎖**といいます．また，1 組の相同染色体に 1 種類の対立遺伝子が含まれることを**独立**といいます（図 8-16）．

図 8-16 の連鎖では，A と B，a と b の遺伝子が連鎖しているといいます．遺伝子型はいずれも $AaBb$ なのですが，独立の場合には，作られる配偶子の種類は AB，Ab，aB，ab の 4 種類ですが，連鎖の場合は AB と ab の 2 種類になります．はじめに Ab と aB が連鎖の場合は，作られる配偶子の種類は，Ab と aB になります．

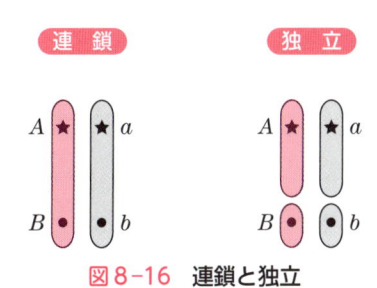

図 8-16 連鎖と独立
A, B, a, b はそれぞれ遺伝子を表しています．

メンデルが調べた 7 つの対立形質について，表 8-4，図 8-17 にまとめました．種皮の色（A）と子葉の色（I），さやの形（V）と茎の高さ（L）と花の位置（F）は連鎖していることがわかります．しかしこれらの遺伝

子と，さやの色（G），種子の形（R）は互いに別々の染色体にあるので独立の関係にあります．もちろん種皮の色（A）とさやの形（V）なども独立の関係です．

表8-4　エンドウの7つの対立形質

形質	連鎖					独立	
	種皮色(A)	子葉色(I)	さや形(V)	茎長さ(L)	花つき方(F)	さや色(G)	種子形(R)
優性	有色	黄	ふくれ	長い	腋生	緑	丸
劣性	無色	緑	くびれ	短い	頂生	黄	しわ

染色体の番号　I　II　III　IV　V　VI　VII

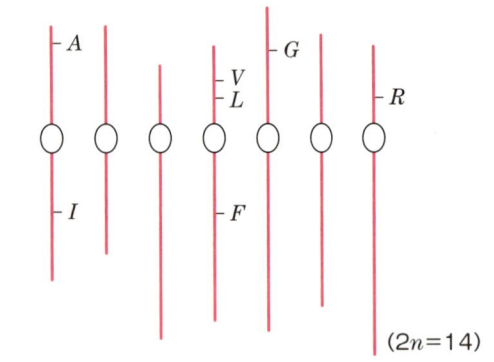

- A
- G
- V
- L
- R
- I
- F

$(2n=14)$

図8-17　エンドウの対立形質の遺伝子座（染色体地図）

いと考えられます．

では，そのしくみはどうなっているのでしょうか．配偶子（生殖細胞）は，減数分裂によってつくられますが，その第一分裂の前期に，相同染色体が**対合**するという現象が生じます．対合した染色体は**二価染色体**といいます．このとき対合した相同染色体の内側の染色体（**染色分体**という）どうしがまたいで「交差」し合い，そのまま切断してしまうことがあります．このような染色体の部分的な交換を**乗換え**といい，この乗換えによって遺伝子が入れ替わることを**組換え**といいます（図8-18）．

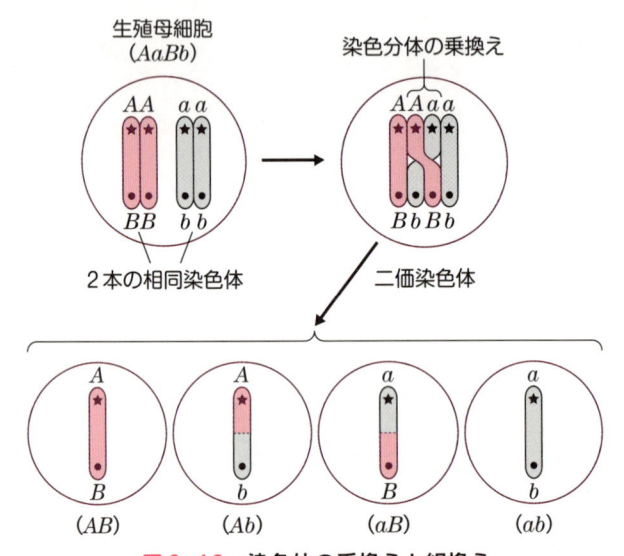

図8-18　染色体の乗換えと組換え

乗換えと組換え

地球上には実にさまざまな生物が生息しています．このような多様性を生み出すには何らかのしくみが必要です．それは時に突然変異と進化の結果でもあるわけですが，通常の配偶子形成においても偶然に多様性を生むしくみがあるのです．たとえば，AとB（aとb）の遺伝子が連鎖している図8-16で考えてみましょう．仮にAがヒトの「つむじ右巻」の遺伝子，Bが「二重まぶた」の遺伝子とすると，もし，このまま連鎖の状態が保たれて，配偶子に受け継がれてしまうと，「つむじが右巻きの子はすべて二重まぶたになってしまう」なんてことが起こるかもしれません．やはり，つむじが右巻きでも一重まぶたの子が生まれたほうが多様性の面からも，さらにすべての生物の環境への適応の面からも都合がよ

組換える場合と組換えない場合

組換えは必ず起こるのでしょうか．もし，毎回，すべての二価染色体間で組換えが起こってしまうと，図8-18の場合では，配偶子はAB，Ab，aB，abの4種類が**均等にできてしまう**ことになります．この結果は，生物の多様性に貢献しているように見えますが，実際はちょっと違います．

ここで思い起こしてください．ヒトの場合，染色体上にある遺伝子は，2種類以上が連鎖しているはずです．相同染色体上にある遺伝子の位置は，等間隔ということはあり得ないので，その乗り方には図8-19のように遺伝子間の距離には違いがあるはずです．

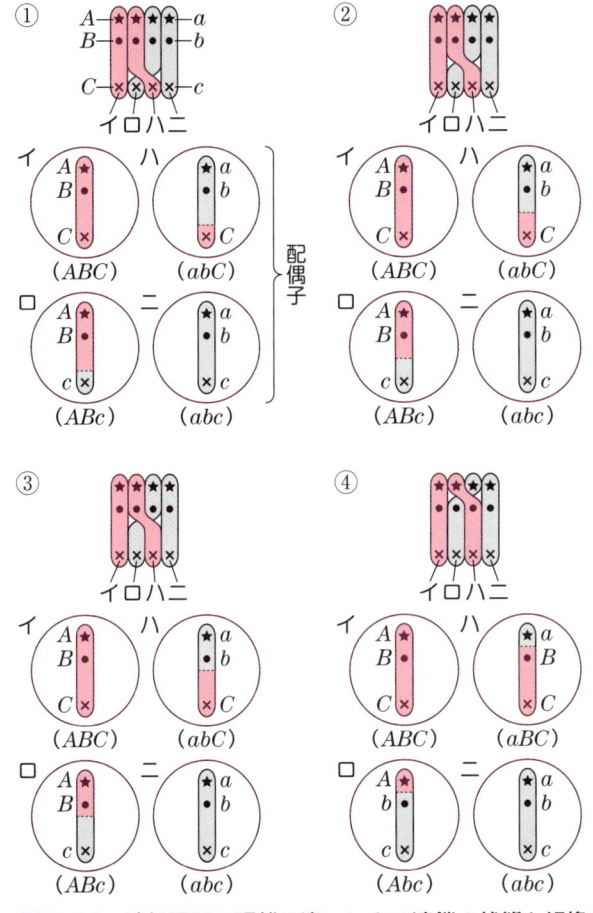

図8-19 遺伝子間の距離の違いによる連鎖の状態と組換え

> **重要！** 組換えは連鎖している遺伝子間の距離が大きいほど起こりやすく、遺伝子間の距離が小さいほど起こりにくい

たとえば3つの遺伝子が図8-19のように連鎖していたとしましょう。減数分裂の際、細胞中は細胞質基質という液体に満たされ、その中を染色体は紡錘糸に引かれながら移動します。染色体の対合も、接着剤のような強い結合ではないので、内側の染色分体はある程度動けると考えてください。そこで、内側の染色分体が1回乗り換えることを考えると、BC 間で染色体が乗換えて（①～③）、BC（bc）の遺伝子が組換えられる確率と、AB 間で染色体が乗換えて（④）、AB（ab）の遺伝子が組換えられる確率とでは、どちらが大きいかというと、前者のほうが確率的には大きいことがわかります。

完全連鎖と不完全連鎖

染色体上に存在する数百から数千の遺伝子のなかには、遺伝子間の距離が近すぎて物理的に染色体の乗換えが生じない遺伝子もあります（図8-19でいうと AB 遺伝子間の距離がさらに近すぎる場合）。また、距離が離れていても組換えが起こらない場合もあります。この場合、連鎖の状態が変わることなく、連鎖したままの配偶子が生じます。これを 完全連鎖 といいます（図8-20a；p100）。

しかし、図8-19のA、B遺伝子のような適当な距離にある遺伝子では、減数分裂を行ういくつかの細胞中で、偶然 AB 間で乗換えを起こすものと、起こさないものが出てきます。これを 不完全連鎖 といいます（図8-20b）。

ベーツソンとパネットの実験と組換え価

では、不完全連鎖が起きたとき、どの程度の割合で組換えを起こしたのかを知る方法はあるのでしょうか？配偶子の割合を知る方法には検定交雑がありました。ここではこれを利用します。検定交雑でわかることは 得られた子の表現型の分離比は、検定される個体がつくる配偶子の分離比と一致する ということでした。

それでは実際に、スイートピーの花の色の遺伝を調べて連鎖現象について研究した、ベーツソンとパネットの実験 を見てみましょう（図2-21）。

この実験では、孫（F_2）の分離比が［紫・長］：［紫・丸］：［赤・長］：［赤・丸］＝ 9：3：3：1になっておらず独立の二遺伝子雑種でないことがわかります。そこで彼らは子（F_1）の検定交雑を行いました（図8-22）。

a. 完全連鎖

生殖母細胞 → 二価染色体 → 配偶子

$AB : Ab : aB : ab = 1 : 0 : 0 : 1$

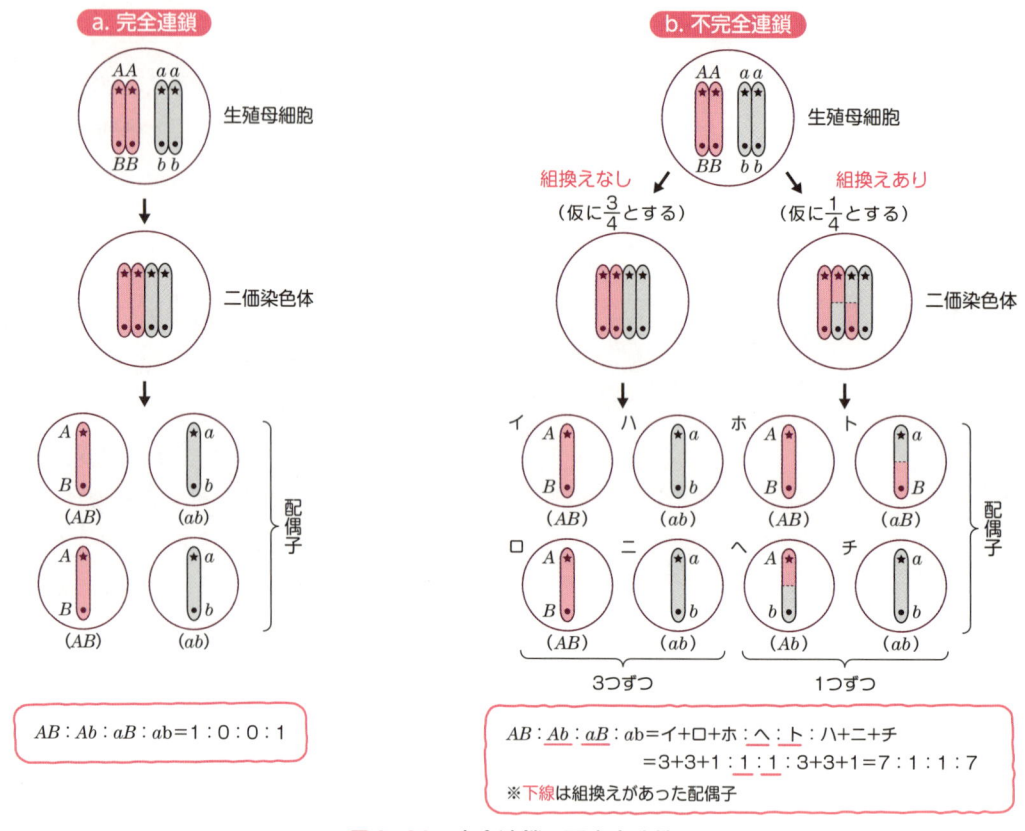

b. 不完全連鎖

生殖母細胞 → 組換えなし（仮に $\frac{3}{4}$ とする）／組換えあり（仮に $\frac{1}{4}$ とする）→ 二価染色体 → 配偶子

組換えなし：イ(AB)・ロ(AB)・ハ(ab)・ニ(ab) 3つずつ
組換えあり：ホ(AB)・ヘ(Ab)・ト(aB)・チ(ab) 1つずつ

$AB : Ab : aB : ab = $ イ+ロ+ホ : ヘ : ト : ハ+ニ+チ
$= 3+3+1 : 1 : 1 : 3+3+1 = 7 : 1 : 1 : 7$

※下線は組換えがあった配偶子

図8-20 完全連鎖と不完全連鎖

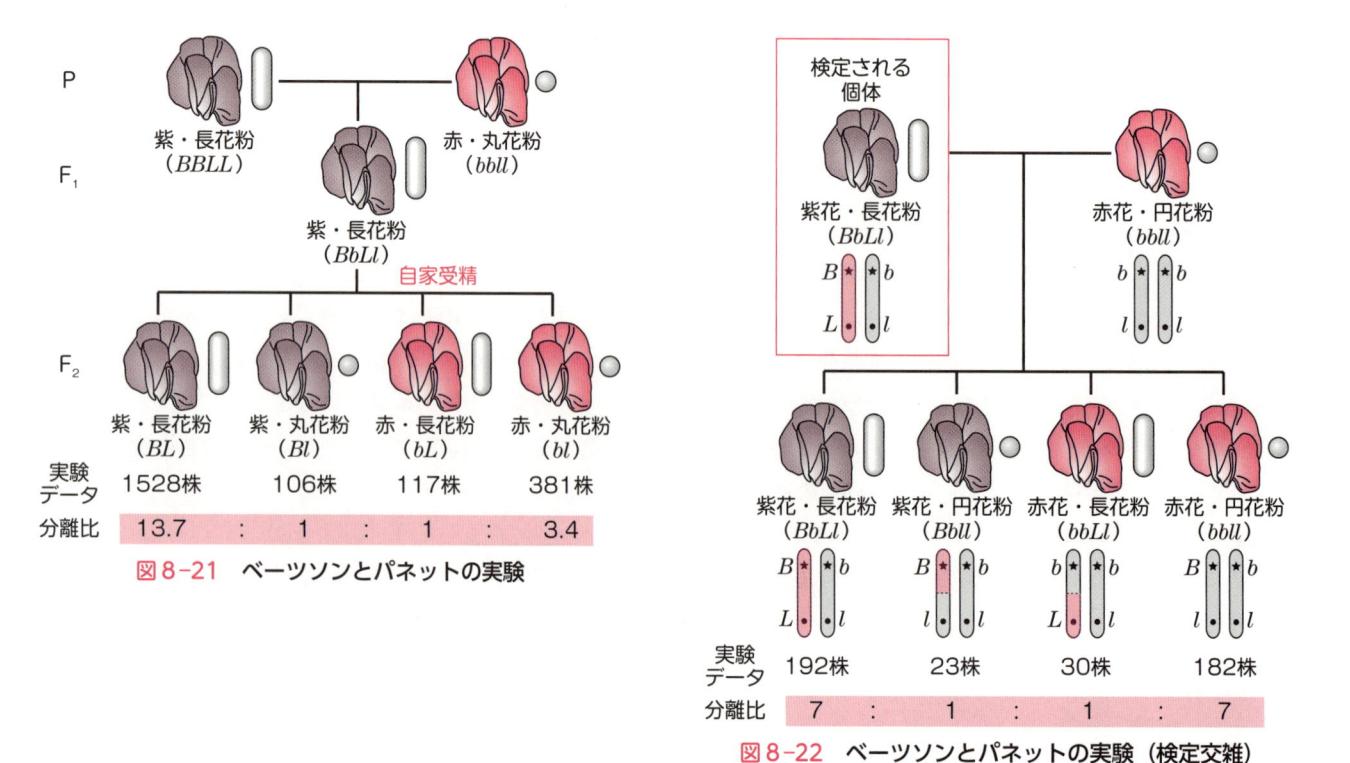

P: 紫・長花粉（BBLL）× 赤・丸花粉（bbll）
F₁: 紫・長花粉（BbLl）自家受精
F₂: 紫・長花粉（BL）／紫・丸花粉（Bl）／赤・長花粉（bL）／赤・丸花粉（bl）

	紫・長花粉(BL)	紫・丸花粉(Bl)	赤・長花粉(bL)	赤・丸花粉(bl)
実験データ	1528株	106株	117株	381株
分離比	13.7	1	1	3.4

図8-21 ベーツソンとパネットの実験

検定される個体：紫花・長花粉（BbLl）× 赤花・円花粉（bbll）

	紫花・長花粉(BbLl)	紫花・円花粉(Bbll)	赤花・長花粉(bbLl)	赤花・円花粉(bbll)
実験データ	192株	23株	30株	182株
分離比	7	1	1	7

図8-22 ベーツソンとパネットの実験（検定交雑）

結果，［紫・長］：［紫・丸］：［赤・長］：［赤・丸］＝ 7：1：1：7 になったということは，検定交雑対象の個体である［紫・長］の作る配偶子の分離比が，

$$BL：Bl：bL：bl＝ 7：1：1：7$$

ということになります．

ここで図8-20をもう一度見てみましょう．不完全連鎖で1/4が乗換えを起こした場合，配偶子はAB：Ab：aB：ab＝ 7：1：1：7の分離比になります．たまたま，この値はスイートピーの検定交雑の結果と一致しました．つまり，全体の配偶子の中で1/8が組換えを起こした遺伝子を含むことがわかります．よって組換え価（％）は，以下のようにして求められます．

重要！

組換え価〔％〕
$$＝ \frac{組換えによって生じた個体数}{検定交雑によって得られた総個体数} × 100$$

この計算式に結果をあてはめると，

$$組換え価（％）＝ \frac{23＋30}{192＋23＋30＋182} × 100$$
$$＝ 12.4\%$$

となります．また，次式から求められるように，

$$組換え価（％）＝ \frac{1＋1}{7＋1＋1＋7} × 100 ＝ 12.5\%$$

と，ほぼ一致します．

三点交雑と遺伝子地図

組換えは，連鎖している遺伝子間の距離が大きいほど起こりやすく，遺伝子間の距離が小さいほど起こりにくいので，組換え価（％）は染色体上の遺伝子間の相対的な距離を示しているといえます．そこで同一染色体上の3つの遺伝子の組換え価を求めることで，3つの遺伝子の相対的な位置を決めることができます．

たとえばAB間の組換え価が5％，BC間が8％，AC間が13％であったとすると，染色体上の3つの遺伝子の並び方が図8-23のように推定できます．

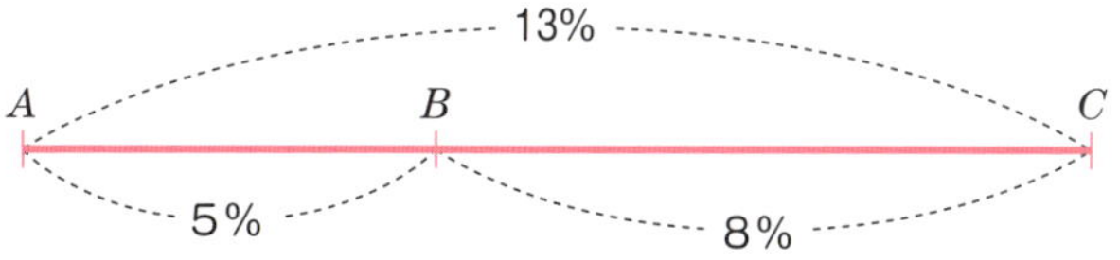

A ———————————— B ———————————— C
　　　　　　　　13％
　　5％　　　　　　　　　　8％

図8-23　三点交雑

このようにして同一染色体のほかの遺伝子についても，相対的な位置を決めていく方法を**三点交雑**といい，アメリカの**トーマス・モーガン**によって考え出されました．また，この方法で各遺伝子の相対的な位置を染色体上に示したものを**遺伝子地図**といいます．

5. ヒトの遺伝

性染色体と性の決定

ヒトの染色体は46本あります．その内訳は，男女に共通な遺伝子を含む**常染色体**が22組（44本），そして雌雄といった性に関する遺伝子を含む**性染色体**が1組（2本）あります．女性の性染色体はX染色体が2つあるXXで，男性の性染色体はX染色体が1つとY染色体が1つのXYです．これは実験によく使われるキイロショウジョウバエも同じです．常染色体の1セットをAで代用すると，雌雄の染色体は次のように表すことができます．

雌：2A＋XX，雄：2A＋XY

次に雌雄はどのようにして決まるのでしょうか．常染色体は雌雄で共通なので，性染色体に着目してみることにしましょう（図8-24）．

遺伝を**伴性遺伝**といいます．では，**ヒトの赤緑色覚異常**の遺伝の例について見てみることにしましょう．

ヒトの赤緑色覚異常にかかわるのは劣性の伴性遺伝で，網膜にある色を識別する錐体細胞の異常によって生じ，赤と緑の識別がしにくくなる症状を示します．正常の優性遺伝子を A とし色覚異常の遺伝子を a として，男女の性染色体の組合せで考えると以下のようになります（図8-25）．

図8-24 ヒトの性決定様式

このように雌雄を決めているのは，減数分裂で生じた2種類の精子のうち，どちらが受精するかによって決まるのです．この図からもわかるように，男女の生まれる確率は1/2であることはいうまでもありません．

伴性遺伝

今まで考えてきた遺伝現象は，おもに常染色体上の遺伝によるものでしたが，性染色体（X染色体やY染色体）に含まれる遺伝子による遺伝現象もあります．この場合，雌雄によって形質の出方が異なるのが特徴です．なかでもヒトの男女に共通なX染色体の遺伝子による

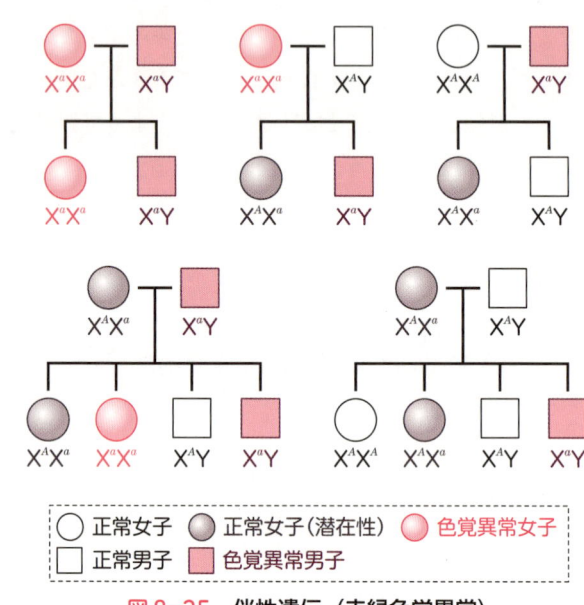

図8-25 伴性遺伝（赤緑色覚異常）

- ○ 正常女子
- ● 正常女子（潜在性）
- ○ 色覚異常女子
- □ 正常男子
- ■ 色覚異常男子

このように女性では，$X^a X^a$ の場合のみ色覚異常となり，$X^A X^a$（正常・潜在性），$X^A X^A$ の場合は正常となります．一方，男子では $X^a Y$ の場合は色覚異常となり，$X^A Y$ の場合は正常です．したがって，色覚異常が発現する割合は女性よりも男性で多くなります．

なお，性染色体のY染色体にある遺伝子による遺伝は**限性遺伝**といい，グッピーのひれの斑紋などが知られています．

STEP UP 核以外の遺伝子による遺伝

● 細胞質遺伝

ミトコンドリア・イブをご存知ですか？ 今から約16万年前，アフリカに住んでいたと考えられている現代人の共通の祖先（母親）です．そんな昔の祖先がどうしてわかるのかというと，女性の生殖細胞である卵のなかに含まれるミトコンドリアに秘密があります．

卵と精子が受精すると，核内の遺伝情報は卵と精子の核が合体します．そして，次世代に受け継がれますが，精子の細胞質内にあるミトコンドリアDNAの遺伝情報は，受精の際にはミトコンドリアが消失してしまうので，次世代には受け継がれません．しかし，卵の細胞質内のミトコンドリアは消失しないので，遺伝情報はそのまま子や孫に受け継がれることになります．
このように母系の細胞質内の（ミトコンドリアや葉緑体などの）遺伝情報が受け継がれる現象を細胞質遺伝といいます．したがって，（男性であれ女性であれ）ある人のミトコンドリアDNAを調べることで，その人の母方のルーツを調べることも可能なのです．たとえば，この方法で日本人ルーツをたどってみると，9人の母親に行き着くといわれています．つまりはミトコンドリア・イブの9人の子孫（娘）になるわけです．クラスメイトのなかに同じ母親の子孫である人がいるかもしれませんね．

● 遅滞遺伝

さて，次に1対の対立遺伝子による遅滞遺伝について考えることにしましょう．一見すると細胞質遺伝のように思われるのですが，実は違う遺伝形式です．

モノアラガイは，どこにでもいる淡水の巻き貝ですが，同一種でありながら右巻きと左巻きがあります．右巻きが優性であることがわかっているので，遺伝子としてはDが右巻き，dが左巻き遺伝子としましょう．まず，この貝殻の巻き方は，次のように説明されています．じっくり読みながら図と見比べてみて下さい．

では説明しますよ．

1. Pの♂はDDで［右］，♀はddで［左］．
2. F_1の遺伝子型はDd，表現型は［左］．なぜここで$D>d$なのに右巻きにならないのでしょうか？ それは"母親の遺伝子型が子の巻型を決める"からです．つまりF_1の母親の遺伝子型がddなので左巻きになるのです．
3. さて，F_2は$F_1 \times F_1$です．つまり，♂はDdで［左］，♀もDdで［左］です．したがって，F_2の遺伝子型は$DD:Dd:dd=1:2:1$となり，遺伝子型だけで表現型を推定すると，［右］：［左］＝3：1になるはずです．しかし，"母親の遺伝子型が子の巻型を決める"ので，この場合，母親の遺伝子型（つまりF_1の♀）がDdであることから，すべてのF_2が右巻きになるというものです．

おわかりいただけましたか？ 母親の遺伝子によって合成された何かが卵のなかに入っていて，卵割時に割球の配置を右巻きや左巻きのらせん形にして，貝殻の巻き方を決めているものと考えられます．そういった意味では細胞質が関係しているのかもしれませんが，まだ発現のしくみは詳しくはわかっていません．

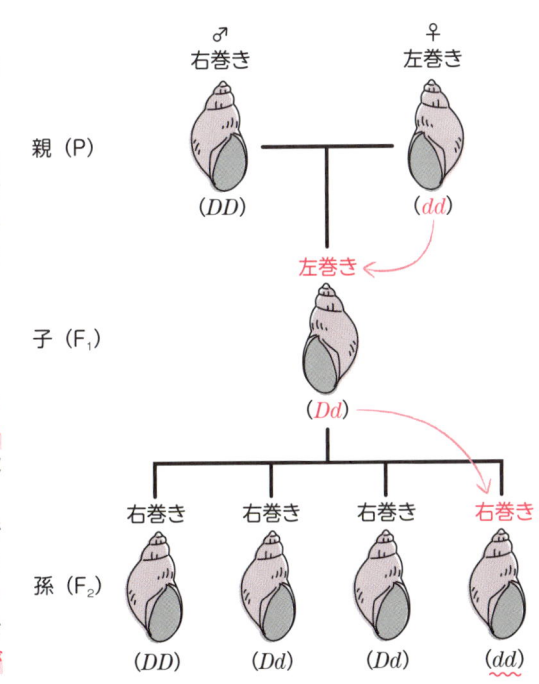

図 遅滞遺伝による貝の巻き方（モノアラガイ）
上から見て時計回りを右巻き，反時計回りを左巻きといいます．

\\応用編！//
ワンポイント生物講座
メンデルの「遺伝の法則」が成り立たないケース

　第8章では，19世紀にメンデルが発見した遺伝の法則について学びました．ところが，現実の遺伝現象ではメンデルの法則が成立しない例が少なくないのです．
　第2章では，ミトコンドリアが独自の遺伝子をもつことにふれました．このミトコンドリアの遺伝子による遺伝現象では，「分離の法則」が成立しません．ミトコンドリアは母方からの卵のみを経由して子孫に伝わるためです．これを母系遺伝と呼びます．
　第6章では，染色体の構造について学びました．「独立の法則」とは，2つの異なる性質（遺伝形質）に注目した場合にそれぞれ独立に子孫に伝わる，というものです．これはこの2つの形質を司るそれぞれの遺伝子が，別々の染色体上にある場合に成立します．逆に，同一染色体上にある2つの遺伝子に注目した場合には，両者は高い確率で一緒に遺伝する（連鎖）ため，「独立の法則」は成立しません．

遺伝用語の解説

- **形質**：個体の特徴となる性質や形
- **対立形質／対立遺伝子**：丸やしわのように対立する形質が対立形質．中間型はない．Rやrのような対立形質の遺伝子が対立遺伝子．相同染色体上のほぼ同じ位置にある
- **ホモとヘテロ**：RRやrrのように同じ対立遺伝子の組み合わせをホモ（接合体），Rrのような異なる組み合わせをヘテロ（接合体）
- **純系と雑種**：対立遺伝子がホモ接合体（RRやrr）の系統を純系．Rrのようなヘテロ接合体を雑種
- **自家受粉（精）**：同じ個体内で生じた配偶子どうしが受精することを自家受精．同じ個体内の花粉がめしべの柱頭に付着することを自家受粉
- **交配と交雑**：2個体間で受精を行うことを交配．交配のうちとくに遺伝子型の異なる交配が交雑
- **人為交配**：ヒトが目的とする2個体間で交配を行うこと
- **子葉**：エンドウなどの無胚乳種子において，栄養分が蓄えられている部分．種子の大部分を占める部分
- **生殖細胞と配偶子**：次の世代を作るための細胞を生殖細胞．シダの胞子体など2つの細胞が合体して新しい個体を作る細胞を配偶子．卵や精子なども配偶子

第8章 章末問題

① 実験材料としてエンドウを用いることの利点を2つ挙げよ．

② メンデルが調べたエンドウの7つの対立形質のうち，種子を育ててみなければわからない形質をすべて答えよ．

③ 優性の法則，分離の法則，独立の法則をそれぞれ簡単に説明せよ．

④ ある［丸・黄］の個体について検定交雑を行ったところ，以下のような結果となった．［丸・黄］の遺伝子型を答えよ．遺伝子記号は本文と同じとする．

(1) ［丸・黄］：［丸・緑］：［しわ・黄］：［しわ・緑］ = 1：1：1：1
(2) ［丸・黄］：［丸・緑］：［しわ・黄］：［しわ・緑］ = 1：0：1：0
(3) ［丸・黄］：［丸・緑］：［しわ・黄］：［しわ・緑］ = 1：0：0：0

⑤ ハツカネズミの条件遺伝子の遺伝において，以下の交雑を行うと，どのような表現型の子が生まれるか．なお，遺伝子記号は本文と同じとする．

(1) CcEe × Ccee　　(2) CCEe × CcEE　　(3) Ccee × ccee

⑥ 右図において，AとB，aとbがそれぞれ連鎖している場合，右図のような親（P）を用いた交雑において，F_2のア～エの染色体の様子，およびオ，カの値を答えよ．

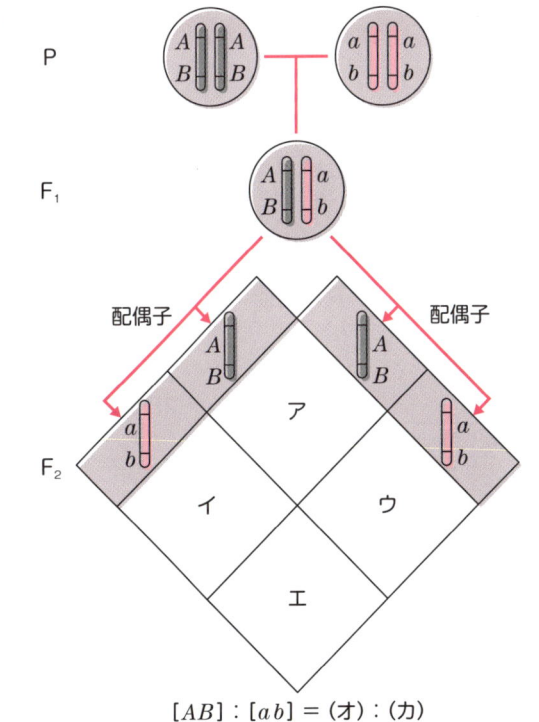

$[AB]:[ab] = (オ):(カ)$

⑥の図

⑦ ある動物の遺伝子AとB，aとbはそれぞれ連鎖の関係にあり，F_1（AaBb）どうしを交配してF_2をつくった．次の条件で交雑を行ったとき，F_2の表現型の分離比（[AB]：[Ab]：[aB]：[ab]）を答えよ．

条件1：雌雄ともに遺伝子AとBは完全連鎖の場合
条件2：雌では遺伝子AとBの組換え価が25%で，雄は0%の場合

⑧ キイロショウジョウバエの雌の性染色体であるXXのうちの1個に赤眼遺伝子が，他方の1個に白眼遺伝子がある．また，雄のXに白眼遺伝子がある場合，この交雑から生まれるF_1の眼色は雌雄でどのように分離するか．なお，赤眼は白眼に対して優性である．

第9章 タンパク質の基本的性質

「身近なタンパク質は？」とたずねると、牛肉や豚肉などの肉類や大豆など、タンパク質を多く含んだ食材が思い浮かぶのではないでしょうか．最近では、スポーツ用のプロテインがさまざまなかたちで商品として売られているので、このようなサプリメントを思い浮かべる人もいるでしょう．

タンパク質は三大栄養素の一つで、からだを構成する物質の代表格です．タンパク質は20種類のアミノ酸から構成されており、私たちは食物から摂取する必要があります．タンパク質を成分とする体物質は、筋肉や酵素のほかにもさまざまな種類があります．

本章では、体内で重要なはたらきを担っているタンパク質全般について学びます．

- キーワード
受容体，抗体，アクチンフィラメント，ミオシンフィラメント，ナトリウムポンプ，酵素，補酵素，酵素の阻害，フィードバック調節

1. タンパク質の分類

タンパク質の構造については第3章で学びました．本章ではタンパク質の機能について、表9-1のような分類に従って学習します．

表9-1 機能によるタンパク質の分類

1	酵素	（→第4節）	ペプシン，アミラーゼなど
2	調節タンパク質	（→第1節）	転写因子，ホルモンなど
3	収縮性タンパク質	（→第2節）	アクチン，ミオシンなど
4	輸送タンパク質	（→第3節）	アルブミンなど
5	受容体タンパク質	（→第1節）	ホルモン受容体など
6	防御タンパク質	（→第1節）	免疫グロブリンなど
7	構造タンパク質	（→第1節）	コラーゲンなど
8	滋養タンパク質	（→第1節）	カゼインなど

調節タンパク質

調節タンパク質といえば、遺伝子の転写を制御する**転写因子**を思い浮かべる人がいると思います（図9-1）．もちろん転写因子は代表的な調節タンパク質ですが、このほかにも細胞間で情報を交換して調節する一部の**ホルモン**や、免疫細胞から分泌される**サイトカイン**も調節作用があるので調節タンパク質に含まれます．また、筋収縮を調節している**トロポニン**なども調節タンパク質です．

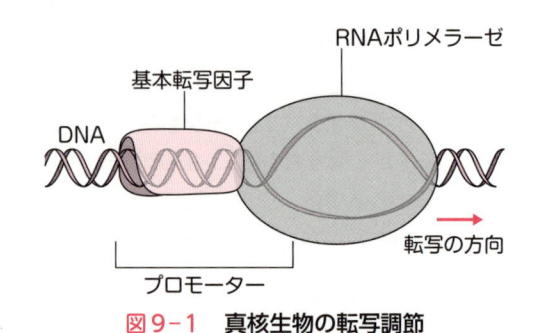

図9-1 真核生物の転写調節

受容体タンパク質

細胞が機能するために必要な情報伝達を シグナル といいます．そのシグナルの実体は，ホルモンや神経伝達物質などです．受容体に対して特異的に結合する物質を リガンド といいます．ちなみに「特異的」とは，似たようなもの（ここでは多様な受容体）があっても，決まったものだけと結合する性質のことをいいます．

1．ホルモン

ホルモン は，標的器官の細胞膜にある受容体に結合してはたらくものと，細胞内に入ってからはたらくものがあります（図9-2）．なお，ホルモンにはタンパク質ではないもの（ステロイドホルモン）やアミノ酸鎖の短いもの（ペプチドホルモン）が多くあります．

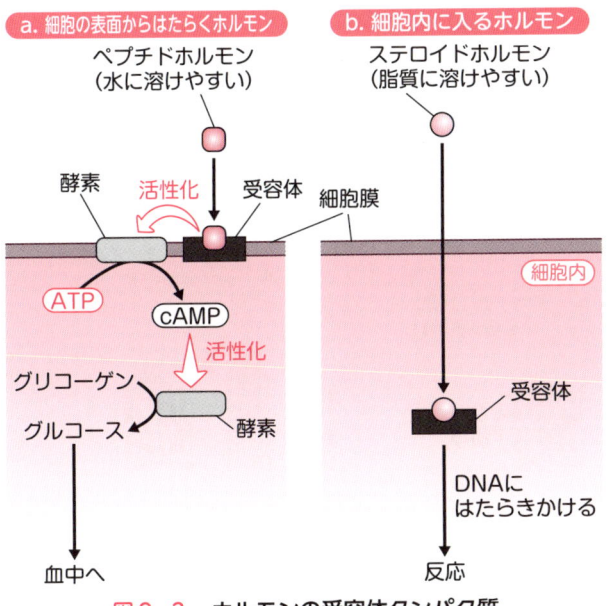

図9-2 ホルモンの受容体タンパク質

アドレナリンや ペプチドホルモン（インスリン，成長ホルモンなど）は，細胞膜を通過できません．このようなホルモンは，細胞膜にある受容体タンパク質 に結合することで作用します（図9-2a）．たとえば，副腎髄質から分泌されるアドレナリンは，標的器官である肝臓の細胞の細胞膜にある受容体に結合し，細胞膜にある酵素（アデニル酸シクラーゼ）を活性化させます．この酵素は活性化すると ATP から cAMP（サイクリック AMP；環状 AMP）という別の情報伝達物質をつくり，グリコーゲンをグルコースに分解する別の酵素を活性化します．その結果，出来たグルコースが，血中に運ばれ血糖値が上昇します．

一方，糖質コルチコイドや鉱質コルチコイドなどの ステロイドホルモン は脂質に溶けやすく，主成分がリン脂質である細胞膜を通過できます．細胞内に入ったホルモンは 細胞内の受容体タンパク質 と結合して，DNA にはたらきかけます（図9-2b）．

2．神経伝達物質

シナプスでは，軸索の末端から 神経伝達物質 が放出され，目標となる細胞の細胞膜にある受容体と結合します．

防御・構造・滋養タンパク質

1．防御タンパク質

生体防御や免疫に関わるタンパク質を防御タンパク質といいます．代表的な防御タンパク質は 免疫グロブリン（抗体）です（第12章「恒常性Ⅰ」参照）．また，先に調節タンパク質として紹介した，免疫担当細胞間の連絡に関係する物質である サイトカイン なども防御タンパク質としてはたらくことがあります．

2．構造タンパク質

構造タンパク質は，体の形を作るのに必須のタンパク質で，主に結合組織に含まれます．

コラーゲン

コラーゲンは哺乳類の体を構成しているタンパク質の約30％を占め，結合組織の主要なタンパク質です．コラーゲンは結合組織では線維状（繊維状）の構造で，その基本単位は3本のポリペプチド鎖からなる三重らせん構造です（図9-3）．

エラスチン

伸縮性（弾性）のあるタンパク質線維で，血管壁や靱帯などに多く含まれています．

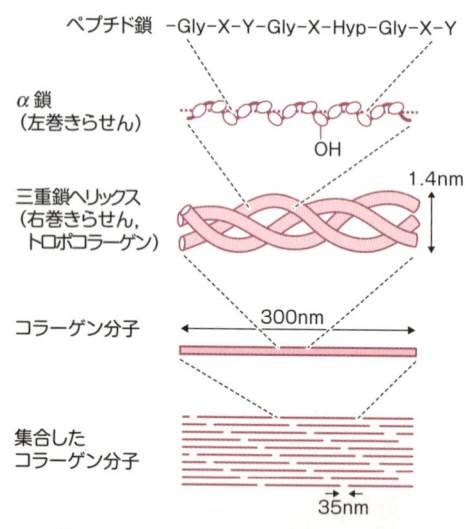

図9-3　コラーゲン線維の分子構造

3．滋養タンパク質

栄養になる機能を持ったタンパク質のことを滋養タンパク質といい，卵白に含まれる**アルブミン**やミルクに含まれる**カゼイン**などがあります．

> **重要！**
> タンパク質は遺伝子発現の調節，生体防御，体の栄養源など，**生体のあらゆる機能を担っている**

STEP UP　アセチルコリン ― 神経伝達物質の作用

　アセチルコリンは心筋や骨格筋に働きかける神経伝達物質です．ヘンリー・デイルとオットー・レーヴィはアセチルコリンが神経伝達物質であることを発見し，1936年にノーベル生理学・医学賞を受賞しています．
　アセチルコリンの代謝異常は痙攣やパーキンソン病などとも関連があります．正常にはたらいているときは次のように機能しています（図）．

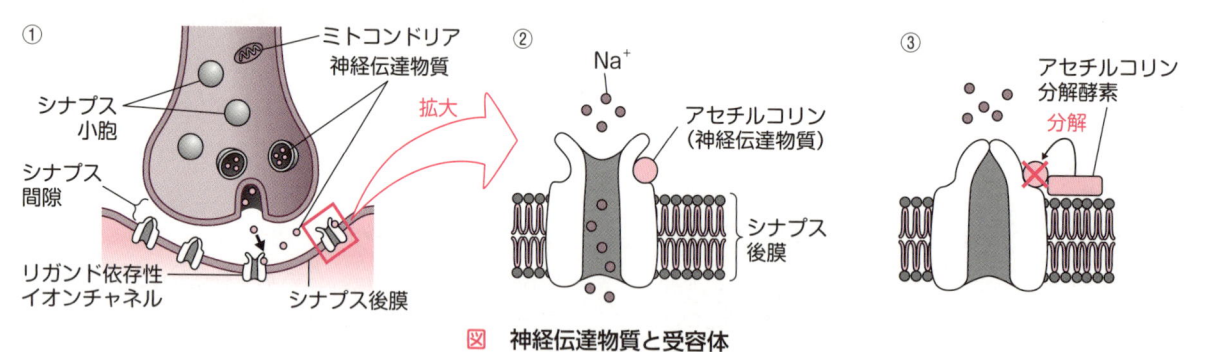

図　神経伝達物質と受容体

① シナプス間隙を隔てた相手側の細胞の細胞膜には，アセチルコリンを受け入れる受容体があり，アセチルコリンと結合するとイオンチャネルは立体構造が変化します．
② 立体構造が変化した受容体の一部を通ってNa^+が細胞内に流入すると，受容体部分の細胞膜の内側の電荷が＋（プラス）になり，膜の外側が－（マイナス）になります．この電位の逆転が新たな興奮となって隣接部に伝わるようになります．
③ その後，アセチルコリンは細胞膜の表面にあるアセチルコリン分解酵素で分解され受容体の構造は元に戻ります．

　アセチルコリンは副交感神経の神経伝達物質で，交感神経にはたらくノルアドレナリンとは逆のはたらきをします．
　ヒト以外，たとえばメダカの水槽にノルアドレナリンとアセチルコリンを入れて，体表の黒色色素胞の凝集反応を観察するとどうなるでしょうか．ノルアドレナリンを加えると，色素が凝集して体色が明るく白くなります．アセチルコリンを加えると，色素が拡散して体色が暗くなります．生体に対する影響は大きいことがわかりますね．
　神経伝達については第11章「ヒトの脳と神経系」で詳しく解説します．

2. 収縮タンパク質

筋肉の構造

骨格を保持し，運動を起こす筋肉のことを**骨格筋**といいます．骨格筋は，長さが数cmにも達する巨大な多核の**筋線維**（筋細胞）の束によってできています（図9-4）．さらに筋線維は多数の**筋原線維**の束によってできています．筋原線維には**Z膜**で区切られた**サルコメア**（**筋節**）が見られ，縦方向につながっています．このサルコメアによって骨格筋では横紋が観察されます．

サルコメアの内部の太いフィラメントは，**ミオシン**というタンパク質から，細いフィラメントは**アクチン**というタンパク質からできています．

収縮タンパク質とは，このアクチンとミオシンが線維状になったものをいいます．アクチンは，数珠状に分子がつながった線維を作ります．一方のミオシンは，先端だけひねったゴルフクラブのような形をしており，数本が束になり線維状となっています．アクチンフィラメントはZ膜で区切られ，ミオシンフィラメントはZ膜とZ膜の間の中央部に位置しています．

筋収縮のしくみ

筋収縮においては，これらの線維が相互に滑り込むように動きます（**ハックスレーの滑り説**）．ミオシンの先端にはATPを分解する酵素である**ATPase**（ATPアーゼ）があります．そのためミオシンは，ATPの存在下でATPを分解し，その際に出るエネルギーを使って先端を振りながら個々のアクチンとの結合と解離を繰り返し，たぐり寄せるように移動します．この移動には方向性があり，両線維は一方向（互いに内側）にしか滑っていくことができません（図9-5）．

図9-4 骨格筋の構造

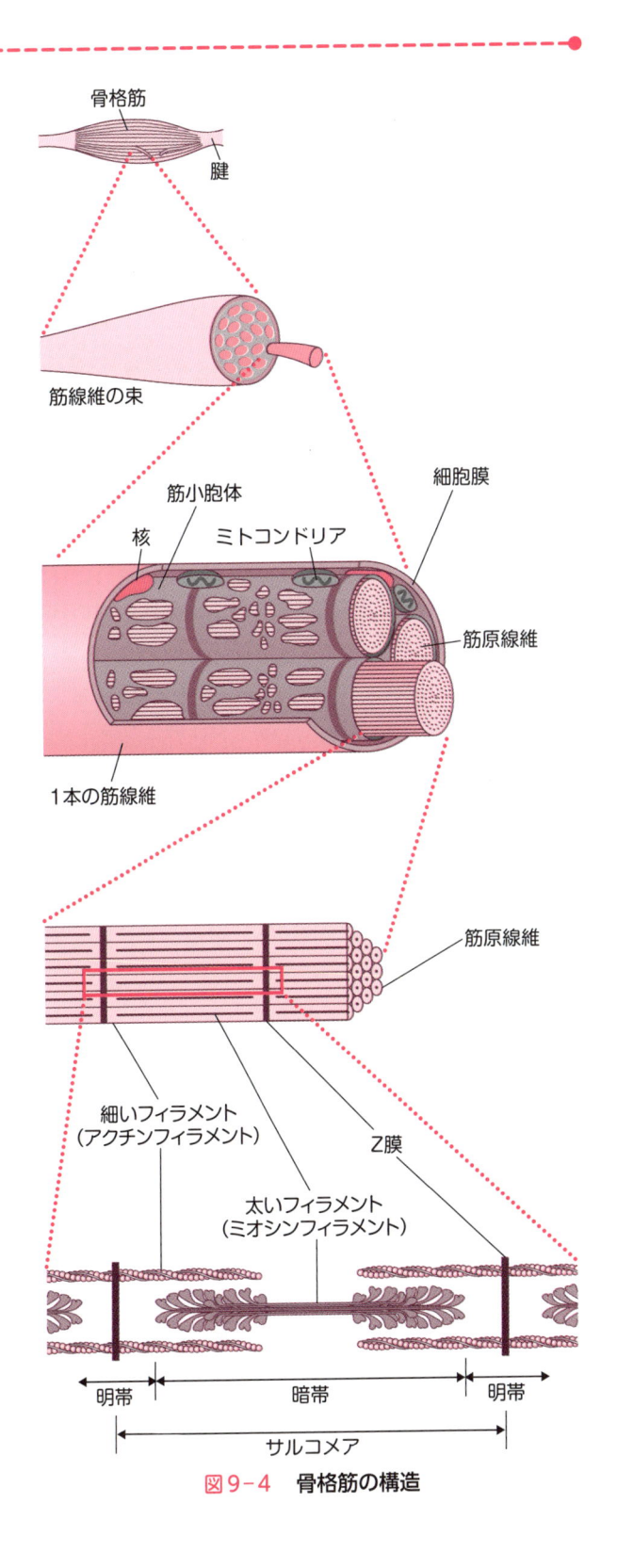

①ATPがミオシンの先端に結合すると，アクチンフィラメントから離れる

②ATPより放出されるエネルギーによって，ミオシンの先端の角度が変わる

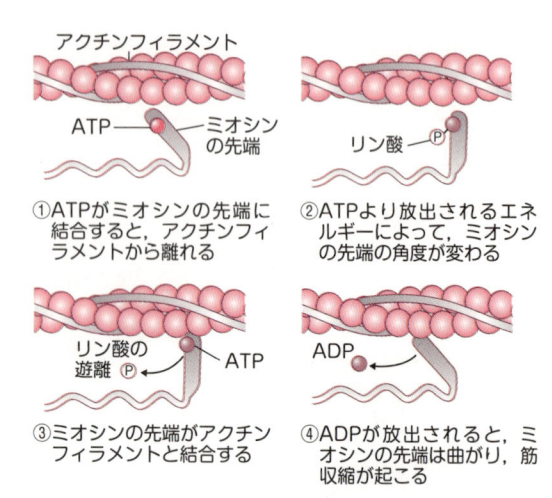

③ミオシンの先端がアクチンフィラメントと結合する

④ADPが放出されると，ミオシンの先端は曲がり，筋収縮が起こる

図9-5　筋肉が動くしくみ

収縮の様子を分子レベルで見てみましょう．アクチン線維には，トロポミオシンとトロポニンT，トロポニンI，トロポニンCというタンパク質分子が図9-6のように結合しています．筋収縮には，筋細胞質内のカルシウムイオンCa^{2+}濃度が大きく関係しています．たとえば，細胞質中のCa^{2+}濃度が低いときには，Ca^{2+}がトロポニンCに結合しないため，トロポニンとトロポミオシンの複合体がアクチンとミオシンの頭部の間に入り，たぐり寄せ運動を阻害します．しかし，細胞質中のCa^{2+}濃度が上昇すると，トロポニンCにCa^{2+}が結合し，トロポニンとトロポミオシン複合体の立体構造が変化し，ミオシンの先端のたぐり寄せ運動ができるようになると考えられています．

筋弛緩時（Ca^{2+}濃度低）
筋収縮時（Ca^{2+}濃度高）
アクチンとミオシンが直接結合

I：トロポニンI
T：トロポニンT
C：トロポニンC
TM：トロポミオシン

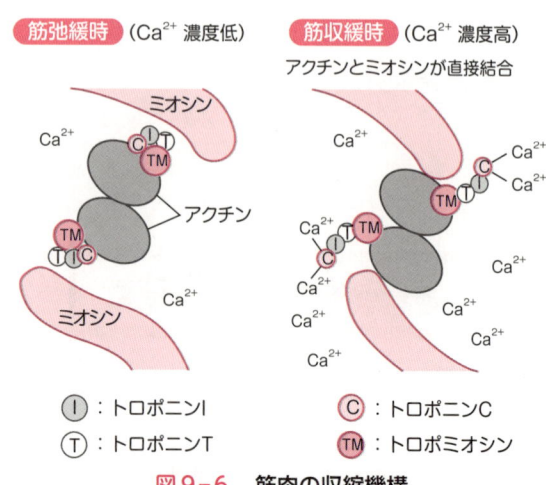

図9-6　筋肉の収縮機構

神経による筋収縮のしくみ

神経による骨格筋の収縮のメカニズムについては，以下の通りです（図9-7）．

① 神経細胞（ニューロン）の軸索突起（末端）まで伝わってきた電気刺激（活動電位）が，軸索先端部の小胞内に蓄えられている**アセチルコリン**（神経伝達物質）を筋細胞へ向けて放出させます．

② アセチルコリンが筋細胞膜表面の受容体に結合し，筋細胞膜が興奮します．この興奮が**筋小胞体**へ伝えられます．

③ 次いで筋小胞体のカルシウムチャネルが開き，Ca^{2+}が放出されます．

④ 筋細胞質内のCa^{2+}濃度が上昇し，筋線維が収縮します．

⑤ 放出されたCa^{2+}は，筋小胞体膜のCa^{2+}-ATPaseによって筋小胞体に再び取り込まれ，細胞質内のCa濃度は元に戻ります．

① 運動神経の軸索突起（アセチルコリンを放出する）
② 骨格筋細胞の細胞膜（アセチルコリンを受容し興奮する）
筋小胞体（Ca^{2+}を放出する）
アクチン線維とミオシン線維からなる筋原線維（Ca^{2+}濃度の上昇で収縮する）
T管系

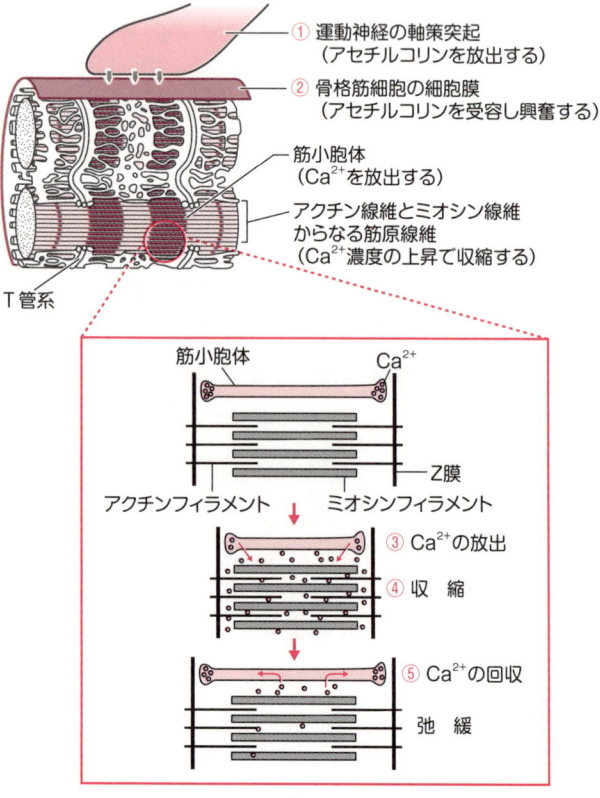

筋小胞体　Ca^{2+}
Z膜
アクチンフィラメント　ミオシンフィラメント
③ Ca^{2+}の放出
④ 収縮
⑤ Ca^{2+}の回収
弛緩

図9-7　Ca^{2+}による筋収縮

3. 輸送タンパク質

細胞膜にあるタンパク質

1. 構造

　細胞膜は原形質（核と細胞質を含む細胞内のこと）の周囲を囲む厚さ約4 nmの膜です．現在，膜構造に関してはシンガー（S. J. Singer）とニコルソン（G. L. Nicolson）によって提唱された流動モザイクモデルが基本的な考え方です．このモデルは，リン脂質の親水部が外側に，疎水部が内側を向いた2層構造で，そのリン脂質の間にタンパク質がモザイク的（ランダムに間を埋めるよう）に埋め込まれているというものです（図9-8）．さらにリン脂質やタンパク質などの構成分子は流動的な性質を持ち，移動することができます．このタンパク質には，特定の分子を通過させるチャネルタンパク質やホルモンなどの受容体タンパク質，ナトリウムポンプなどがあります．ただし，最近の研究によれば，細胞膜中のタンパク質や脂質は環境に合わせて移動しており，種類によっては移動範囲に制限があることがわかっています．

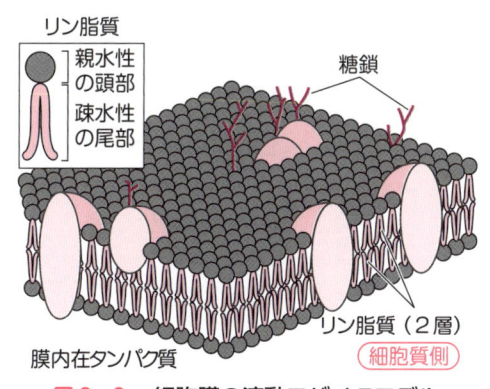

図9-8　細胞膜の流動モザイクモデル

2. 機能

　細胞膜は半透性を示す膜（p.22「2．細胞膜」参照）ですが，この性質だけでは血球や肺胞，消化管や腎臓でのさまざまな成分の出し入れには対応できません．そこで細胞膜には選択的透過性という性質があります．細胞膜は直接イオンを通すことはできませんが，特定のイオンチャネルというタンパク質部分からはイオンの出入りができます．たとえば，ナトリウムイオン（Na^+）はナトリウムチャネルを通って細胞内に，カリウムイオン（K^+）はカリウムチャネルを通って細胞外に輸送されます．これらの透過は，それぞれのイオンの細胞内外の濃度差に従って起こり，エネルギーを使わない拡散現象で受動輸送といいます．チャネル分子はさまざまな条件によって開いたり閉じたりします（図9-9）．

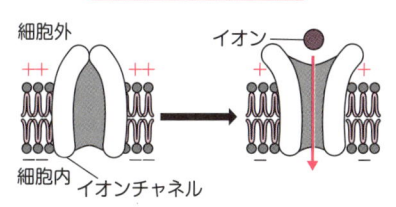

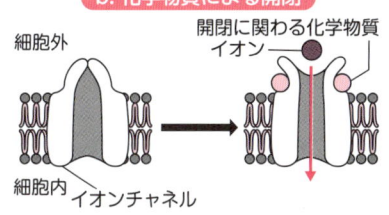

図9-9　イオンチャネルの開閉のしくみ

　また，細胞膜にはエネルギーを用いて細胞内外の濃度差に逆らって特定の物質を出し入れする能動輸送があります．たとえば，ほぼすべての細胞の細胞膜にあるナトリウムポンプ（$Na^+K^+ATPase$）というタンパク質は，ATPのエネルギーを使って，細胞内のNa^+を細胞外に排出し，細胞外にあるK^+を細胞内に取り込むことで細胞内にK^+が多く，細胞外にNa^+が多い状態を常に作り出しています（図9-10）．

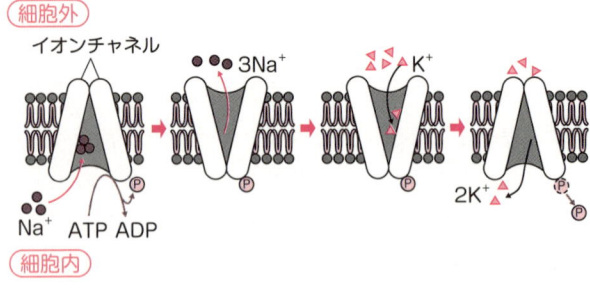

図9-10　ナトリウムポンプのはたらき

細胞内にある3個のNa⁺がイオンチャネルにくっつくとATPのエネルギーでNa⁺を細胞外に出します．今度は細胞外にある2個のK⁺がイオンチャネルにくっつくと，リン酸が外れ細胞内に取り込みます．

細胞膜以外の輸送タンパク質

　輸送タンパク質は大きく2つに分けられます．1つは細胞外(血漿中)ではたらくものと，もう1つは細胞内ではたらくものです．

　血漿とは，血液から血球成分を除いた液体成分のことで，水に溶けにくい物質を運ぶときに，血漿中の輸送タンパク質と結合することで物質を運びます．たとえばアルブミンやグロブリンなどです．アルブミンは，さまざまなものを結合させる重要な輸送タンパク質の一つです．また，グロブリンは，銅や鉄の運搬を担っています．

　細胞内の輸送タンパク質には，モータータンパク質があります．細胞内に張りめぐらされた微小管を，電車のレールのように使って動くものです．キネシンやダイニンが知られています．神経細胞の軸索部分や鞭毛などのような細長いところで，物質を乗せて運搬しています(図9-11)．

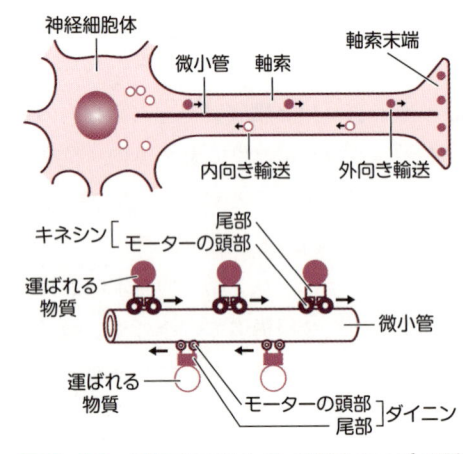

図9-11　細胞内ではたらく輸送タンパク質

　筋収縮のところで解説したアクチンやミオシンも輸送タンパク質といえます．たとえば植物の原形質流動は，アクチンのレールの上をミオシンが移動して生じます(図9-12)．

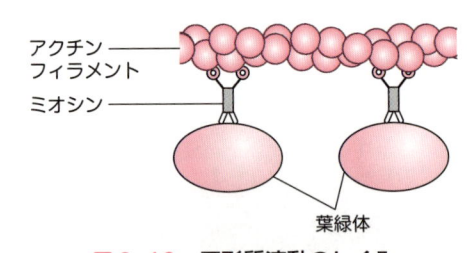

図9-12　原形質流動のしくみ

4. 酵素

　酵素の本体はタンパク質でできています．酵素には次の性質があり，とても重要です．

> **重要!**
> 酵素は生体内で起こるさまざまな反応の触媒としてはたらき，生体触媒とも呼ばれる

　触媒とは，化学反応を促進する物質のことです．つまり，化学反応に必要な活性化エネルギーを小さくして，化学反応を起こりやすくしたり反応の速度を速めたりするはたらきがあります．酵素自体は化学反応の前後で変化しません(図9-13)．

酵素 113

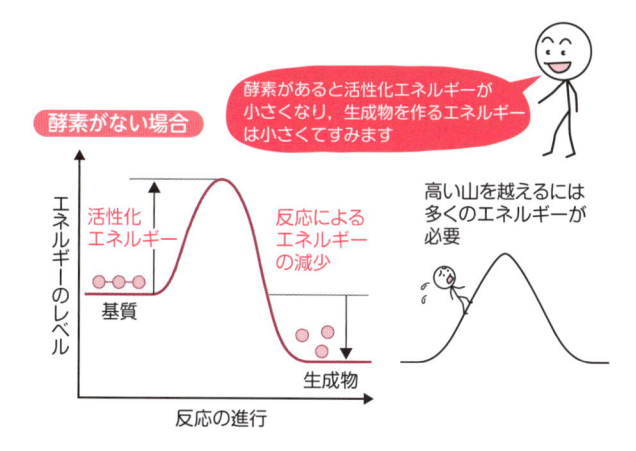

酵素があると活性化エネルギーが小さくなり，生成物を作るエネルギーは小さくてすみます

酵素がない場合

高い山を越えるには多くのエネルギーが必要

酵素がある場合

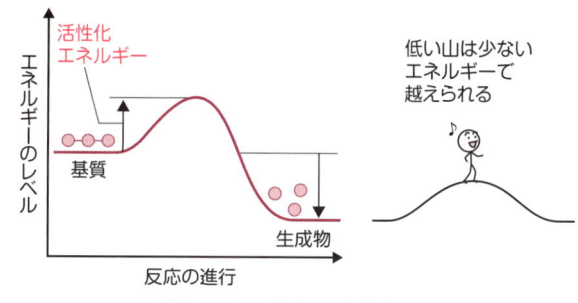

低い山は少ないエネルギーで越えられる

図9-13　酵素の触媒作用

酵素の構造

酵素には，反応を触媒するのに関わる特定の構造があり，そこを**活性部位**といいます．酵素が作用する対象の基質が活性部位に結合すると**酵素-基質複合体**を形成し，触媒作用が発揮され，基質が変化して反応生成物となります．基質が生成物になると活性部位から離れます．このようなことがくり返し起こることで酵素反応は進みます（図9-14）．この活性部位と基質の関係はカギとカギ穴にたとえられます．

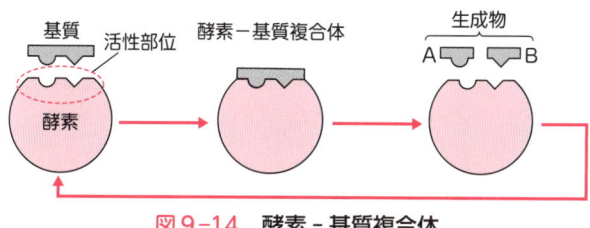

図9-14　酵素-基質複合体

補酵素

酵素のなかには，活性を起こすために**補酵素**を必要とするものがあります．補酵素は酵素に結合し，酵素の触媒作用に直接関与しています．

補酵素を必要とする酵素の場合，補酵素が酵素タンパク質本体と結合した形を**ホロ酵素**といい，補酵素が結合していない状態の酵素タンパク質本体を**アポ酵素**といいます（図9-15）．一方，酵素がはたらくために非タンパク質の分子（ビタミンなど）が酵素の本体のタンパク質に結合する場合，それは**補欠分子族**といいます．

図9-15　アポ酵素とホロ酵素

ほとんどの補酵素は**ビタミンB**群を構造の一部に含んでいます．ビタミンB_2（リボフラビン）はフラビンアデニンジヌクレオチド（**FAD**）に変化して，主に各種酸化酵素の補酵素としてはたらきます．ナイアシン（ニコチン酸）は，ニコチンアミドアデニンジヌクレオチド（**NAD**）およびニコチンアミドアデニンジヌクレオチドリン酸（**NADP**）となり補酵素としてはたらきます．

酵素のなかには，特定の金属イオンがないと活性を示さないものもあります．それらを**金属酵素**といいます．たとえば，アルコール脱水素酵素などの亜鉛酵素は亜鉛イオンを必要とします．また，カルシウムイオンを必要とする酵素も比較的多くあります．

酵素の性質

酵素はどんな反応も触媒するのではなく，それぞれ働きかける物質（**基質**）が決まっていて，特定の基質にしか作用しない性質（**基質特異性**）があります．また，本体がタンパク質でできているので，多くの酵素は加熱，酸やアルカリ，有機溶媒，界面活性剤などで立体構造が

壊れ活性を失います．これを酵素の**失活**といいます．

酵素にはそれぞれ，最大の活性を示す温度があります．その温度を**最適温度**（至適温度）といいます．本体がタンパク質なので，多くの酵素は40℃ぐらいが最適温度です．最適温度より温度が高い場合には，酵素が失活するため反応速度は遅くなります．

また，酵素がはたらくために適したpHを**最適pH**（至適pH）といいます．胃液に含まれるタンパク質の分解酵素であるペプシンの最適pHはおよそ2，膵液に含まれるトリプシンの最適pHはおよそ8です（図9-16）．

a. 温度と反応速度

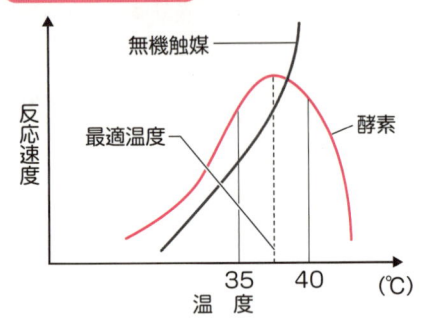

b. pHと反応速度

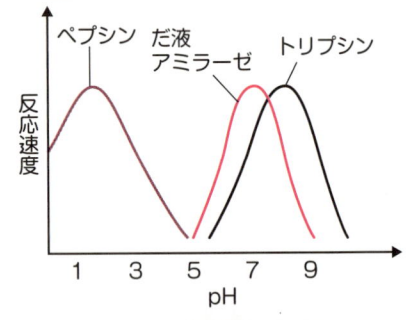

図9-16　最適温度と最適pH

酵素の反応速度

酵素量を一定にして，基質濃度と反応速度の関係をグラフにすると図9-17のようになります．このグラフから基質濃度を大きくしていくと，やがてある一定の反応速度に達します．これを**最大反応速度**（V_{max}）といいます．また，最大反応速度の半分の速度を示すときの基質濃度を**ミカエリス定数**（K_m）といいます．この値はそれぞれの酵素に固有の値で，酵素と基質の親和性（くっつきやすさ）を示すものです．すなわち，K_m値が小さいほど酵素と基質の親和性が高く反応が起こりやすく，K_m値が大きいほど酵素と基質の親和性が低く反応は起こりにくいのです．

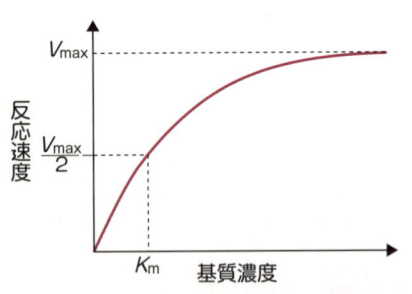

図9-17　基質濃度と反応速度の関係

酵素阻害

酵素の阻害は，大きく分けて**不可逆阻害**と**可逆阻害**に分けられます．不可逆阻害は，阻害薬が酵素の活性中心に共有結合し，一度結合すると離れなくなることで反応が進まなくなります．可逆阻害は，阻害薬が静電結合や水素結合などによって，酵素と可逆的に結合（いったんくっついても条件が変われば離れられる）して酵素活性を低下させます．可逆阻害には，①**拮抗阻害**（**競争阻害**），②**非拮抗阻害**（**非競争阻害**），③**不拮抗阻害**（**不競争阻害**）の3つがあります．

拮抗阻害は，酵素の活性中心に結合する基質と形のよく似た阻害薬が，基質と競合して結合することによって起こります．この場合，酵素の最大反応速度（V_{max}）は変わりませんが，ミカエリス定数（K_m）は大きくなります（図9-18）．

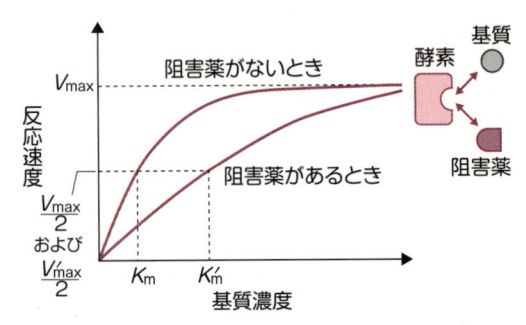

図9-18　拮抗阻害薬があるときの基質濃度と酵素反応速度

非拮抗阻害は，酵素の活性中心とは異なる部位に阻害薬が結合し，間接的に活性中心の構造に影響を与えて，酵素反応を起こりにくくするものです．この場合は，基質が結合した状態の酵素にも，結合していない状態の酵素にも，阻害薬は結合できます．この場合は，最大反応速度（V_{max}）は低下しますが，ミカエリス定数（K_m）は変わりません（図9-19）．

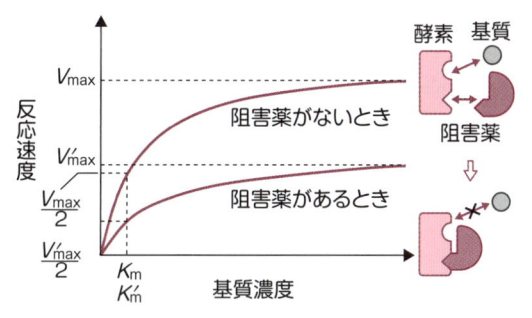

図9-19　非拮抗阻害薬があるときの基質濃度と酵素反応速度

不拮抗阻害もまた，酵素の活性中心とは異なる部位に阻害薬が結合して，活性中心の構造に影響を与えます．しかし，非拮抗阻害とは異なり，基質と結合していない遊離の酵素とは結合せず，酵素-基質複合体にのみ結合します．この場合は，最大反応速度（V_{max}）は小さくなり，ミカエリス定数（K_m）も小さくなります（図9-20）．

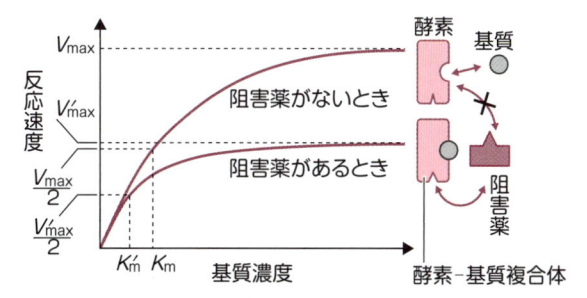

図9-20　不拮抗阻害薬があるときの基質濃度と酸素反応速度

酵素反応の調節

細胞内では，いろいろな物質が制限なく作られるのではなく，一定の濃度範囲を保っています．これは，生体内の反応で作られた最終生成物が一連の反応の初期の段階にはたらきかけて，酵素の活性を阻害するからです．

たとえば図9-21の場合，最終生成物（物質Ⅲ）の濃度が高くなると，反応初期の酵素である酵素Ⅰに物質Ⅲがはたらきかけて，酵素Ⅰの活性を阻害します．その結果，全体の反応速度は下がり，最終生成物の濃度も下がります．やがて濃度の減少により最終生成物からの酵素Ⅰへの阻害がなくなると，全体の反応速度が再び元に戻ります．このようにして最終生成物の濃度は一定の範囲に調節されています．このようなしくみを**フィードバック調節**といいます．

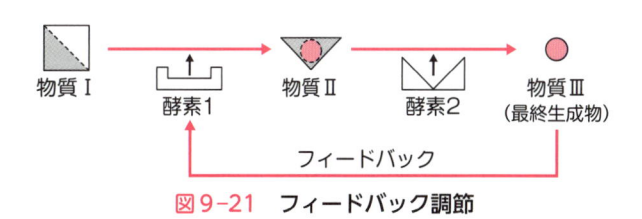

図9-21　フィードバック調節

酵素には，活性中心とは異なったところに**アロステリック部位**という領域を持つものがあります．このアロステリック部位に特定の物質が結合すると活性部位の立体構造が変わり，基質が酵素に結合できなくなります．フィードバック調節では，最終生成物が，このアロステリック部位に結合することにより，反応の調節が行われます（図9-22）．

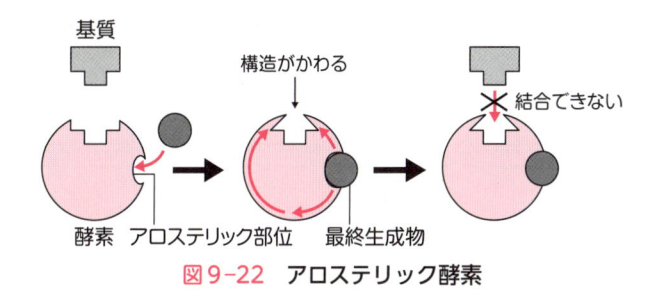

図9-22　アロステリック酵素

応用編！ワンポイント生物講座
分子標的薬 — 新しい創薬の戦略

　タンパク質の機能は何によって決まるのでしょうか．タンパク質は遺伝子の情報に基づいて，まずアミノ酸の配列（一次構造）が決まります．次に，この一次構造をもとにタンパク質の立体構造（二次構造，三次構造）が決まります．そして，この3次元の立体構造こそが，受容体の結合特性や酵素の基質特異性など，それぞれのタンパク質がもつ固有の機能に関わっているのです．まさに，ミクロやナノのレベルで「形態（かたち）」と「機能（はたらき）」とが不可分に結びついています．

　現在の知識では，アミノ酸の配列から立体構造を完全に推測することはできません．しかし，単離され精製されたタンパク質の立体構造を解明する技術はすでに確立されています．条件が整えば，タンパク質で最も重要な部分（活性中心）の立体構造を原子レベルで明らかにすることが可能です．この技術を新薬開発に役立てているのが，分子標的薬あるいは分子標的創薬です．

　これまでの（今でも）新薬開発は，自然界に存在する化学物質や，さらにそれをもとにして合成されたさまざまな化学物質を，かたっぱしからテストするという方法で行われてきました．もちろん，この方法で多くの新薬が生まれてきたのは事実です．ただし，この方法は効率が悪く，膨大な時間，経費，マンパワーが必要です．そこで，薬物治療の上で標的となるタンパク質を絞り込み，その活性中心の立体構造を明らかにして，その部分にぴったりとはまり込むような物質を，あらかじめデザインしようというアイデアが生まれました．

　たとえば，あるがん細胞では，上皮細胞成長因子受容体（EGFR）と呼ばれる分子の一部に変異があり，異常な細胞内情報伝達の結果，細胞が悪性化することが知られています．そこで，この異常なEGFRの立体構造を明らかにし，その部分に強固に結合して異常な細胞内情法伝達を遮断することのできる分子（ゲフィチニブなど）がデザインされました（図）．このような分子標的薬物は次々と開発されています．病気のしくみの細胞レベルでの理解，タンパク質の立体構造の解明，薬物となる分子の合成など，さまざまな領域の科学が先端医療を支えていることがわかるでしょう．

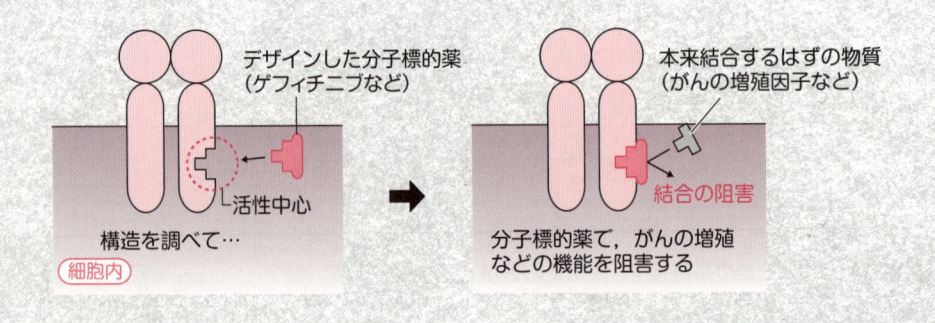

第9章 章末問題

① 調節タンパク質を2つ挙げよ．

② 受容体タンパク質には，細胞内にあるものと細胞膜内にあるものがある．アドレナリンやペプチドホルモンは，どちらの受容体に結合するか．

③ 右図は軸索末端と樹状突起部分のシナプスの模式図である．A〜Dに適語を入れよ．

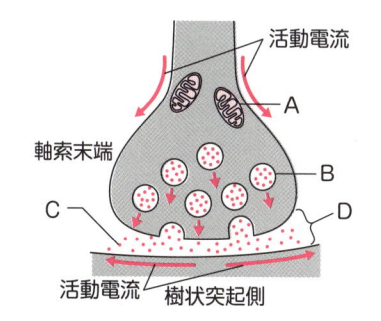

④ 右図は筋線維の模式図である．AはEで仕切られた節，BはAの一部，CとDは筋線維，Eは膜を表している．A〜Eのそれぞれに適語を入れよ．

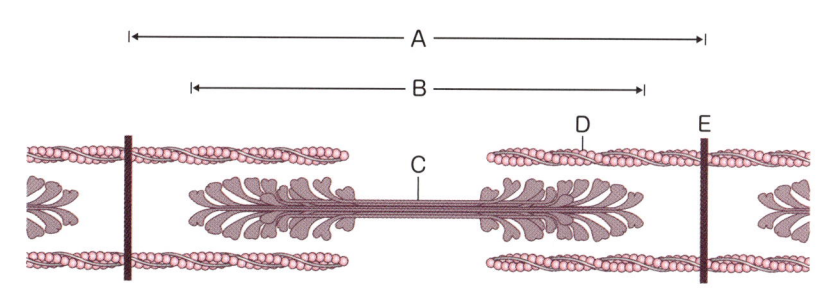

⑤ 骨格筋の収縮のしくみについて述べた以下の文章のア〜ウに適語を入れよ．

神経伝達物質により筋細胞膜が興奮する．この興奮が（ ア ）へ伝えられると（ イ ）が開き，Ca^{2+}が放出される．筋細胞質内のCa^{2+}濃度が（ ウ ）し筋線維が収縮する．

⑥ 補酵素を必要とする酵素において，補酵素が結合していない状態のタンパク質本体を何というか．

⑦ 酵素に固有の値で，最大反応速度の半分の速度を示すときの基質濃度として基質との親和性を示す定数を何というか．

⑧ 酵素反応におけるフィードバック調節について説明せよ．

第10章

遺伝子発現とタンパク質合成

ヒトは，ヒトとして共通の遺伝情報（ゲノム）を持っています．しかし，兄弟姉妹でも見た目が異なるように，発現する遺伝子は個々のヒトで異なっています．臓器移植を例に挙げると，特定の遺伝子型がぴったり合わないと移植しても適合できないという現象（拒絶反応）が生じます．簡単にいえば，遺伝子型によって遺伝子の情報が少しずつ異なるため，遺伝子から合成されるタンパク質も異なるというからなのです．

現在，盛んに行われているゲノム解析により，ヒトの遺伝子のはたらきが詳細に解明されることになれば，再生医療の分野への道が開かれ，さらに，個人に合わせた病気の治療や薬品を処方することも可能になるかもしれません．

本章では，遺伝子本体の発見から形質発現のしくみを学び，タンパク質がつくられる過程を学びます．

- キーワード　DNA，タンパク質，形質転換，ワトソンとクリック，二重らせん，半保存的複製，転写，翻訳

1. DNAの構造

1865年にメンデル（G. J. Mendel）が遺伝の法則を発見した当時，遺伝子という名前はなく**要素**（エレメント）と呼ばれていました（第8章「遺伝の法則」参照）．やがて要素は遺伝子と呼ばれるようになり，物質であることが予言されました〔マラー（H. J. Muller），1921年〕．1920年代後半になると，その遺伝子の本体は**核酸**（**DNA＝デオキシリボ核酸**）かタンパク質かという論争が始まりました．当初はアミノ酸の種類も多く，多様な構造を持つタンパク質のほうが遺伝子としてふさわしいと考えられていました．

まずは遺伝子の本体が解明されたプロセスについて，歴史を追ってみていきましょう．

グリフィスの実験

1928年，イギリスの**グリフィス**（F. Griffith）は，肺炎双球菌が**形質転換**することを見出し，形質転換を起こす物質こそが遺伝子であると考えました．形質転換とはどのような現象なのでしょうか．

グリフィスは，細胞の周囲に**鞘**のないR型菌と鞘のあるS型菌という2種類の肺炎双球菌を用いて，**表10-1**のような実験を行いました．

表10-1　グリフィスの実験結果

ネズミに注射した肺炎球菌	ネズミの生死	ネズミ体内より検出された生菌
生きたR型菌	生きていた	R型菌
生きたS型菌	死んだ	S型菌
加熱したS型菌	生きていた	なし
加熱したS型菌＋生きたR型菌	死んだ	R型菌のなかにわずかにS型菌を確認

R型菌によってネズミが死なないのは，R型菌には鞘がないためで，ネズミの（免疫細胞である）白血球に食べられてしまうからです．S型菌は鞘があるので白血球

に消化されずに増殖を続け，毒素を分泌して肺炎を引き起こします．

さて，この実験では加熱して死んだS型菌と生きたR型菌を混ぜて注射したときに，体内にはいないはずのS型菌がわずかに検出されました．このS型菌の出現によってネズミは死んだのです．グリフィスはR型菌の一部がS型菌に変化したと考えました．この現象を引き起こした物質こそが遺伝子です．つまりグリフィスは，R型菌にはなかった「鞘を作る」という遺伝子が，死んだS型菌のなかからR型菌内に移入したと考えました．この現象を**形質転換**といいます（図10-1）．

熱に弱いタンパク質は加熱により分解されているはずなので，この実験によりタンパク質は遺伝子としての可能性を失ったといえます．しかし，遺伝子がDNA（熱に強い物質）であることまでは確認していませんでした．

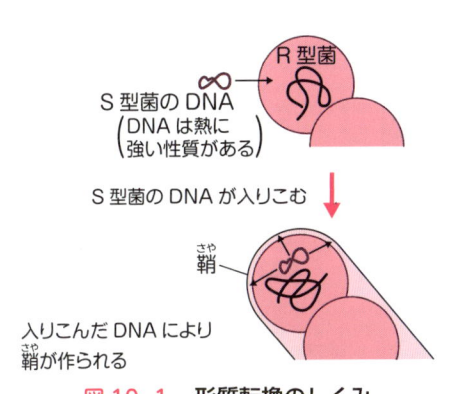

図10-1　形質転換のしくみ

アベリーらの実験

1944年，アメリカの**アベリー**（O. T. Avery）らは，肺炎双球菌を用いて形質転換を引き起こす物質がDNAであることを確認しました（表10-2）．

表10-2　アベリーの実験結果

R型菌に加えたもの	形質転換の有無
S型菌抽出液	有
S型菌抽出液＋タンパク質分解酵素	有
S型菌抽出液＋多糖類分解酵素	有
S型菌抽出液＋RNA分解酵素	有
S型菌抽出液＋DNA分解酵素	無

その実験方法は，S型菌の抽出液について，まず菌を構成するさまざまな物質をそれぞれ分解酵素で処理しました．次にそれらをR型菌と混ぜ培養した結果，形質転換が起こってS型菌が生じるか否かを調べました．

その結果，S型菌抽出液にDNA分解酵素を加えたときのみ，形質転換は起こらなかったのです．つまり，S型菌抽出液中のDNAを分解しておけばR型菌と混ぜても形質転換が起こらないことがわかり，**DNAが遺伝子の本体であることが初めて示唆された**のです．それでも，DNAとともに微量に含まれるタンパク質が遺伝子ではないかとする疑いは，まだ完全には晴れなかったのです．

ハーシーとチェイスの実験

1952年，アメリカの**ハーシー**（A. D. Harshey）と**チェイス**（M. C. Chase）らは，遺伝子の本体が間違いなくDNAであることを証明しました．

彼らが利用した生物は，**バクテリオファージ**というウイルスでした（図10-2）．

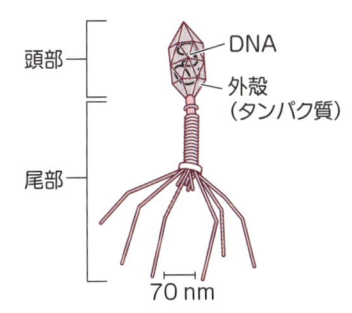

図10-2　バクテリオ（T2）ファージの構造

このウイルスはタンパク質の外殻と，DNAだけからできているため，遺伝子の本体がDNAなのかタンパク質なのかを探るにはうってつけでした．

ハーシーとチェイスが着目したのは，バクテリオファージのDNAとタンパク質の構成元素の違いでした．

> **DNAの主な構成元素：C, H, O, N, P**
> **タンパク質の主な構成元素：C, H, O, N, S**

彼らはDNAにしか含まれないP（リン）とタンパク質にしか含まれないS（硫黄）を放射性同位体*でラベル（標識）しました．それを大腸菌に感染させ，ラベルしたファージ（親）のDNAやタンパク質が，その子どものファージへどのように受け継がれるかを調べたのです（図10-3）．

1．実験方法

はじめにファージのタンパク質のS（硫黄）を放射性同位体^{35}S（自然界のものは^{32}S）に，DNAのP（リン）を放射性同位体^{32}P（自然界のものは^{31}P）におきかえた親ファージを作りました．つぎにこの親ファージを別々に大腸菌に感染させ，しばらくして大腸菌の表面に付着している親ファージの殻を取り除くためにミキサー（ブレンダー）で撹拌しました．その後，軽いファージの殻の部分と重い大腸菌とを遠心分離しました．

2．実験結果

親ファージのタンパク質を^{35}Sでラベルした場合，沈殿中には全く^{35}Sを検出することができず，ほとんどの^{35}Sは上澄みのなかから検出されました．一方，親ファージのDNAを^{32}Pでラベルした場合，大部分の^{32}Pは沈殿物のなかから検出されました．

3．実験考察

実験結果より，ファージのDNAの大部分が大腸菌のなかに入っていたと考えられます．

大腸菌に付着した親ファージは，放射性同位体^{32}Pに置き換えられたDNAのみを大腸菌内に挿入し，タンパク質の殻は大腸菌の周囲に残ったままでした．そのことはミキサーによる撹拌で殻が剥がれ落ち，上澄み中に^{35}Sが検出されたことからわかりました．そして^{32}PでラベルされたDNAを含む重い大腸菌が遠沈管の底に沈みました．

---

*放射性同位体：ウランやラジウムのように原子核より放射線を出している元素を放射性元素といいます．また，化学的性質が同じで質量だけが違う原子（^{16}Oと^{18}Oや^{14}Nと^{15}Nなど）を同位体といいます．この同位体のうち放射線を出すものを放射性同位体といいます．

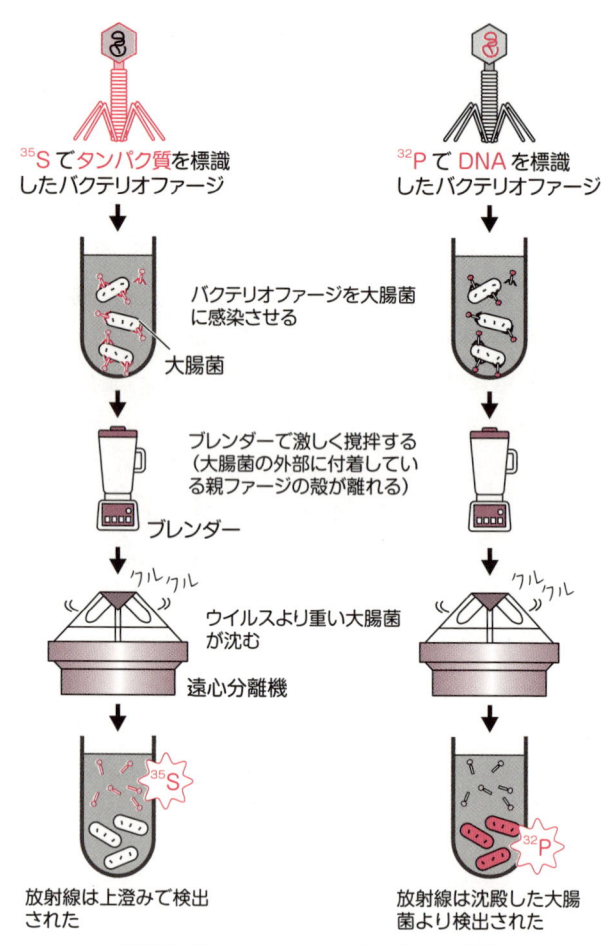

図10-3　ハーシーとチェイスの実験

自然界では，親ファージが大腸菌に感染した後，子ファージは大腸菌内にある物質を使って増殖し，大腸菌の膜を破って出てきます（図10-4）．この増殖過程はこの実験が行われたときにはすでにわかっていました．しかし，科学では本当に親ファージのDNAが子ファージに受け継がれたのかを，実験で証明しなくてはいけません．

この実験により，親から子に受け継がれる物質が何であるかを分子レベルで明確に結論付けることができました．1920年代後半より始まった遺伝子の本体を探る研究は，わずか20年足らずで結論に至ることができたのです．

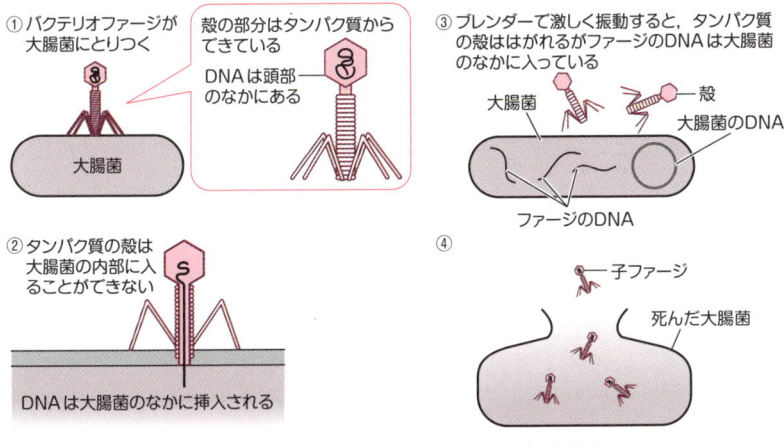

図 10-4　ハーシーとチェイスの実験考察

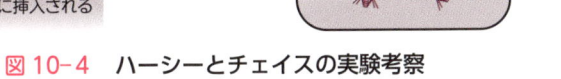

図 10-5　クリック（左）とワトソン（右）

二重らせん構造

DNA（deoxyribo nucleic acid）の二重らせん構造の特徴は，次の4つが挙げられます．

重要！
- 2本のDNA鎖が互いに逆向きに並ぶ
- 10塩基で1回転（3.4 nm），らせんの幅は2.0 nm
- リン酸と糖（デオキシリボース）の基本鎖の内側に，塩基どうしが水素結合により連結している
- 塩基対はアデニン（A）とチミン（T），グアニン（G）とシトシン（C）が結合する

DNAの構造は1952年，ウィルキンス（M. H. F. Wilkins）とフランクリン（R. E. Franklin）によるDNA結晶のX線回折により，DNA分子が等間隔のらせん形であることがわかりました．1953年，ウィルキンスらの研究結果に基づいて，クリック（F. H. C. Crick）とワトソン（J. D. Watson）が，DNAの二重らせんモデルを同年4月25日付のイギリスの科学誌「ネイチャー」に発表しました．二人はウィルキンスとともに，1962年にノーベル生理学・医学賞を受賞しました（図 10-5）．ちなみに4人のうち唯一の女性研究者であったフランクリンは受賞前の1958年，37歳のときにがんで亡くなっています．

DNAは二重らせんになっており，A，T，C，Gなどの塩基は二重らせんでは向きあって対になっています．そのことから，DNAの塩基数を数えるときは塩基対で数え，bp〔ベース（塩基）ペア（対）〕を単位として使います．

また，このように塩基どうしの結合の相手が決まっていることを相補性といいます（図 10-6）．

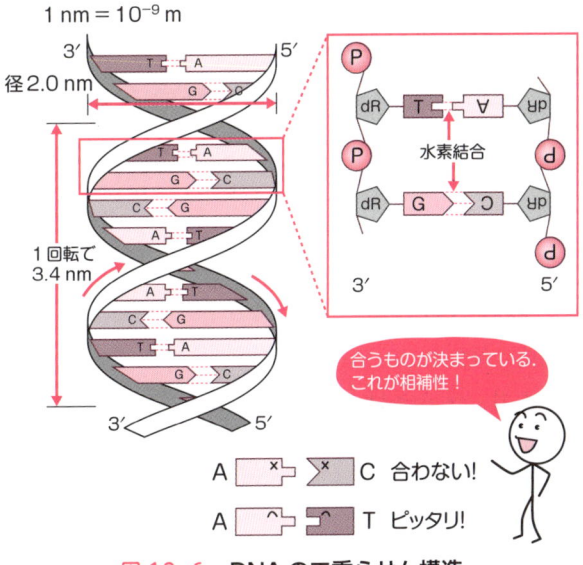

図 10-6　DNAの二重らせん構造

DNAが存在する場所

1. ウイルスの遺伝子

DNAのほかにリボ核酸（RNA）が遺伝情報を担うウイルスもいます．DNAウイルスにはヘルペスウイルスなど，RNAウイルスにはレトロウイルス（HIV）などがいます（図10-7）．

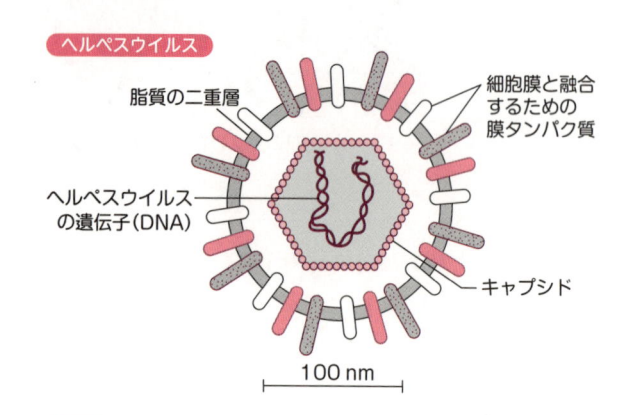

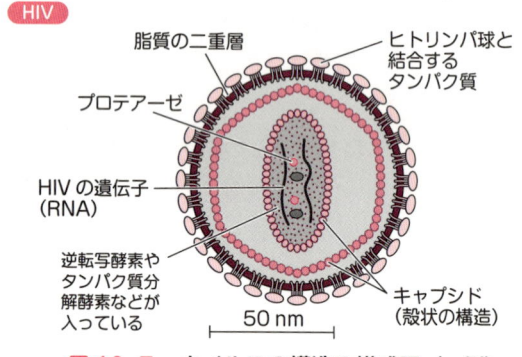

図10-7　ウイルスの構造の模式図（一例）

これらのウイルスの遺伝子（DNAやRNA）の形状は直鎖状の場合や環状の場合があります．

2. 細菌の遺伝子

細菌の種類には，その形から球菌・桿菌・ラセン菌などがあり，大きさは0.5～10 μmほどです．DNAは環状2本鎖DNAで，たとえば大腸菌が分裂する際には，それぞれの環状DNAは複製され新個体に入ります．

3. 真核生物の遺伝子

a. **核内のDNA**：真核生物は核膜に包まれた核を持ち，DNAは細い染色糸となって核内に散在しています．

間期のDNAはヒストンという塩基性タンパク質粒子のまわりを1.75回左まわりに巻きついた構造になっています．この構造をヌクレオソームといいます．分裂期が近づくとヌクレオソームは回転しながら密になってきます．さらに，このヌクレオソームは折りたたまれて凝集し，染色体を形成します（図10-8）．

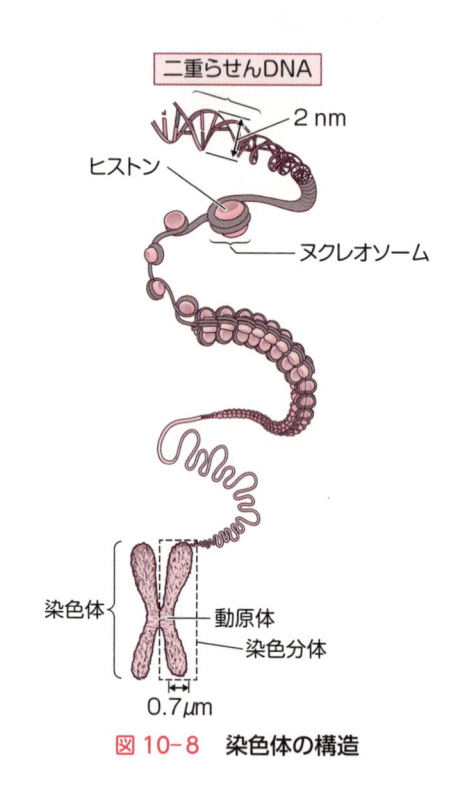

図10-8　染色体の構造

b. **ミトコンドリアと葉緑体のDNA**：今から約20億年前に好気性の細菌が，その数億年後に光合成細菌（シアノバクテリア）が同じ細胞内に共生して，それぞれミトコンドリアと葉緑体になったと考えられています（マーグリスの共生説，p.15参照）．その証拠に，これらの細胞小器官内には独自の環状DNAが含まれており，細胞内で分裂して増殖することが可能です（図10-9）．

ミトコンドリアと葉緑体のDNA

図10-9 ミトコンドリアと葉緑体のDNA

高等植物の葉緑体DNAの塩基対は120〜200×10^3 bpで細胞内の全DNA量の0.01％，哺乳類のミトコンドリアDNAは16〜19×10^3 bpで細胞内の全DNA量の0.001％ほどです（ヒトの核内DNAの塩基対は約30億bp*）．最も研究が進んでいる緑藻類や高等植物の葉緑体DNAでは，100種類以上もの遺伝子があることが確認されています．

2. DNAの複製

ヒトの場合，1個の受精卵から体細胞分裂がスタートし，およそ60兆個の細胞に分裂する間，DNAは個々の細胞中で正確に複製されなければなりません．なぜならば，同一個体の遺伝子はすべて同じである必要があるからです（図10-10）．

では，いつ，どのようにして30億bpもあるDNAが複製されるのでしょうか．

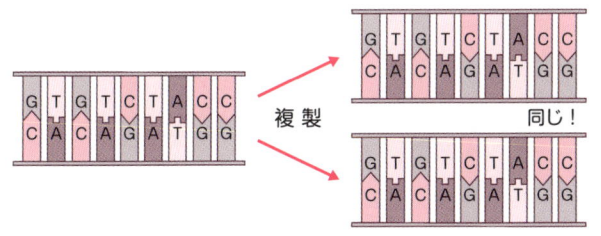

図10-10 DNAの複製イメージ

いつ複製されるのか──細胞周期

DNAの複製は，細胞分裂を終えてから，次の分裂が始まるまでの間に行われているはずです．

細胞周期は，大きく間期と分裂期（M期）に分けられ，間期はさらに次の3つの期間に分けられています．

重要！

- G_1期：DNAの合成を準備している時期
- S期：DNAの合成をしている時期
- G_2期：分裂の準備をしている時期

＊GはGap：すき間という意味
＊SはSynthesis：合成という意味

DNAは，この間期のなかでもS期に複製しています（表10-3）．

表10-3 細胞周期とDNAの複製

	G_1期（DNA合成準備期）	S期（DNA合成期）	G_2期（分裂準備期）	M期（分裂期）	G_1期（DNA合成準備期）
細胞					
DNA					

＊実際には，父親（精子）からもらったDNAが30億bp，母親（卵子）からもらったDNAが30億bp，合計で60億bpあります．ただ，精子と卵が持つDNAはほとんど同じで，同じセットが2つあることになります．したがって，1セットのDNAは30億bp分なのです．

どのように複製されるのか─半保存的複製

DNAは2本の鎖が相補的(AならT, CならGとだけくっつく!)に出来ているのでしたね. つまり1本の鎖をもってきて, そこに1つずつヌクレオチドをくっつけていくと, 元の2本鎖ができあがります. このヌクレオチドをくっつける1本の鎖を鋳型鎖(アンチセンス鎖)といい, 2本鎖をつくることを複製といいます. この作業は, 鋳型となるDNA, 材料となる4種類のヌクレオチドだけでなく, 材料を鋳型にくっつけるDNAポリメラーゼという酵素などをはじめ, さまざまな酵素を必要とします.

そこで, まずDNAの複製では, 2本鎖DNAをほどいて1本にするために, DNAヘリカーゼという酵素がはたらきます. そして, ほどけてできた1本鎖がそれぞれ鋳型となってDNAの合成が行われます. 鋳型DNA鎖の上にヌクレオチドが配列し, 隣り合うヌクレオチドの間で結合します. この反応にはDNAポリメラーゼがはたらき, デオキシリボースの3′のヒドロキシ基(OH)と5′のリン酸基との間でエステル結合によって結ばれます(図10-11).

この図10-11のように, DNAポリメラーゼが合成を行う方向には規則性があり, その結果, 片方のDNAについて合成方向を見ると, DNA合成は必ず鎖の5′末端から3′末端方向へ進むことになります.

こうして1組の2本鎖DNAから, 全く同じ塩基配列を持った2本鎖DNAが2組できることになります. このような複製方法を半保存的複製といいます(図10-12).

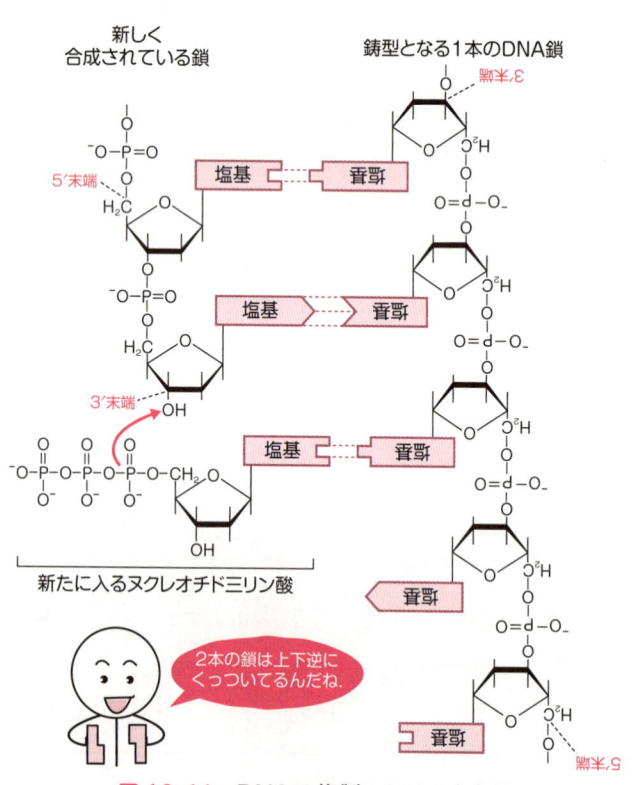

図10-11 DNAの複製における方向性
DNAの鎖には5′末端から3′末端という方向性があり, 二重らせんを作る2本の鎖は互いに逆向きに結合しています. デオキシリボースの3′側のOH基に, デオキシリボースの5′側に結合した三リン酸が結びつくので, DNA合成は5′から3′方向に進行します.

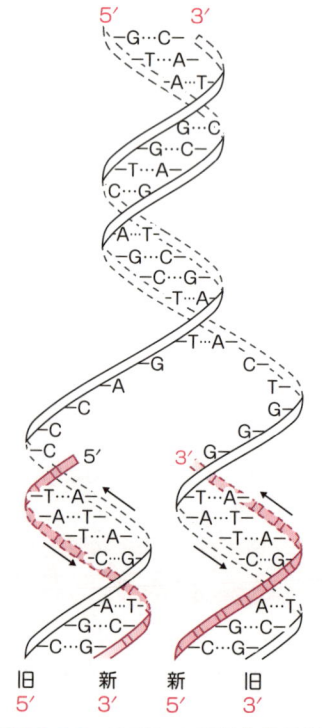

図10-12 DNAの半保存的複製
DNAの複製では, 二重らせんがほどけてできた1本の鎖(白い鎖の部分)のそれぞれが鋳型となって, 相補的な1本の鎖(色つきの鎖の部分)ができます. 新しくできた二重らせんの一方の鎖は鋳型となった古い鎖で, 次の世代に引き継がれます.

メセルソンとスタールの実験

半保存的複製を実験によって証明したのが、メセルソンとスタールでした（1958 年, 図 10-13）.

1. 方 法

まず窒素源として ^{15}N を含む窒素化合物（$^{15}NH_4Cl$）の入った培地で大腸菌を何世代も培養すると、DNA の窒素 ^{14}N がすべて ^{15}N に置き換わった DNA を得ることができます. この大腸菌の DNA を親として抽出し、遠心分離機で分離すると ^{15}N だけの重い DNA が得られます. 遠沈管の底のほうに1つのバンドとして現れます（バンド A とする, 図 10-13 ①）.

次に ^{15}N だけを含む大腸菌を、自然界にある ^{14}N を含む窒素化合物（$^{14}NH_4Cl$）の入った培地に移して培養し、その大腸菌が分裂するごとに DNA を抽出して遠心分離をします. すると次のような結果が得られました.

2. 結果と考察

1回目の分裂後には、^{15}N と ^{14}N を半分ずつ含む、中間の重さの DNA だけが得られました〔遠沈管の底のほうから、バンド A よりもやや左の位置に1つのバンドとして現れました（バンド B, 図 10-13 ②）〕. この結果は、親の ^{15}N を含む一本の DNA 鎖が鋳型となり、培地内の ^{14}N を使って新しい DNA 鎖がつくられたと考えることができます. ただし、この結果からではまだ半保存的複製であると証明されたわけではありません. 新しい DNA 鎖と鋳型となった DNA 鎖の両方に、^{15}N と ^{14}N がランダムに混在した2本鎖 DNA ができている可能性があるからです.

2回目の分裂後には、中間の重さの DNA（バンド B）と ^{14}N だけを含む軽い DNA（バンド B よりも左に出来たバンド C）とが、1：1 の比で得られました（図 10-13 ③）. この時点で半保存的複製が行われていることがわかります.

3回目の分裂後には、軽い DNA（バンド C）と中間の重さの DNA（バンド B）の比は予想通り 3：1 になりました. つまり、培地には軽い ^{14}N しかないので、軽い DNA のバンド C がバンド B より濃くなったのです. 以後、分裂をくり返しても中間の重さの DNA（バンド B）はいつまでも消滅しませんでした.

以上の結果から、半保存的複製が確実なものとして証明されたのです.

遠心分離

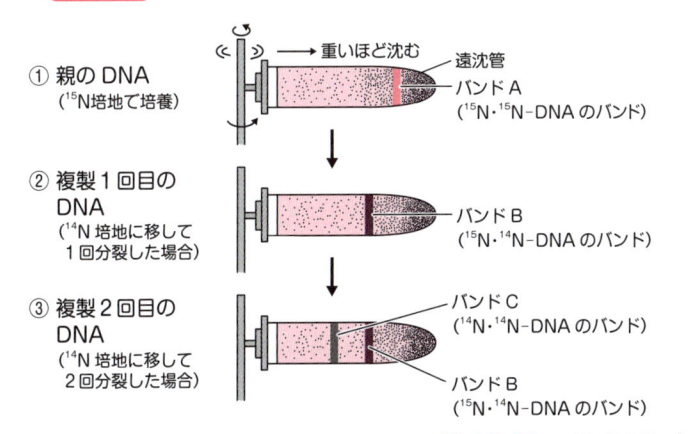

① 親の DNA（^{15}N 培地で培養）
　重いほど沈む
　遠沈管
　バンド A（$^{15}N \cdot {}^{15}N$-DNA のバンド）

② 複製 1 回目の DNA（^{14}N 培地に移して 1 回分裂した場合）
　バンド B（$^{15}N \cdot {}^{14}N$-DNA のバンド）

③ 複製 2 回目の DNA（^{14}N 培地に移して 2 回分裂した場合）
　バンド C（$^{14}N \cdot {}^{14}N$-DNA のバンド）
　バンド B（$^{15}N \cdot {}^{14}N$-DNA のバンド）

バンドに含まれる DNA

2本の鎖とも ^{15}N だけの重い DNA（バンド A）

片方の鎖は ^{15}N を含み、もう一方は軽い ^{14}N を含む（バンド B）

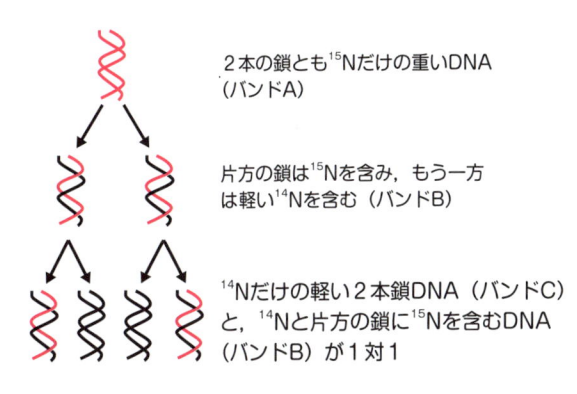

^{14}N だけの軽い2本鎖 DNA（バンド C）と、^{14}N と片方の鎖に ^{15}N を含む DNA（バンド B）が 1 対 1

図 10-13 メセルソンとスタールの実験

3. 転写

複製と転写

DNAの情報は，**複製**と**転写**という過程で伝えられます．複製はすでに学んできたように，細胞が分裂する際，**半保存的複製**によってDNAが正確に娘細胞中に受け継がれるしくみでした．これによって1個体のすべての細胞が，同じ遺伝情報を持つことになります．

しかし，DNAが持つ情報を利用するためには，核内のDNAの塩基配列をmRNAに写し取る転写という過程が必要です．転写によって写しとったDNAの遺伝情報を核外に運び出し，リボソームに解読（**翻訳**という）させてアミノ酸を結合し，最終的にタンパク質を合成します．このようなDNAからタンパク質合成までの過程のことを**セントラルドグマ**（**中心教義**）といいます（図10-14）．

セントラルドグマの過程ではたらくRNAには，DNAからタンパク質の情報を伝える**mRNA**（**伝令RNA** messenger RNA）のほかに，タンパク質合成において重要な役割を果たす**rRNA**（**リボソームRNA** ribosome RNA）やアミノ酸を運ぶ**tRNA**〔**運搬RNA**（あるいは**転移RNA**）transfer RNA〕があります．

mRNAの合成

RNAを合成（転写）するために**RNAポリメラーゼ**（**RNA合成酵素**）という酵素がはたらきます．mRNA合成においてもDNAの複製と同様に，まずDNAの2本鎖がDNAヘリカーゼによって開かれて1本鎖になります．その1本鎖DNAを鋳型として，相補的な塩基配列を持つmRNA鎖が合成されます（図10-15）．ただ

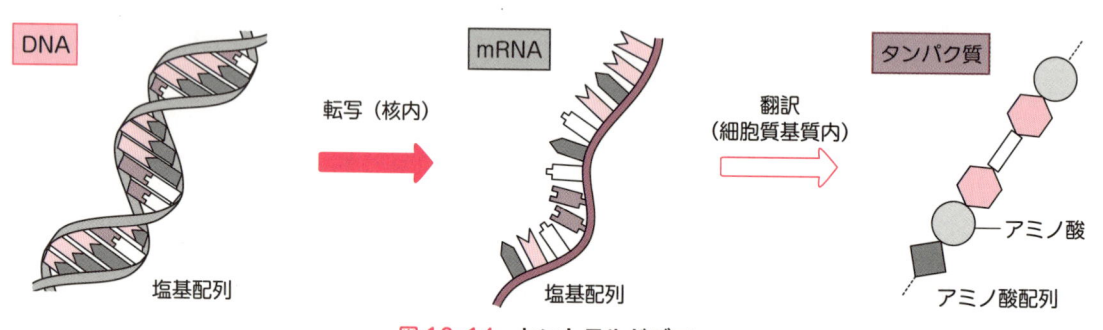

図10-14 セントラルドグマ

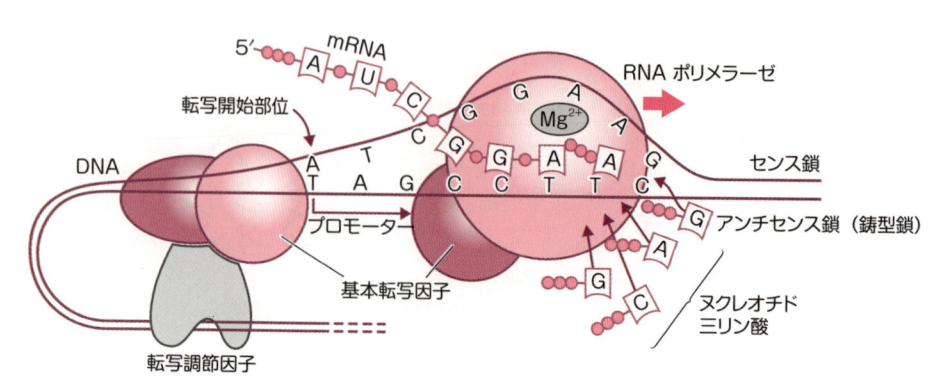

図10-15 転写と転写調節因子
基本転写因子と転写調節因子が転写を引き起こす遺伝子の上流に結合するとRNAポリメラーゼのはたらきにより，DNAのアンチセンス鎖に相補的なmRNAが合成されます．

し，ヌクレオチドの相補的な結合には，DNAの場合と同様にシトシン（C）に対してはグアニン（G）ですが，アデニン（A）に対してはチミン（T）ではなくて**ウラシル**（U）が使われます．なお，DNAの2本鎖のうち，RNA合成の鋳型となる鎖は**必ずどちらか一方の鎖に限られています**．2本鎖のうちのどちらの鎖をRNA合成の鋳型とするのかは遺伝子によって異なり，鋳型となる鎖と合成されるmRNAの向きは遺伝子ごとにランダムに並んでいます．mRNA合成の鋳型となる鎖を**アンチセンス鎖**（鋳型鎖）といい，もう一方のmRNAと同じ塩基配列（Uのみ異なる）を持つ鎖を**センス鎖**（コード鎖）といいます．

スプライシング

真核生物の場合，1つの遺伝情報がDNA上に連続して（1つに固まって）配列されているわけではありません．あるタンパク質の構造を決める塩基配列が，多いときでは数十個の**エクソン**（合成するタンパク質の情報として使われる部分）に分断され，エクソンの配列間に**イントロン**（合成するタンパク質の情報として使われない部分）が混ざっています（図10-16）．RNAポリメラーゼがDNAから転写したRNAには，エクソンとイントロンを含めたすべての情報が写し取られています．このmRNAをとくに**mRNA前駆体**といい，イントロンを含む長い鎖となっているため，不要な情報を取り除く**スプライシング**という過程を経て核外に出ていきます．

スプライシングよってイントロンが除去されるためには，イントロンとエクソンの境目でRNAの切断と結合が行われる必要があります．イントロンの両側には特別な塩基配列があります．この2つの塩基配列部分（スプライシング・シグナル）で切断と結合が起こり，イントロンが除去されます．また，1ヵ所のイントロンでスプライシングが起こるとは限らず，離れたイントロンの間でスプライシングが起こる場合もあります．mRNA前駆体のなかで選択的に複数の組み合わせのスプライシングが起こる場合を**選択的RNAスプライシング**といいます．このスプライシングによって1つの遺伝子から複数のmRNAが合成されることになります．

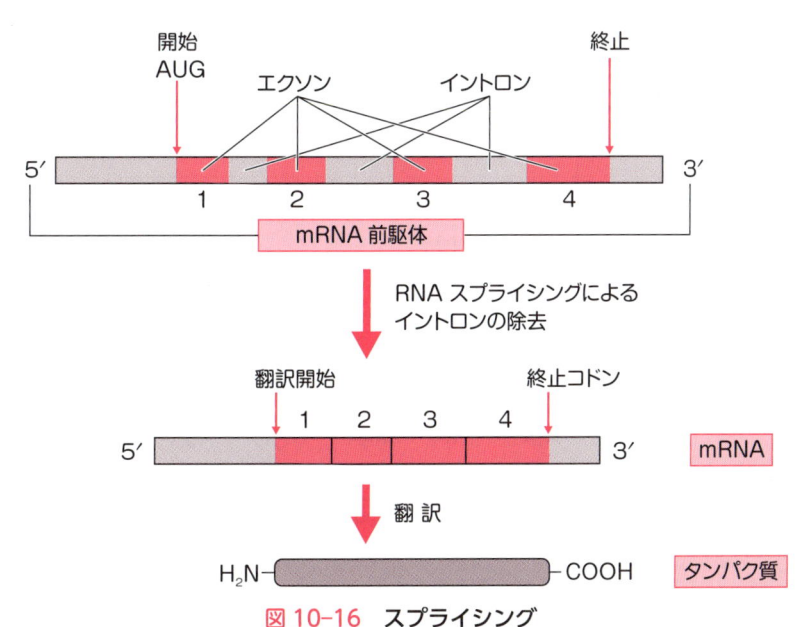

図10-16 スプライシング
転写されたRNAの塩基配列のうち，スプライシングによってRNAからイントロン部分が取り除かれると，目的とするタンパク質をコードするmRNAが完成します．

4. 翻訳

遺伝情報は，DNA上からいったんmRNAへ写し取られ，この情報に従ってアミノ酸を並べて結合することにより，最終的にタンパク質へと変換されます．核内から細胞質へ移動してきたmRNAから，リボソームがアミノ酸の配列を読みとってタンパク質を合成する過程のことを翻訳といいます．

遺伝暗号

mRNAは4種類の塩基（A，U，C，G）の配列のなかに，20種類のアミノ酸を決める遺伝情報を持っています．この塩基は3個で1つのアミノ酸を決めています．4種類の塩基を3つ並べると$4^3 = 64$通りの組み合わせが可能となり（たとえばAAAでもよい），20種類すべてのアミノ酸を異なる3つの塩基の組み合わせで対応させるには十分な数があります．生物は，この3つ組の塩基によりアミノ酸の種類を決めており，この3種類の塩基の組合わせのことをコドン（あるいはトリプレット）といいます．コドンはコード（暗号）とオン（単位を表す接尾語）に由来しており，「DNAが持つ暗号を構成する最小単位」の意味があります．

また，コドンはアミノ酸20種類に対して64通りの組み合わせがあるため，多い場合には1つのアミノ酸に対して6種類のコドンがある場合があります．コドンのなかには後で述べるように，タンパク質合成の終わりを決める終止コドン（3種類）もあります．メチオニンはタンパク質合成の開始を示す開始コドンとしての役割を果たしますが，このコドンは1種類しかありません（表10-4）．AUGのコドンは，一番先頭にあれば開始コドンの役割としてメチオニンを結合し，途中にあった場合は，通常のアミノ酸として一つ前のアミノ酸にメチオニンを結合します．

表10-4　mRNAのコドン表

		コドンの2番目の塩基								
		U		C		A		G		
コドンの1番目の塩基	U	UUU UUC	フェニルアラニン(Phe)	UCU UCC UCA UCG	セリン(Ser)	UAU UAC	チロシン(Tyr)	UGU UGC	システイン(Cys)	U C
		UUA UUG	ロイシン(Leu)			UAA UAG	終止	UGA UGG	終止 トリプトファン(Trp)	A G
	C	CUU CUC CUA CUG	ロイシン(Leu)	CCU CCC CCA CCG	プロリン(Pro)	CAU CAC	ヒスチジン(His)	CGU CGC CGA CGG	アルギニン(Arg)	U C A G
						CAA CAG	グルタミン(Gln)			
	A	AUU AUC AUA	イソロイシン(Ile)	ACU ACC ACA ACG	トレオニン(Thr)	AAU AAC	アスパラギン(Asn)	AGU AGC	セリン(Ser)	U C A G
		AUG*	メチオニン(Met)			AAA AAG	リシン(Lys)	AGA AGG	アルギニン(Arg)	
	G	GUU GUC GUA GUG	バリン(Val)	GCU GCC GCA GCG	アラニン(Ala)	GAU GAC	アスパラギン酸(Asp)	GGU GGC GGA GGG	グリシン(Gly)	U C A G
						GAA GAG	グルタミン酸(Glu)			

*AUGは合成の開始コドンにもなります．

タンパク質合成

核内でスプライシングを終えて完成したmRNAは、核膜孔を通って細胞質へと運ばれます。細胞質ではリボソームがmRNAと結合します。そして、リボソームはmRNAの開始コドン（AUG）の配列にtRNAが運んできたメチオニンを結合させます（最初のAUGはアミノ酸の情報としてだけではなく、翻訳開始の合図を出す開始コドンとしての役割を兼ね備えているんでしたね）。やがて、mRNAをつかまえた小さなリボソーム（小サブユニット）の部分と、翻訳を始めるのに必要なもう一つの大きなリボソーム（大サブユニット）の部分が結合して1つのリボソームになると、開始コドンの次のコドンに対応するアミノ酸をtRNAが運んできてメチオニンの横に並べます。すると最初のアミノ酸であるメチオニンのカルボキシル基は2番目のアミノ酸のアミノ基とペプチド結合します（p.29「ペプチド結合」も参照して下さい）。アミノ酸を運んできた最初のtRNAはリボソームから離れ、次いでmRNA上でリボソームが3塩基分横に移動すると、次のtRNAがmRNAに結合します（図10-17）。

こうして、mRNA上のコドンの配列ごとにリボソームが移動し、アミノ酸どうしの結合が進むことでペプチドが成長していきます。

mRNAの塩基配列には3種類の終止コドンがあります。リボソームが終止コドンの配列の一つ手前までくる

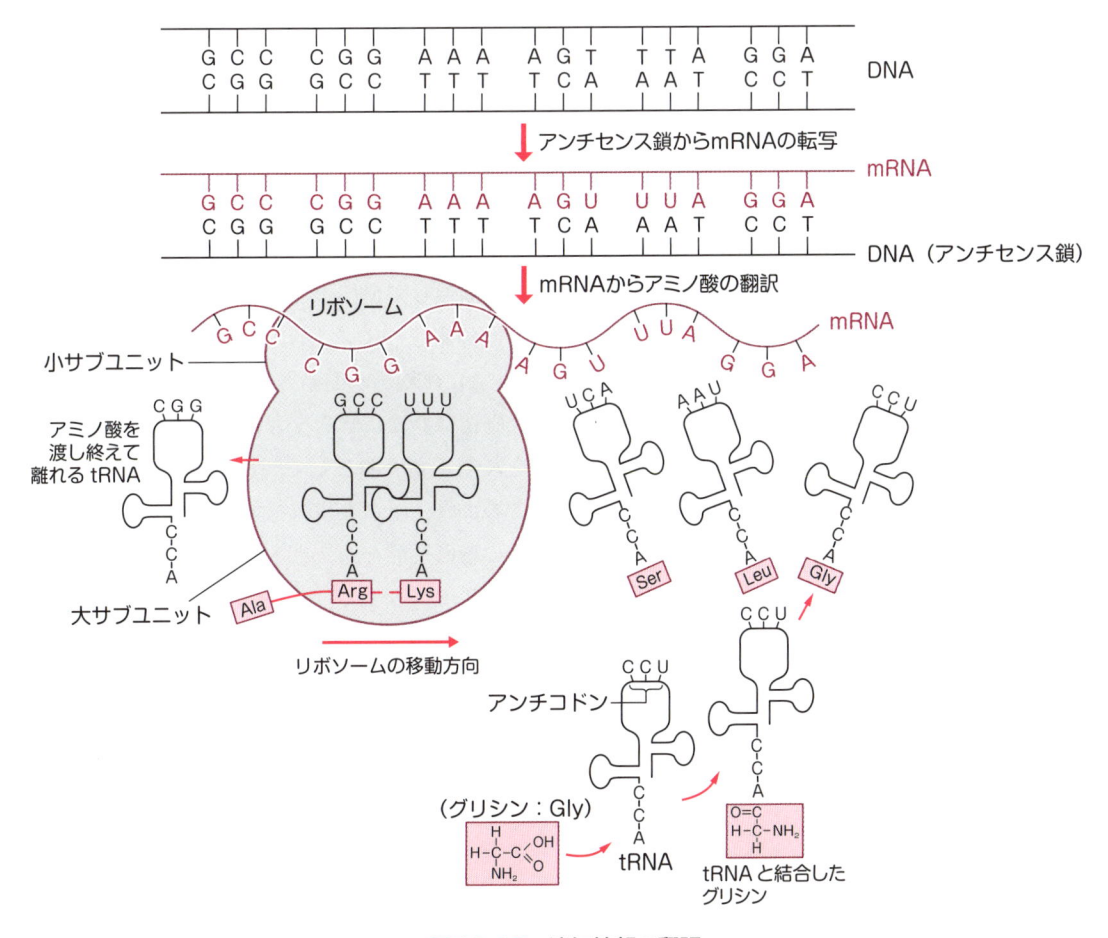

図10-17　遺伝情報の翻訳
tRNAは中央にコドンと相補的なアンチコドンの配列を持っています。tRNAはコドンに対応するアミノ酸をアンチコドンとは反対側に結合し、リボソーム上でコドンに対応した特定のアミノ酸だけを運ぶ役割を果たしています。

と，となりには新たにアミノ酸が並ばないため，カルボキシル末端にある最後のアミノ酸に水分子が結合して，カルボキシル基がtRNAから遊離します．その結果，合成されたタンパク質が最後のtRNAから離れるとともに，リボソームも結合していた大小のサブユニットが解離して翻訳を終えます．

通常，1本のmRNA鎖に複数のリボソームが結合したポリソームという状態を作り，1本のmRNA上で複数のタンパク質合成が同時に効率よく行われます．

タンパク質の細胞内輸送

合成されたタンパク質は，それぞれのタンパク質の性質に従って，細胞内の特定の場所へ運ばれます．必要な物質を必要な場所に運ぶ細胞内の輸送のメカニズムを解明したことに対して，ロスマン博士，シェックマン博士，スドフ博士らに2013年にノーベル生理学・医学賞が贈られました．

また，細胞膜に組み込まれるタンパク質や細胞外へ分泌されるタンパク質などは，翻訳の途中からリボソームやmRNAと結合した状態で小胞体上へ運ばれます．粗面小胞体の膜内には，タンパク質を小胞体内へ輸送するための運搬タンパク質があり，合成されたタンパク質はこのなかを通り抜けて小胞体内に運ばれます．

5. 遺伝子の発現調節

遺伝子が発現するタイミングや量などは，その生物の成長段階や体内環境に影響されます．つまり，いつも同じペースでタンパク質を作っているのではありません．遺伝子発現の過程で行われる転写は調節されて機能しています．

遺伝子発現過程の最初に起こる転写の調節では，遺伝子が転写される時期と場所を制御するために，転写因子というタンパク質が使われます．

原核生物の転写調節機構

大腸菌の場合，エネルギー源であるグルコースが欠乏しても，ラクトースを分解してエネルギー源とすることができます．しかし，ラクトース（誘導物質）が近くに存在しない場合には，リプレッサーというタンパク質が，DNAのオペレーター部位に結合し，プロモーター部位に結合したRNAポリメラーゼは，その先のオペレーター部位に移動できなくなります（図10-18a）．したがって，グルコースが欠乏しただけでは，大腸菌のラクトース分解酵素は合成されません．しかし，ラクトース（誘導物質）が存在する場合には，ラクトースがリプレッサータンパク質と結合し，リプレッサーがオペレーターへ結合できなくなります．その結果，プロモーター部位に結合したRNAポリメラーゼはオペレータ部位を通過して遺伝子部位に進むことができ，ラクトース分解酵素をつくるDNAの遺伝情報（図10-18bのZ，Y，A）の転写が開始されるようになります．そのため，大腸菌は新たに酵素を合成することによってラクトースをエネルギー源として利用できるようになるわけです．このようにラクトースをエネルギー源として利用するための遺伝子群を，ラクトースオペロンといいます．

真核生物の転写調節機構

真核生物においても，遺伝子はタンパク質のアミノ酸配列をコードする領域と遺伝子発現の転写調節のための領域とに分けることができます．

RNA合成を行うRNAポリメラーゼは単独では転写を開始できず，基本転写因子や転写調節因子というタンパク質との組み合わせによって遺伝子発現調節を行っています．転写調節因子の結合する領域は，プロモーター領域に限らず広範囲の複数箇所に分散して存在します．

1. 基本転写因子

真核生物では，RNAポリメラーゼがプロモーター領域に結合するために，いくつかのタンパク質の補助が必要です．これらのタンパク質を**基本転写因子**といいます．ほとんどの遺伝子では，転写開始点のすぐ上流に位置するプロモーター領域にTATAという塩基配列が見られ，これを**TATAボックス**といいます．この領域に基本転写因子が結合し，ほかの転写因子と協力してRNAポリメラーゼをプロモーターへと結合させるはたらきをします（図10-19）．

2. 転写調節因子

転写をはじめる装置である基本転写因子群は，TATAボックスを中心に転写開始点のすぐ近くのプロモーター領域に結合します．これに対して，転写の時期と場所を決めている**転写調節因子**にはさまざまな種類があり，結合するDNAの領域も転写開始点より上流の遠く離れた位置から下流にかけて広く分布しています．転写調節因子は転写開始点から離れていても，DNAがループ状に曲がることによって基本転写因子とRNAポリメラーゼの複合体に近づき，その転写活性を調節することができます．

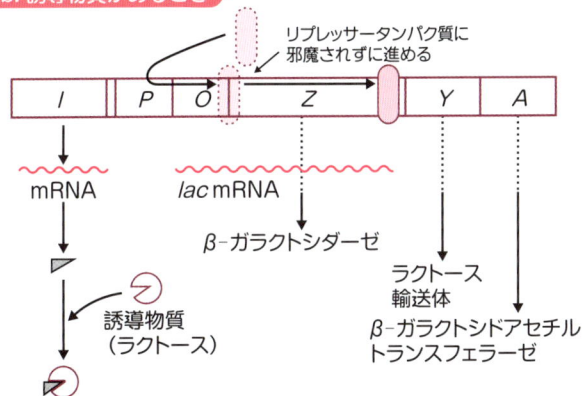

図10-18 大腸菌のラクトースオペロン
通常リプレッサータンパク質がオペレーターに結合することにより遺伝子発現が抑えられています．誘導物質であるラクトースが存在すると，ラクトースはリプレッサーに結合してオペレーターへの結合を阻止するので，RNAポリメラーゼのはたらきにより新たな遺伝子発現が誘導されます．

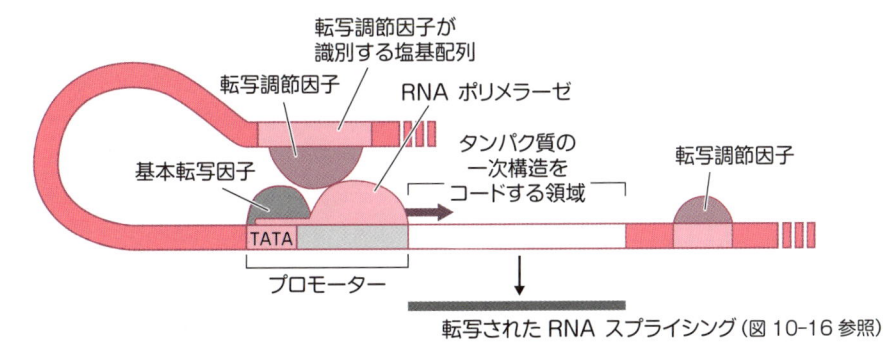

図10-19 真核生物の遺伝子発現
1つの遺伝子の転写調節には多くの転写調節因子が働いていて，転写調節因子の結合部位は遺伝子の上流から下流にまで広く分布しています．

応用編 ワンポイント生物講座

マイクロアレイの原理

細胞や組織で発現しているすべてのmRNAを網羅的に調べたいとしたら，どうしたらよいでしょうか．2003年に完成したヒトゲノム計画によって，タンパク質をコードするすべての遺伝子が見つかったと考えられており，理論的にはほとんどすべてのmRNAの塩基配列を予測できるはずです．その予測されたmRNAの塩基配列に相補的に結合する短いDNAを合成して，ガラスなどの板に1種類ずつごくごく小さなスポットとして張りつけていきます．もちろん，どこにどのDNAを張りつけたかを記録します．数mm四方に数万のスポットを並べることもあり，スポットが列をなして並ぶ（実際には，スポットを縦横二次元に張りつけることが多い）ので，このようにしてつくった板をマイクロアレイと呼びます．

たとえば，p39の「mRNAの抽出方法」で分離したmRNA（発現しているすべての遺伝子が含まれている）の端にそれぞれ蛍光色素でラベルをし，このサンプルをマイクロアレイにのせると，それぞれのmRNAはマイクロアレイ上の特定の場所に結合します．マイクロアレイ全体をスキャンしてそれぞれのスポットの蛍光強度を調べると，もとのサンプルの中にどのmRNAがたくさん含まれていたか，どのmRNAが含まれていなかったかを知ることができます（図）．多くの場合には，条件の異なる2つの状態や，何らかの刺激の前と後を比較して，どの遺伝子の発現が亢進していて，どの遺伝子が抑制されているかを調べます．また，実際には調べたいmRNAをタンパク質の機能に基づいてある程度絞りこみ，アレイに乗せるスポットの数を制限しておく方法が一般的です．

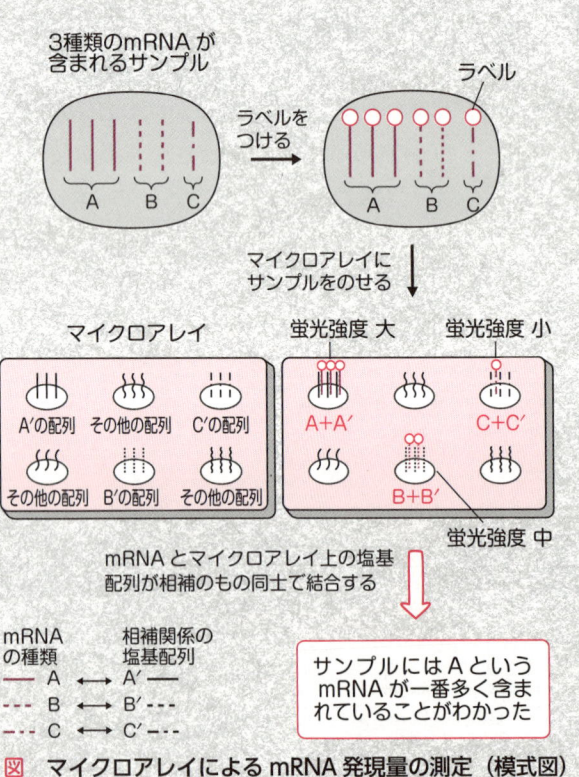

マイクロアレイを用いると，病的な状態の細胞や組織で（正常に比較して）発現が増えている遺伝子や発現が減少した遺伝子を知る手がかりが得られます．また，ある1つの遺伝子の発現を増やしたときや，逆に減らしたときに起こる遺伝子発現パターンの変化を見ることもできます．このような研究を積み重ねることによって，遺伝子同士やタンパク質同士が働きかけ合うネットワークが見えてきます．

図　マイクロアレイによるmRNA発現量の測定（模式図）

第10章 章末問題

① グリフィスの実験で，R型菌を注射してもネズミが死ななかったのはなぜか．

② グリフィスの実験からわかったことは何か．また，それに関連して未確認だったことは何か．

③ アベリーらの実験からわかったことは何か．また，それに関連して未確認だったことは何か．

④ ハーシーとチェイスが用いたバクテリオファージは，DNAとタンパク質の殻のみで出来ていた．それぞれの成分の構成元素についてC，H，O，N以外に含まれる元素を1つずつ答えよ．

⑤ ハーシーとチェイスの実験で用いた放射性同位体を，④で答えたDNAの元素とタンパク質の元素からそれぞれ1つずつ答えよ．

⑥ ワトソンとクリックが参考にした，DNAのX線回析像の撮影に成功した女性生物学者名を答えよ．

⑦ DNAの2本鎖の片方の塩基配列が下記のような配列であった場合，もう一方のDNAの塩基配列はどのような配列になるか．また，下記のDNAが転写されたとき，mRNAの塩基配列はどのような配列になるか．

ATACCGCGTATTAAACCC

⑧ ⑦のDNAから合成されるタンパク質のアミノ酸配列を答えよ．

⑨ mRNA前駆体がスプライシングされる際に，取り除かれる非遺伝子部分を何というか．

第11章 ヒトの脳と神経系

現在，この分野でホットな話題になっているのが脳内の神経伝達物質です．とくに，モノアミン類に属する神経伝達物質のノルアドレナリン，アセチルコリン，ドーパミン（ドパミン），セロトニンなどは，私たちの精神活動に大きく影響を及ぼすので，メディアなどでも扱われる機会も増えてきました．さらには精神に影響を与える薬物でも医師の処方せんがなくても，合法的に売られていることがありますが，摂取量をまちがえたり，複数の薬物を同時に飲んだりすることによって生じる服作用の危険性も考えられます．これらが生じるメカニズムを知る意味でも，シナプスでの興奮伝達のしくみについてしっかり学習したいところです．

本章では，感覚の受容器，神経系，効果器を中心に学びます．

キーワード 視細胞，基底膜，神経細胞，活動電位，伝導と伝達，脳と脊髄，反射

1. 感覚の受容器

刺激の受容から行動まで

図 11-1 は，ヒトが刺激を受け取めて（受容して）から情報処理を経て，行動に移すまでの過程を示したものです．

植物には神経系がありません．これは外界の変化に対して俊敏に反応する必要がないからです．そのかわり，植物は動物と同様にホルモンによって成長・開花・休眠などの調節を行っています．

さて，動物の場合には外界からの刺激に俊敏に反応しなければなりません．たとえば獲物を追うとき，視覚・聴覚・嗅覚・味覚・触覚といった五感から情報を得て（刺激の受容），この情報を短時間のうちに処理し，判断した結果を行動に移さなければなりません．この一連の反応次第で，獲物を得られるか否か，ひいては自らが生きていけるかどうかを決めているのです．

また，動物は植物と異なりエネルギーを自ら作ることができないので，エネルギーを外部から獲得する必要があります．さらに生殖の際も，動物は種族を維持するた

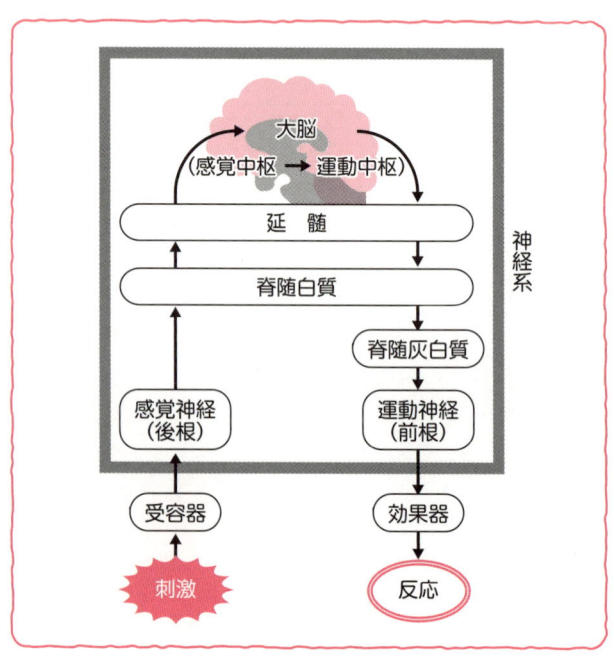

図 11-1 刺激を受けて反応が起こるまで
前根は腹根，後根は背根ともいいます．

めにパートナーを探し，繁殖行動を行う必要があるのです．そのため，高等な動物になるほど優れた情報伝達システム（神経系）が備わっています．

刺激は，その種類によってそれぞれ決まった感覚の受容器（感覚受容細胞）で受け取られます．このとき受容器に送られる特定の刺激のことを適刺激といいます．また，受容器が興奮（反応）するための最小限の適刺激の強さを閾値といいます．

ヒトの受容器と適刺激には表11-1のようなものがあります．

表11-1 ヒトの受容器と適刺激

受容器	感覚器官	適刺激	感覚
目（眼）	網膜	光	視覚
耳	コルチ器官	音波（振動数が20〜20000 Hzの間）	聴覚
	前庭	からだの傾き	平衡感覚
	半規管	からだの回転	
鼻	嗅上皮	気体中の化学成分	嗅覚
舌	味蕾	液体中の化学成分	味覚
皮膚	触点（圧点）	接触や圧力など	触覚・圧覚
	痛点	痛みの刺激	痛覚
	温点	高温の刺激	温覚
	冷点	低温の刺激	冷覚

それではそれぞれの機能を見ていくことにしましょう．

視覚器

多くの動物は，光刺激を受容するための視覚器をもっています．視覚器のなかでは，網膜にたくさんの視細胞が配列しており，光や色を感知しています．

1．視覚器（眼）の構造

ヒトの眼はカメラに似ていて，像は水晶体によって180度反転して網膜上に結ばれます．そうすると逆さまに見えるように思われますが，通常，私たちが見ている視野は，脳によって補正・修正されたものなのです．したがって，眼は像を映し脳に送る受容器で，実際は脳で見ているといってもよいでしょう．

さて，眼底検査（眼球内をのぞき込む検査）などで，眼の水晶体側から網膜を見ると，正面に黄斑という部分と，少し横にずれた位置に盲斑という部分が確認できます．いずれも直径2mmほどの斑状の部分です．黄斑の中央のくぼみを中心窩といいます．

2．錐体細胞と桿体細胞

黄斑には，視細胞のうち錐体細胞という物の形や色を識別する細胞が密集しています．

また，盲斑は網膜全体の視細胞からの視神経が眼の内側から外側（脳）に向かって貫いている部分で，視細胞は一切分布していません．したがって，盲斑の部分は光を感知することができません（図11-2）．

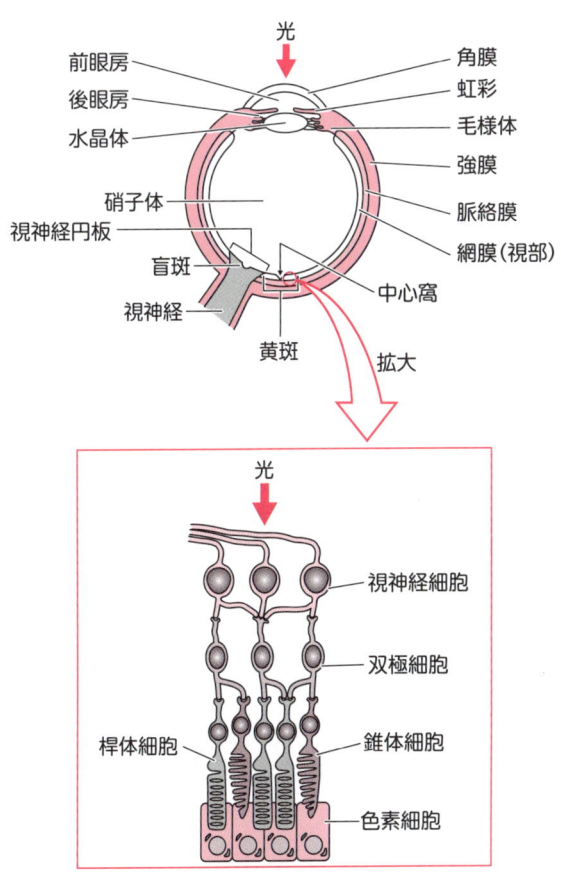

図11-2 眼球の構造と視細胞

網膜の黄斑部分には，錐体細胞がとくに密集していますが，そのほかの網膜には桿体細胞が分布しています．つまり，桿体細胞は，黄斑にはほとんどなく周囲に行く

に従って増加し，やがて減少するという分布を示します（図11-3）．

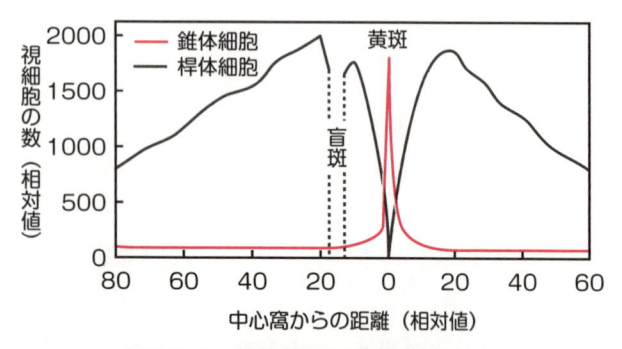

図11-3 錐体細胞と桿体細胞の分布

錐体細胞と桿体細胞の構造と機能をまとめると，表11-2のようになります．なお，錐体細胞には，青・緑・赤色の光をよく吸収する色素をもったものが3種類あります．3種類の錐体細胞の違いによる光の吸収率との関係は図11-4ようになります．

表11-2 錐体細胞と桿体細胞の特徴

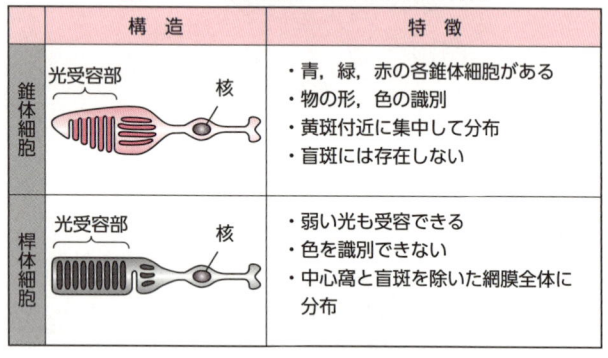

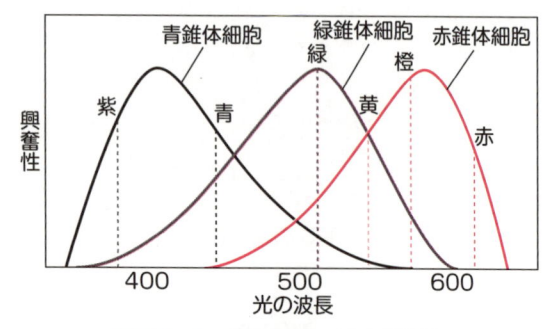

構造	特徴
錐体細胞（光受容部，核）	・青，緑，赤の各錐体細胞がある ・物の形，色の識別 ・黄斑付近に集中して分布 ・盲斑には存在しない
桿体細胞（光受容部，核）	・弱い光も受容できる ・色を識別できない ・中心窩と盲斑を除いた網膜全体に分布

図11-4 錐体細胞の光の吸収率

3．明順応と暗順応

明順応

暗い所から明るい所に急に出ると，一時的にまぶしく感じることがありますが，数分すると明るさに慣れてきます．これを**明順応**といいます．視細胞中には色素（桿体細胞の色素はロドプシン）が含まれており，この色素が光を受容すると膜電位を生じさせます．急に明るいところに出ると，この色素の分解量が急に増えて色素量が減ります．その結果，全体的に光を感じる感度が下がり，明るさに慣れるようになります．

暗順応

明るい所から急に暗い所に入ると，最初は何も見えないのですが，しばらくすると徐々に見えるようになってきます．これを**暗順応**といいます．暗い場所にいると色素の再合成が進むことで，光を感じる感度が上がり見えるようになってきます．この感度の上昇は，桿体細胞では錐体細胞の数万倍ともいわれています（図11-5）．

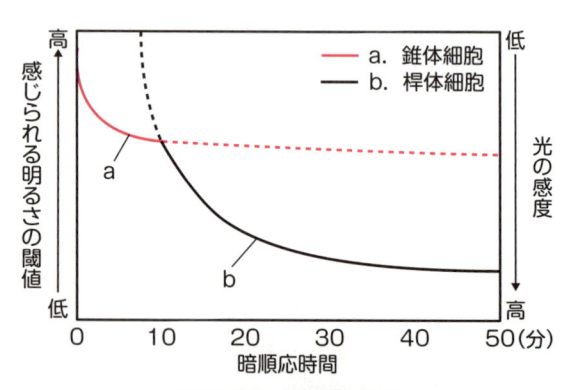

図11-5 暗順応曲線
a. 明るい場所から暗い場所に移ると，錐体細胞が暗所に適応し始めますが，10分程度で感じられる明るさの閾値が低くなります．b. 桿体細胞はしばらく時間が経過したあとに感度が上昇して，周囲が見えるようになります．なお，体調や年齢によって，この値は異なることがあります．

4．遠近調節

ヒトの眼は，水晶体の厚みを変えることなく，およそ6.5m以上遠くの物を見ることができるようになっています．しかし，それよりも近い物を見るときには，水晶体の厚さを厚くします．その際にはたらくのが，水晶体

の周囲に配置している**チン小帯**と，さらにその周りに配置している**毛様体**です．遠近調節では毛様体の筋肉が伸縮して水晶体の厚さを変えて調節します（図11-6）．

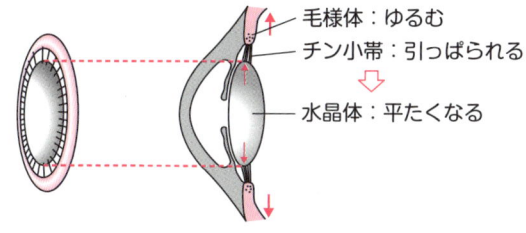

図11-6 遠近調節
a. 水晶体は自らの弾性（膨らもうとする性質）により球形になります．
b. 水晶体は周囲に引っぱられて薄べったくなります．

聴覚器と平衡感覚器

1. 聴覚器（耳）の構造

音は空気や水の振動として伝わる刺激で，聴覚器によって受容されます．

ヒトの耳は，外耳，中耳，内耳の3つの部分からなります（図11-7）．耳殻（耳介）によって集められた音は，外耳道に入り，つきあたりにある**鼓膜**を振動させます．鼓膜の振動は，中耳にある3つの**耳小骨**によって増幅されて内耳の**前庭階**中のリンパ液を直接揺さぶります．**蝸牛**のなかには管が3つあり，上部の前庭階のリンパ液中を伝わってきた振動は，中間部分の**蝸牛管**，そして蝸牛管にある**コルチ器官**全体を振動させます．この振動により基底膜が上下に振動します．その結果，**聴細胞**の感覚毛が**おおい膜**と触れあって，機械的な刺激を生じます．聴細胞が刺激されると電位が発生し，内耳神経を経て大脳の**聴覚野**に到達し，ここで音を感じとります．

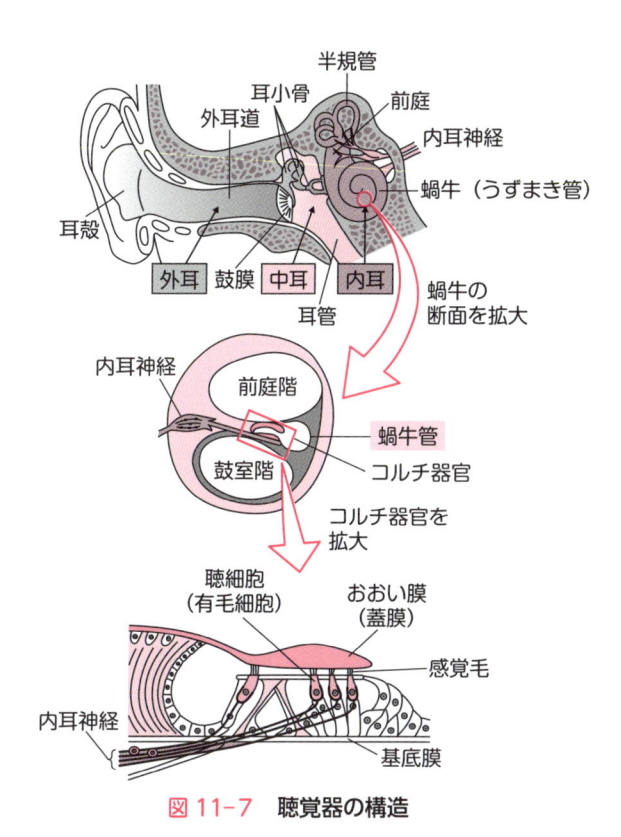

図11-7 聴覚器の構造

Point

外耳	音波	（空気の振動）
中耳	鼓膜の振動	（膜の振動）
	耳小骨の振動	（関節の運動）
内耳	蝸牛内のリンパ液の振動	（液体の振動）
	聴細胞の興奮	
	大脳	
	聴覚	

2. 音の高さの識別

眼がカメラのように光を捉え，形や色を認識するのが脳であったように，蝸牛の聴細胞が，音の振動を捉え，最終的に大脳の聴覚野で音を認識しています．

さて，視細胞には3種類の色を見分ける錐体細胞がありましたが，ヒトの耳の場合，20〜20,000 Hzの音をどのようにして識別しているのでしょうか．

その秘密は基底膜の幅にあります（図11-8）．高音の振動は，蝸牛の入り口に近い部分の基底膜を振動させ，低音の振動は奥の方にある基底膜を振動させます．これは基底膜の幅が，入り口から奥に行くに従って広くなっていることにより，音の高低に差が出来ます．異なった場所の基底膜が振動（共鳴）することで，それぞれ異なる聴細胞を刺激し，音の高低が別々の独立した信号となって大脳に届きます．

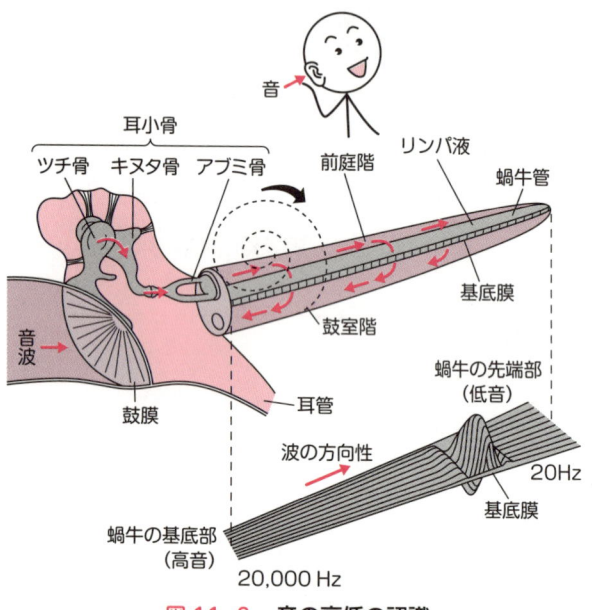

図11-8 音の高低の認識
図は蝸牛の内部がわかりやすいようにまっすぐ伸ばしたところをイメージしています．

3．平衡感覚器

私たちが，眼をつぶっていてもまっすぐ歩けたり，片足でその場にじっと立っていられたりするのはなぜでしょうか．

内耳には，蝸牛のほかに前庭と半規管と呼ばれる部分があり，これらの部分で平衡感覚をとらえています（図11-9）．

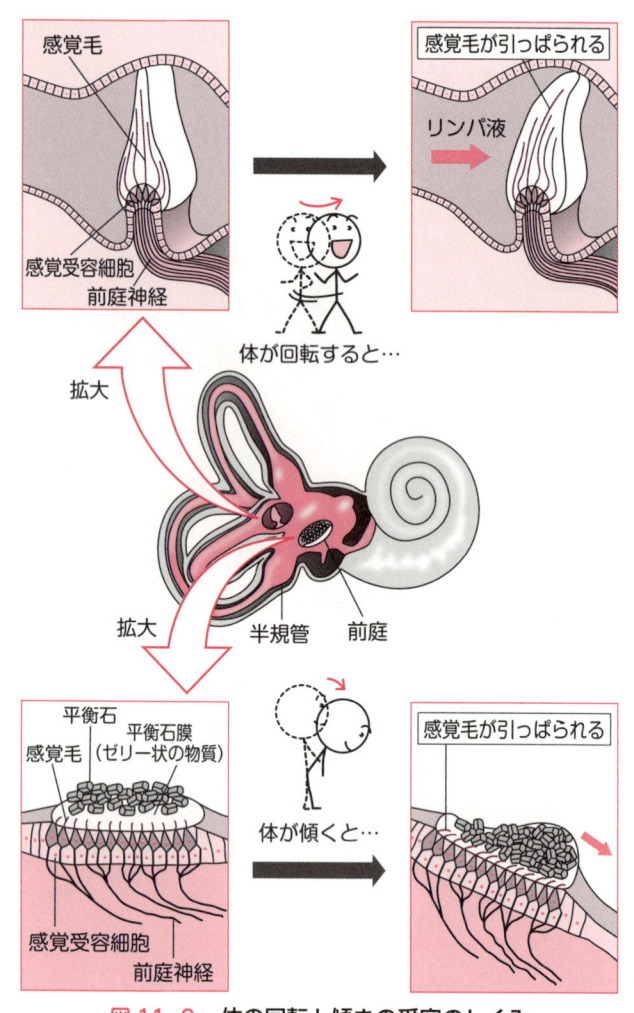

図11-9 体の回転と傾きの受容のしくみ
前庭では，傾き（重力）だけでなく，直線運動した際の加速度の変化（急加速や急停止）も同じようなくしみで感じることができます．

前庭には，ゼリー状の物質の入った膜のなかに感覚受容細胞から伸びた感覚毛があります．膜の上には炭酸カルシウムでできた平衡石（耳石）がのっていて，体が傾くと平衡石がわずかに動き，それぞれの感覚毛を刺激し，この刺激が感覚受容細胞に伝わり興奮を発生します（図11-9ではわかりやすく大げさにイメージしています）．これにより重力の変化，つまりは体の傾きを感じることができます．

一方，互いに直交した3つの半規管のループ（併せて三半規管という）の基部付近にも，感覚毛を持った感覚受容細胞があります．この感覚毛は寒天様の物質のなか

に伸びています．体が回転を始めたり止めたりして加速度が生じると，半規管内のリンパ液も慣性にしたがって止まる，あるいは動いたままの状態になります．その流れに押されて感覚毛が伸縮し，その刺激が感覚受容細胞に伝わり興奮が生じます．3つの半規管は互いに直交しているので，それぞれ別々の方向（数学のX軸・Y軸・Z軸）の回転運動を感知することができるのです．

その他の感覚器

光を眼が，音・傾き（重力）・回転（加速度）を耳が感知していたように，私たちは舌と鼻で味や匂いの元となる化学物質を受容しています．

味覚には，**苦味・甘味・塩味・酸味・うま味**の5種類があります．これらの味覚に対して，1つの細胞中に異なる種類の受容体を持った**味細胞**（**味覚器**）があります．この味細胞が50～100個集まったものを**味蕾**（味覚芽）といい，味蕾は舌の表面に約10,000個あります．

味覚を刺激する化学物質は，唾液などの水分に溶けて味孔に運ばれます．味孔中の味毛の細胞膜には受容体があり，そこで刺激が味細胞に伝わり，シナプスを経由して脳に伝わります．この興奮は，受容体の種類ごとに異なった経路を経て脳に伝わり，そこではじめて味の種類を識別することができます（図11-10）．

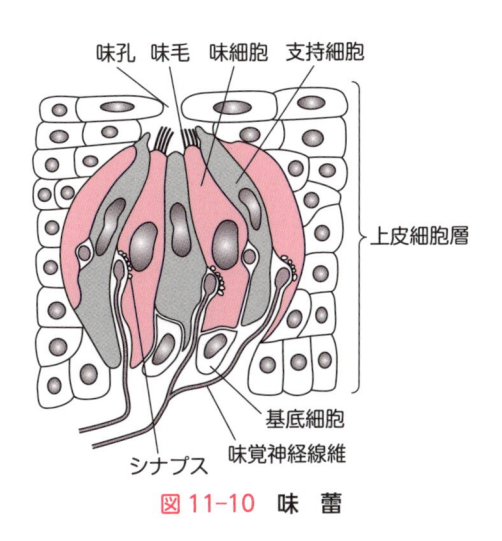

空気中の化学物質は，鼻の粘膜で鼻汁などの水分に溶け，嗅上皮にある**嗅覚器**で感知されます．嗅細胞は味細胞と異なり，細胞の末端から軸索が伸び，嗅神経から嗅球とよばれるにおいを司さどる脳に直接連絡をしています（図11-11）．嗅上皮の**嗅細胞**表面には，細胞ごとに種類の異なるにおい物質と結合できる受容体があります．におい物質が受容体と結合すると，嗅神経に興奮が伝わります．嗅神経は，におい物質の種類ごとに異なる経路で脳へと伝わり，そこではじめてにおいの種類が識別されます（図11-11）．

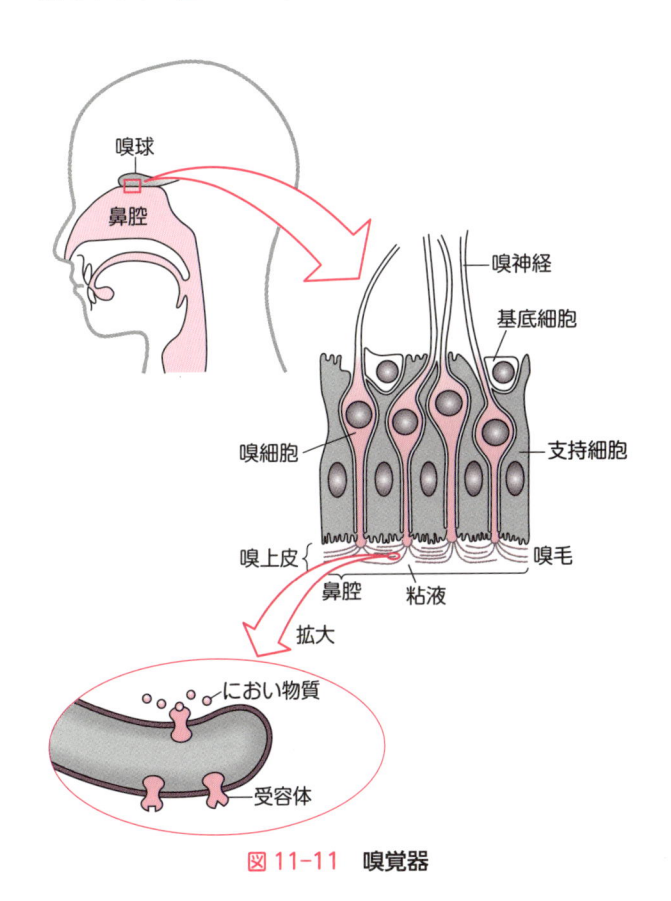

図 11-10 味蕾

図 11-11 嗅覚器

2. 伝導と伝達

神経の構造

神経系を構成している細胞を**神経細胞**（ニューロン）といいます．神経細胞は核のある細胞体と，そこから伸びる**樹状突起**や**軸索**からなります．樹状突起は，多岐に枝分かれしている突起で，ほかの細胞から興奮を受け取ります．また，軸索は細長く伸びた線維（**神経線維**）で，興奮を遠くまで伝えます（図11-12）．

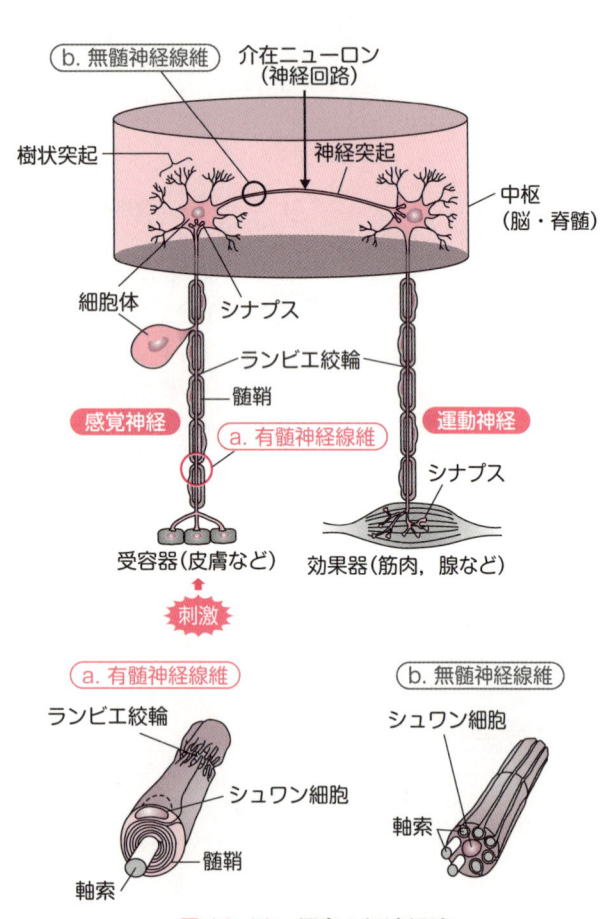

図11-12 興奮の伝達経路
シナプス：神経と神経，神経と筋肉との接続部分．軸索末端より神経伝達物質が放出されます．

神経線維には，**髄鞘**といって細胞が何重にもロールケーキ状に巻き付いてできた部分があり，このような神経線維を**有髄神経線維**といい，髄鞘をもたない神経線維を**無髄神経線維**といいます．有髄神経には一定間隔ですき間があり，この部分は軸索が露出した部分で**ランビエ絞輪**といいます．

受容器からの情報を伝えるニューロンを**感覚ニューロン**（感覚ニューロンが集まると**感覚神経**という：求心性神経），筋肉などに興奮を伝えるニューロンを**運動ニューロン**（運動ニューロンが集まると**運動神経**という：遠心性神経）といいます．感覚ニューロンと運動ニューロンの間をつなぐニューロンのことを**介在ニューロン**といい，脳や脊髄などの中枢神経系に多数分布しています．

静止電位と活動電位

1. 静止電位

細胞膜にはATPのエネルギーを使ってナトリウムイオン（Na^+）を細胞外にくみ出して，カリウムイオン（K^+）を細胞内に取り込む**能動輸送**のしくみがあり，これを**ナトリウムポンプ**といいます．このしくみによってNa^+は細胞の外側に，K^+は細胞の内側に多く存在するようになり，濃度差が生じます．

静止電位は，K^+が常に**カリウムチャネル**というイオンチャネルをとおって，K^+の濃度が低い細胞の外側へ向かって流れ出ようとするので，その際に発生します（正の電流）．プラスのイオンが外側に流れるので相対的に内側がマイナスになります．

刺激がない状態のときは，このようにイオンの出入りがつり合っているため，ニューロンの細胞膜は安定した電位を保っています．その値は細胞の外側を基準にすると，内側が約$-70～-60\,mV$となっており，この電位差が**静止電位**です．

2. 活動電位

ニューロンに刺激が加わると，その部分の膜電位が，一時的にマイナスから$+30～+60\,mV$に上がります

（1/1000秒程度）．このような膜電位の急速な変化を**活動電位**といいます．また，活動電位が発生することを細胞の**興奮**といいます．

刺激された細胞膜では，一瞬，**ナトリウムチャネル**が開き，Na^+が膜の外側から内側へ向かって流れ込みます．K^+のときとは逆に，今度は多量のナトリウムのプラス（正）のイオンが細胞の内側に流れ込むので相対的に内側がプラスになります．

静止電位と活動電位をまとめると図11-13のようなイメージになります．

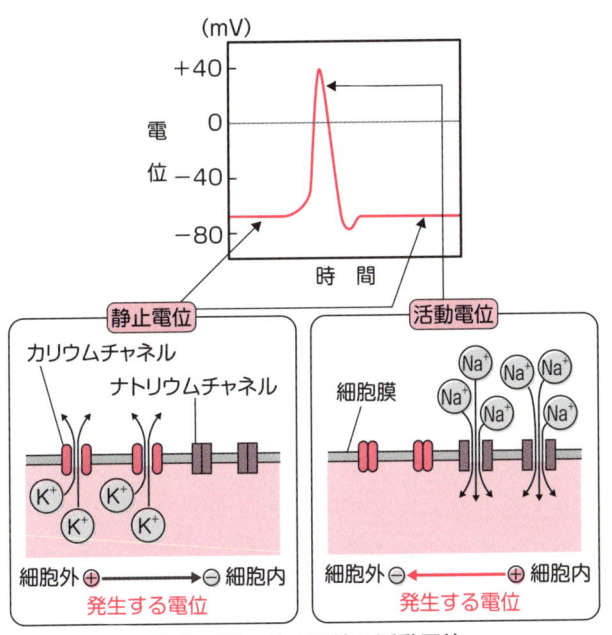

図11-13　静止電位と活動電位

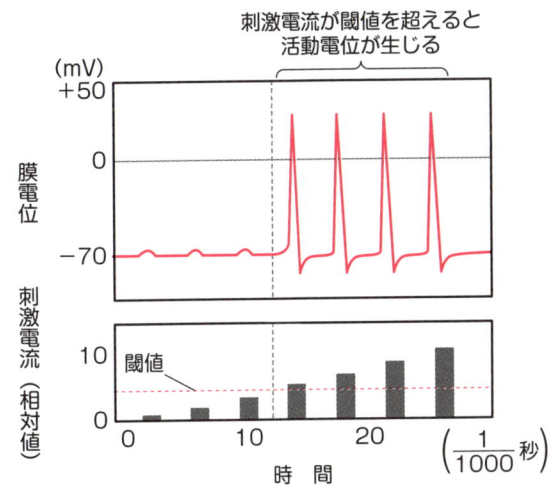

図11-14　全か無かの法則

刺激の強さと興奮

ニューロンは，興奮の強さをどのように伝えているのでしょうか．個々のニューロンは，ひとことでいえば「感受性」が異なっています．非常に弱い刺激で興奮するものもあれば，強い刺激を与えないと興奮しないものもあるのです．あるニューロンで考えると，興奮を起こす刺激の大きさ（**閾値**）は一定です．つまり閾値以上の刺激を与えればスイッチが入り，興奮が生じると考えればよいのです．これを**全か無かの法則**といいます（図11-14）．

仮に閾値以上の刺激を与えても一個のニューロンの興奮の大きさは変わりません．しかし，閾値の異なる複数のニューロンがあると，刺激を強くしていくにつれて，多くのニューロンが興奮して，刺激の強さが興奮するニューロンの多少で中枢に伝えられるのです（図11-15）．

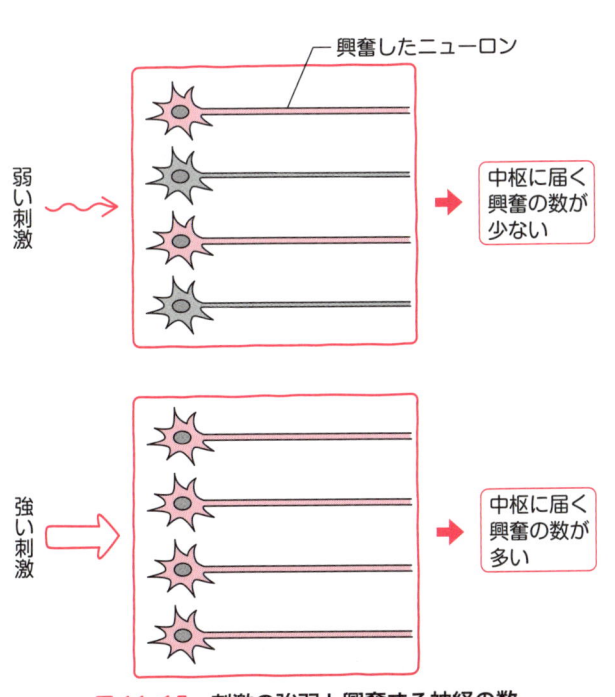

図11-15　刺激の強弱と興奮する神経の数

さらに刺激が強くなったり持続したりした場合には，今度は**興奮の頻度**が増します（図11-16）．

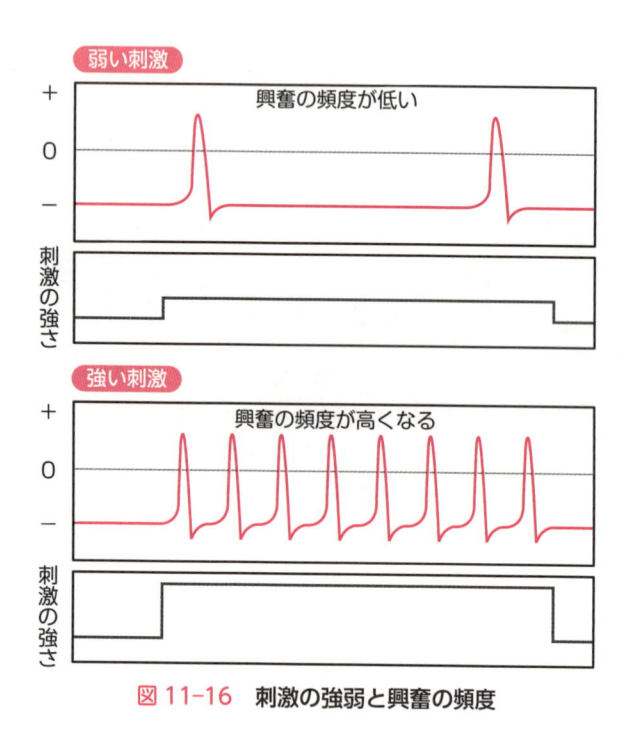

図 11-16　刺激の強弱と興奮の頻度

① 静止状態では細胞膜の外側が⊕に，内側が⊖になっている

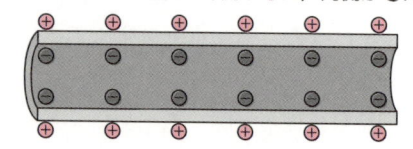

② 刺激を加えた部分の電位が逆転する

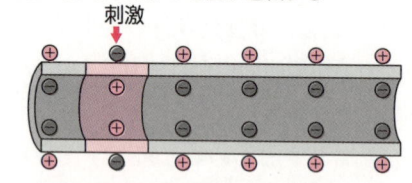

③ 興奮部分と隣接部分との間で活動電流が流れる

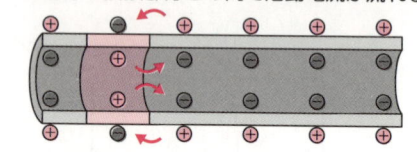

④ 次々と隣接部分に興奮が伝わる

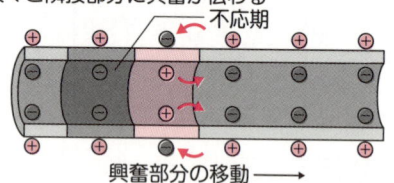

図 11-17　活動電流と興奮の伝導

伝導のしくみ

1．活動電流

軸索の一部に刺激が加わり興奮すると，その部分の膜電位が逆転し，細胞の内側がプラスに外側がマイナスとなります．すると隣接した静止状態の部分との間で電流が流れます．この電流を**活動電流**といいます．

2．伝導のしくみ

電流は電位の高いほうから低いほうに流れます．したがって，細胞の外側では刺激の加わっていない場所から興奮部位に向かって電流が流れ，細胞の内側では反対方向に電流が流れます．そして，この電流が静止部位に新たな刺激となって新しい興奮が発生します．この興奮はさらにその隣にある静止部位へと，次々に伝わっていきます．これを**興奮の伝導**といいます（図11-17）．

ただし，刺激が通り過ぎた部分は一時的に電流が流れない状態（**不応期**）になります．これはナトリウムチャネルが一瞬はたらかなくなるためで，**活動電流の逆流は生じません**．このため，軸索での伝導は一方向にのみ起こります．

3．跳躍伝導

有髄神経では，髄鞘部分は電気を流さない絶縁体としてはたらくので，活動電流はランビエ絞輪間を飛び飛びに流れます（図11-18）．これを**跳躍伝導**といいます．跳躍伝導により，有髄神経は無髄神経よりも50〜100倍速い伝導速度になります．

① ランビエ絞輪に刺激が伝わる

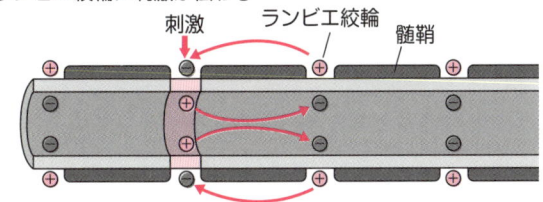

② ランビエ絞輪間を刺激が伝わる

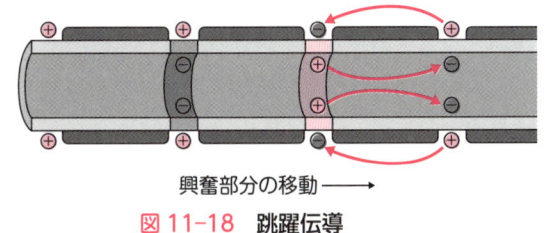

興奮部分の移動 →

図11-18 跳躍伝導

伝達のしくみ

神経と神経，または神経と筋肉などの接合部を**シナプス**といいます．シナプスには，シナプス間隙というわずかなすき間があります．シナプスでは，以下のように**神経伝達物質**が移動することで**興奮の伝達**が生じます．

① 活動電流が軸索末端まで達すると，カルシウムチャネルが開く（図11-19 ①）

② カルシウムイオン（Ca^{2+}）が軸索末端内部に流れ込む（図11-19 ②）

③ Ca^{2+}が流入すると，**シナプス小胞**が神経終末の膜と融合する（図11-19 ③）

④ シナプス小胞内部の神経伝達物質がシナプス間隙に放出される（図11-19 ④）

⑤ 神経伝達物質が相手側の膜にある受容体（図11-19 ⑤）に結合する．この受容体はイオンチャネルを兼ねているため，イオンチャネルが開き活動電位が生じて新たな興奮が生じる

⑥ 受容体から神経伝達物質が離れるとチャネルが閉じる（図11-19 ⑥）

このようにシナプスでは神経伝達物質の移動によって，一方向性の情報の伝達が行われます．また，神経伝達物質には，**アセチルコリン**，**ノルアドレナリン**，ドーパミン（ドパミン），セロトニンなどが知られています（p.108のSTEP UP「アセチルコリン—神経伝達物質の作用」参照）．

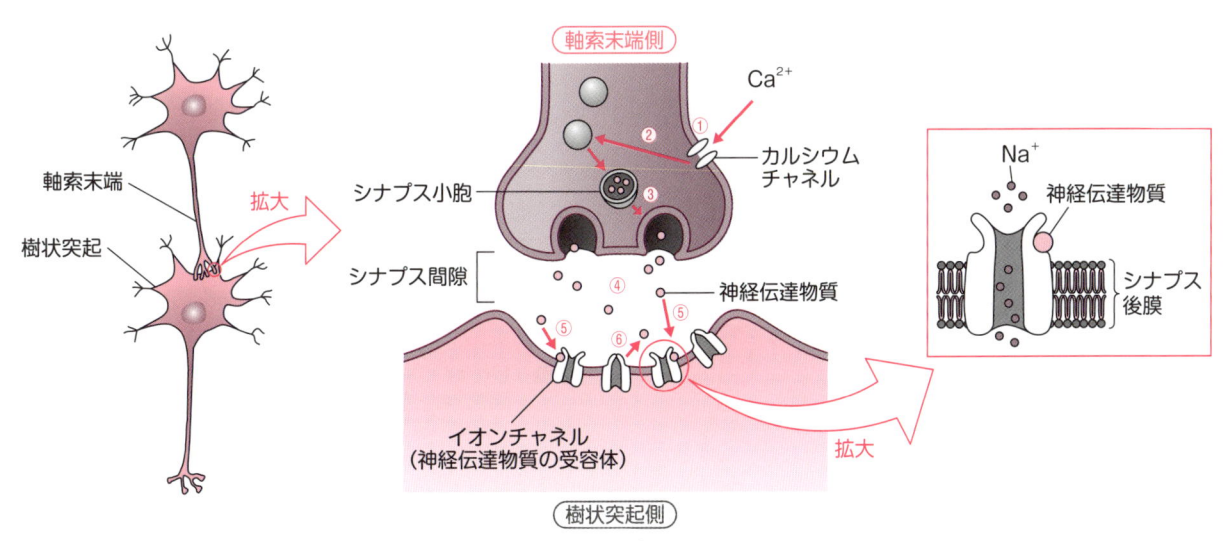

図11-19 シナプスのはたらき

3. 神経系

行動が複雑な動物ほど，感覚の受容器や中枢神経系が動物の先端（頭）部に集中するため，頭部が発達し，より複雑に進化した中枢神経系を持っています．発達した中枢神経系は，受容器で感知した情報のなかから必要なものを選別し，さらに複数の情報を統合して正しい命令を効果器に伝えているのです．

中枢神経系と体の各部との間をつないでいる神経を末梢神経系といいます．ヒトの末梢神経には脳神経（12対）と脊髄神経（31対）があります．

はたらきの異なる感覚神経や運動神経があり，これら運動や感覚に関係した末梢神経系を体性神経系といいます．また，恒常性の維持に関係する自律神経系も末梢神経系の一つです．

中枢神経と末梢神経

脊椎動物の中枢神経系は，脳（大脳・間脳・中脳・小脳・延髄など）と脊髄です（図11-20）．

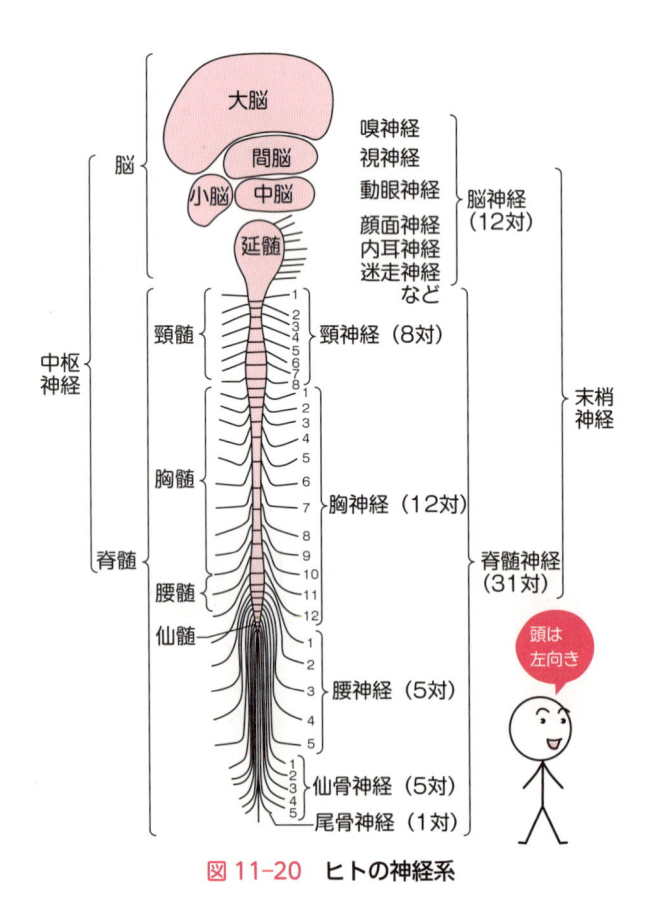

図11-20　ヒトの神経系

脳

1．脳のはたらき

脳の構造は大別すると5つに分けられます．主なはたらきについて図11-21にまとめました．また，脳のはたらきは非常に複雑で，知られていない事がまだまだあります．

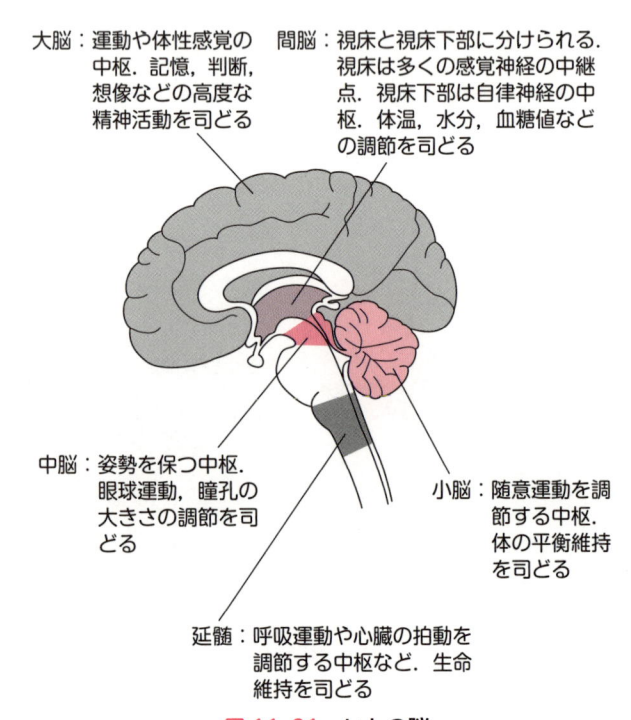

大脳：運動や体性感覚の中枢．記憶，判断，想像などの高度な精神活動を司どる

間脳：視床と視床下部に分けられる．視床は多くの感覚神経の中継点．視床下部は自律神経の中枢．体温，水分，血糖値などの調節を司どる

中脳：姿勢を保つ中枢．眼球運動，瞳孔の大きさの調節を司どる

小脳：随意運動を調節する中枢．体の平衡維持を司どる

延髄：呼吸運動や心臓の拍動を調節する中枢など．生命維持を司どる

図11-21　ヒトの脳

2．大脳の構造

大脳は，大きく左右の**大脳半球**（右脳と左脳）に分けることができます．

大脳皮質

大脳の表面を覆っている部分で，複雑に入りくんだ部分を含め，その表面から5mmくらいの厚さの部分を**大脳皮質**といい，神経細胞の**細胞体**が多く集まっています．色濃く灰色に見えることから**灰白質**ともいいます（図11-22）．

新皮質：大脳皮質の大部分を占める部分で，高度な精神活動を司る中枢です．人間らしさである**理性**の中枢です．

古い皮質（原皮質，古皮質）：大脳の底部に位置し，欲求感覚や情緒行動といった**本能**的な行動を司る中枢です．

白 質

大脳皮質の内側の部分は，神経線維が集まって複雑なネットワークを構成しています．白っぽく見えるので**白質**といいます．

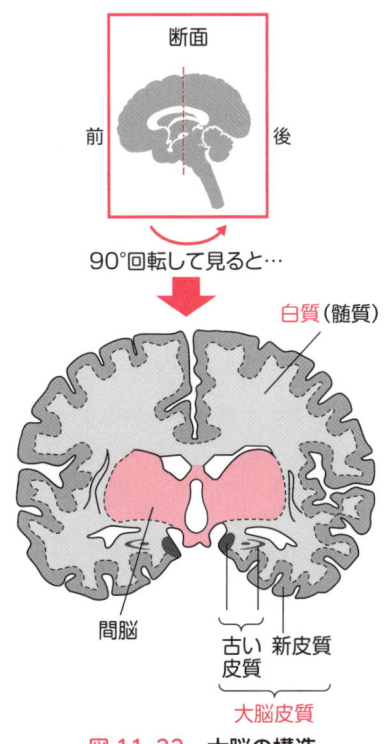

図11-22 大脳の構造

3．大脳の機能

大脳には，感覚・随意運動・言語・記憶・意志・感情・判断など，いろいろな中枢があります．大脳皮質の特定の位置に分布していることが，近年，より詳しく調べられています．（図11-23）

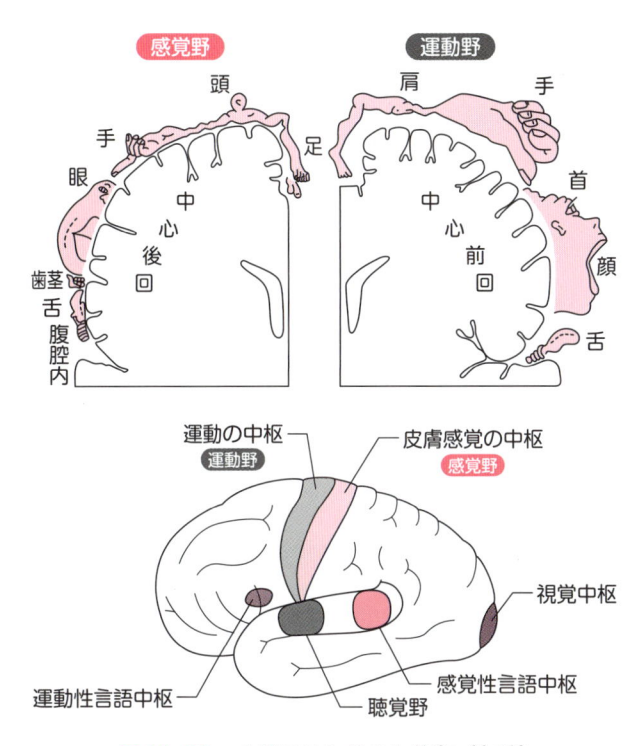

図11-23 大脳のはたらきと分布（左脳）

脊 髄

1．脊髄の構造

脊髄は脊椎骨の中央を走る長さ45cmほどの円柱状の構造で，その断面は，大脳とは逆に外側が白質，内側が灰白質です．脊髄には，体の腹側に**前根**（腹根；運動神経の通路），背中側に**後根**（背根；感覚神経の通路）という末梢神経の経路が見られます（図11-24）．

図 11-24 脊髄の構造

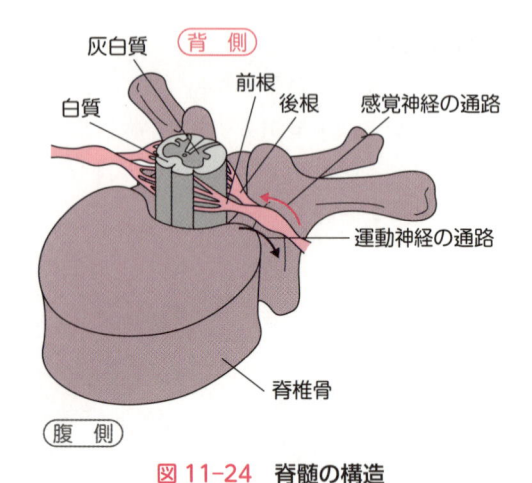

2. 脊髄の機能

脊髄には受容器からの興奮を脳に伝え，脳からの興奮を効果器に伝えるはたらきがあります．また，しつがい腱反射などの<u>脊髄反射の中枢</u>でもあります．

体が刺激を受容してから運動が生じるまでの伝達経路は図 11-25 のようになります．延髄から下部の刺激は，延髄で神経の向かう方向が左右逆転して脳に伝えられます．

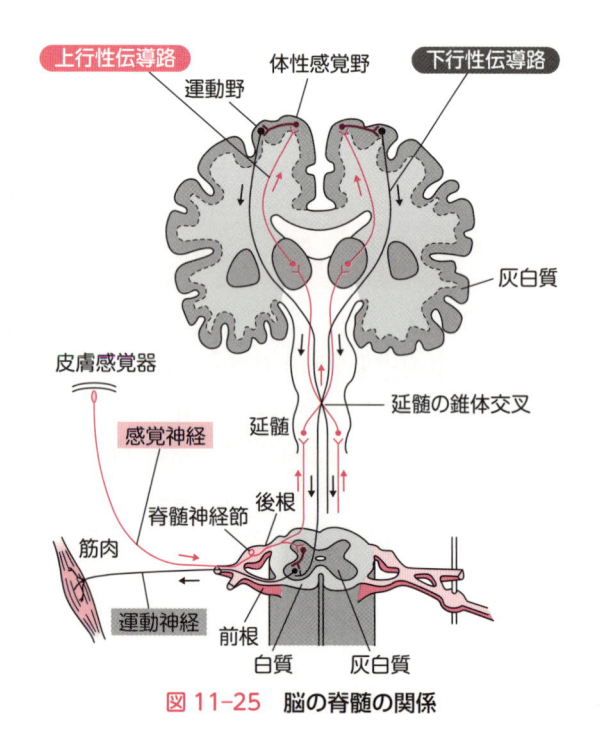

図 11-25 脳の脊髄の関係

3. 脊髄反射

脊髄反射の一つである<u>しつがい腱反射</u>では，まず腱が受けた刺激がふとももの伸筋のなかにある<u>筋紡錘</u>に伝わります．次に，この刺激が脊髄内にある1つのシナプスだけを介して筋の運動神経に伝えられ筋肉の収縮が起こります．また，脊髄反射である<u>屈筋反射</u>では，脊髄内で介在神経を1個通過するのでシナプスは2ヵ所になります（図 11-26）．

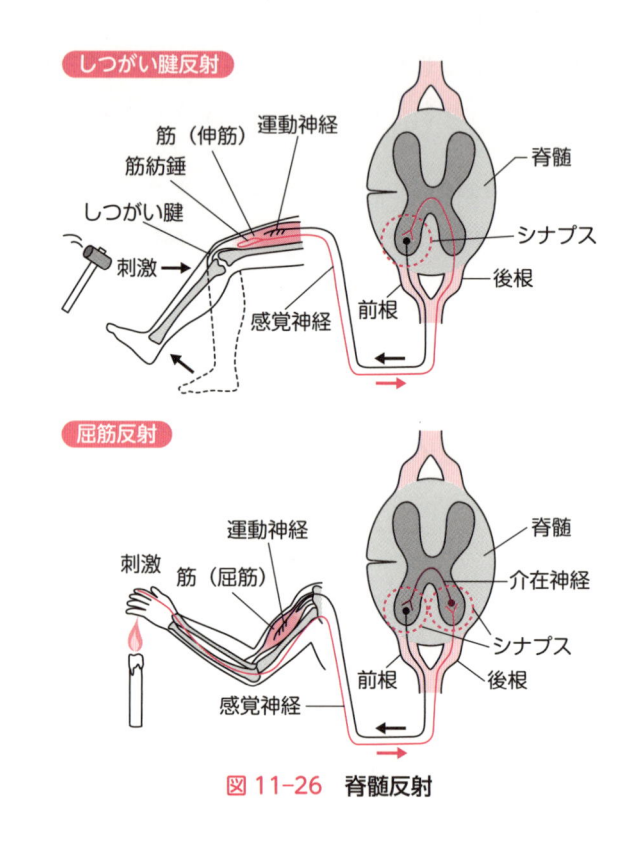

図 11-26 脊髄反射

これらの反射の場合，中枢は脊髄にあるので，大脳とは無関係に反応します．刺激を受容してから反応が起こるまでの興奮が伝わる経路を<u>反射弓</u>といいます．反射の中枢は，脊髄のほかにも中脳（瞳孔やピント合わせの反射）や延髄（くしゃみや嘔吐・嚥下の反射）にもあります（図 11-27）．いずれも生命の危機をいち早く回避するための行動です．

このように，しつがい腱反射も屈筋反射も頭で考える前に反応が始まっています．しかし，時差はありますが大脳にも興奮は伝えられています．

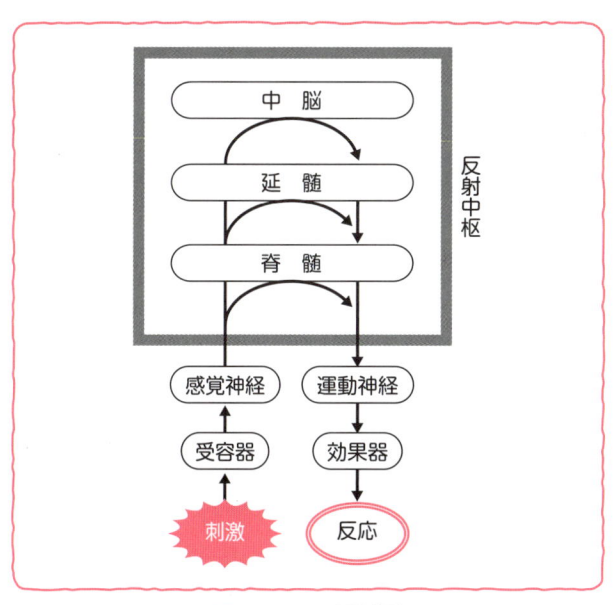

図 11-27 反射弓

4. 効果器

筋肉の種類と構造

脊椎動物の筋肉は、横紋筋と平滑筋の2つに大別されます（図 11-27）．

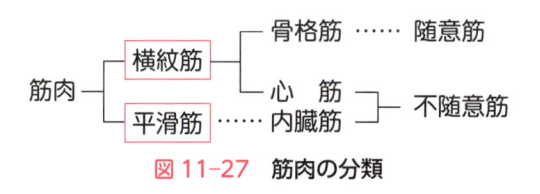

```
          ┌─ 骨格筋 …… 随意筋
    ┌ 横紋筋 ┤
筋肉 ┤      └─ 心 筋 ┐
    └ 平滑筋 ─ 内臓筋 ┴ 不随意筋
```

図 11-27 筋肉の分類

横紋筋

横紋筋を顕微鏡で観察すると縞模様が観察されます．横紋筋には、関節を動かす骨格筋（随意筋）と、心臓を動かす心筋（不随意筋）があります．

平滑筋

平滑筋には横紋筋で見られる縞模様はありません．平滑筋は内臓や血管壁にある筋肉で不随意筋です．

骨格筋の構造

骨格筋の構造と筋収縮のしくみについては第9章「タンパク質の基本的性質」を参照して下さい．

その他の効果器

筋肉以外の効果器としては、分泌腺として外分泌腺（汗腺、皮脂腺、乳腺など）や内分泌腺（甲状腺、膵臓、副腎など）があります．また、ヒト以外の生物では発光器官（ホタルなど）や発電器官（シビレエイなど）も効果器に含まれます．

5. ヒト以外の動物の行動

最新の動物行動学の研究内容は、従来のものと大きく異なってきています．たとえば神経構造上のメカニズムの解明、発達段階とともに行動がどのように変化するか、行動がその種にとってどのような利益を生むか、そ

して，どのように進化してきたかというものです．
ここでは基本的な**生得的行動**と**習得的行動**の2つに分けてまとめることにします．

生得的行動

生得的行動は走性・反射・本能行動の3つに分けられます．

経験を必要とせず，親やほかの個体の行動を見なくても行うことができる行動で，生まれつき遺伝的にプログラムされた行動です．

1．走　性

刺激源に対して向かって行ったり（正の走性），遠ざかったり（負の走性）する行動です．

例：正の光走性（光に向かうガ，ミドリムシなど），負の重力走性（上方に登るマイマイ），正の化学走性（呼気などの二酸化炭素に向かうカ）など

2．反　射

海に生息する軟体動物のアメフラシは，背中の水管に触れると周囲にあるエラを体のなかに引っ込める反応を示します．これを引っ込め反射といいます．

p.146で学んだ脊髄反射も反射の一つです．

3．本能行動

生まれつき持っている遺伝的にプログラムされた行動です．本能行動を誘発させる刺激を**鍵刺激**といいます．

例：イトヨの生殖行動，サケの回遊性など

習得的行動

習得的行動は，学習行動・知能行動の2つに分けられます．生後，経験に基づき，修正を加えながら途中で変更可能な行動です．

1．学習行動

経験や訓練することで，新しい行動を身につける行動です．学習行動は，さらに**慣れ・条件反射・刷込み・試行錯誤学習**などに分類されることがあります．

慣れ

意味のない繰り返し反応（反射）によるエネルギー消費を排除する行動といえます．

例：味，音，臭いに慣れる

条件反射

反射を起こす刺激（**無条件刺激**：餌を舌に乗せると唾液が出る）と反射とは無関係な刺激（**条件刺激**：ベルの音）を繰り返し与えると，条件刺激だけで反射が起こるという反応です．唾液分泌中枢と大脳皮質にある聴覚中枢との間に新たな条件反射中枢が成立することで起こる反応と考えられています．

例：パブロフのイヌの実験など

刷込み

主に水鳥のヒナが生後間もない時期に，生存上有利な行動を学習することで，**インプリンティング**ともいいます．

例：ヒナが親鳥を追いかける行動など

試行錯誤学習

失敗による不利益と成功による利益を繰り返し行い（試行錯誤し）ながら失敗の回数が徐々に減り，成功への到達時間が短くなる学習です．

例：ネズミの迷路実験など

2．知能行動

過去の経験を生かして，未経験の出来事に対する解決方法を探す行動で，大脳の発達したほ乳類に見られる行動です．

例：チンパンジーが高いところのバナナを取るために箱を積み上げる行動など

第11章 章末問題

① 耳が受容する感覚を2つ答えよ．

② 右図は目の水平断面を上から見下ろしたものである．左右どちらの目であるか．また，A〜Hにあてはまる名前を答えよ．

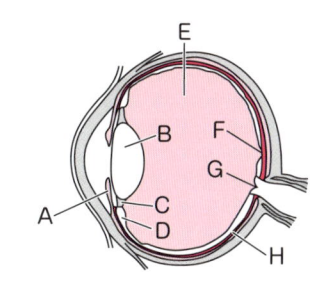

③ 錐体細胞には吸収する光の違いにより3種類ある．これらの錐体細胞名を3つ答えよ．

④ 蝸牛において，低音を感じる部分はどこか．

⑤ 体の回転（加速度）を感じる内耳の部分を何というか．

⑥ 次のグラフは，神経に刺激を与えたときの電位差の変化を示したものである．静止電位と活動電位をA〜Cの記号で表せ．

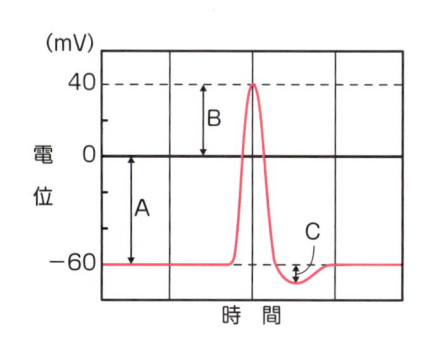

⑦ 神経の軸索の一部に刺激を与えたとき，膜内外の電位はどのように変化するか．下図のa〜eのなかから正しいものを選べ．

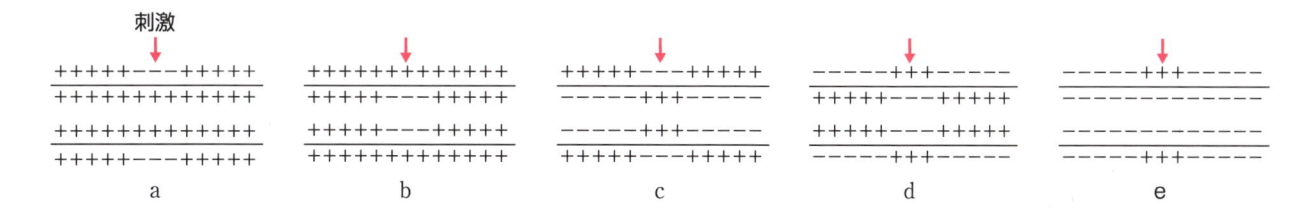

⑧ ヒトの脳における中脳と延髄のはたらきを答えよ．

⑨ 効果器にはどのようなものがあるか（ヒト以外でもよい）．

第12章
恒常性 I

ヒトの細胞は約60兆個あり，どの細胞も盛んに生命活動を営んでいます．生命活動を行うためには絶え間ないエネルギー供給と老廃物などの回収が必要です．また，細胞や組織・器官の活動を調節するための情報を送受信するしくみも必要です．そのしくみには内分泌系（ホルモン）と自律神経系が深く関わっています．それらは頭のてっぺんから足の先まで，体液（血液・リンパ液・組織液）を介してすべての細胞間で物質やガスの交換を行っています．また，全身に張り巡らされた体液の循環システムは，防衛システムとして外部からの異物の除去といったはたらきも担っています．

本章ではヒトの恒常性に関わる器官として，血液を送るためのポンプである心臓，血液の貯蔵庫ともいうべき肝臓，血液の濾過装置である腎臓，免疫細胞が敵（異物）と戦う場所でもあるリンパ節などを扱います．

キーワード　体液，血液，心臓，肝臓，腎臓，リンパ球，抗原と抗体，細胞性免疫，液性免疫，アレルギー

1. 恒常性と体液

ホメオスタシス homeostasis とは，「同じ」という意味の homeo と「定常状態」という意味の stasis を結びつけた語で**恒常性（の維持）**ともいいます．1932年，アメリカの生理学者**キャノン**（W. B. Cannon, 1871 ~ 1945年）が提唱しました．ホメオスタシスは，一般に**多細胞生物の体内の生理的状態が一定に保たれていること**を示します．

多細胞動物で，このような状態を保つには**体液（血液・組織液・リンパ液）**が欠かせません．体液によって，からだの隅々の細胞にまで物質やガス（気体）が届けられ，不要な物質やガスが回収されます．

恒常性

フランスの生理学者**ベルナール**（C. Bernard, 1813 ~ 1878年）は，光・温度・塩分濃度などの個体に対する環境要因（**体外環境**）に対して，細胞や器官が直接，接

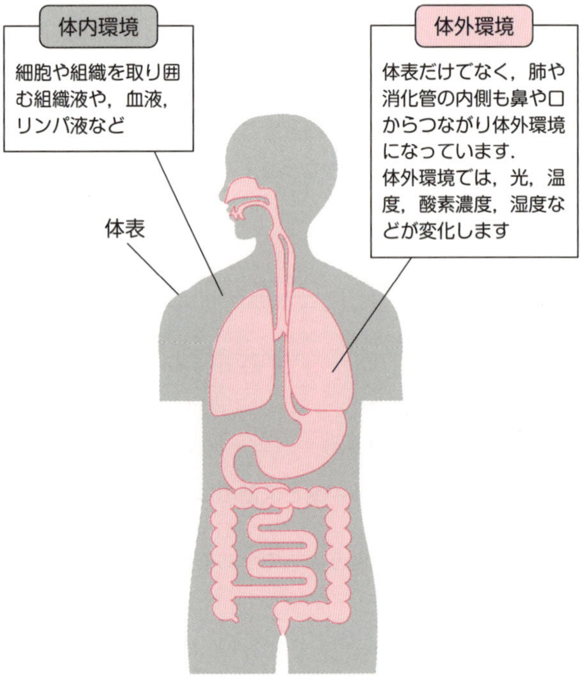

体内環境
細胞や組織を取り囲む組織液や，血液，リンパ液など

体表

体外環境
体表だけでなく，肺や消化管の内側も鼻や口からつながり体外環境になっています．
体外環境では，光，温度，酸素濃度，湿度などが変化します

図 12-1　**体内環境と体外環境**

している体液を**体内環境**といいました（図12-1）．また，体液のうち組織液や血漿を**細胞外液**，細胞内を満たす液体を**細胞内液**といいます．ヒトの場合，消化管内部は外部環境（からだの外）になります．

したがって，恒常性とは，**血糖値・体温・水分量・性周期などの調節や生体防御などを通して内部環境を一定の状態に保つしくみ**をいいます．

体液

体液のうち**組織液**とは，毛細血管壁より血漿の一部が染み出たもので，細胞間のすきまを流れた後は再び毛細血管内に戻り**血液**となります．また一部の組織液は毛細血管に戻らずリンパ管内に入り**リンパ液**となります（図12-2）．体液はからだのすべての細胞間に行き渡ることで養分を供給し，ガス交換を行いながら老廃物を回収します．とくに血管内を短時間で循環する血液には，体温・浸透圧・血糖値を調節する役割もあります．

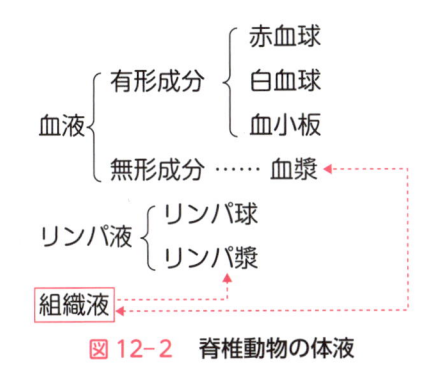

```
        ┌ 有形成分 ┌ 赤血球
血液 ┤         ┤ 白血球
        │         └ 血小板
        └ 無形成分 …… 血漿 ←
リンパ液 ┌ リンパ球
        └ リンパ漿
組織液
```

図12-2　脊椎動物の体液

血液

血液のはたらきは主に酸素，二酸化炭素，栄養素，老廃物の運搬や止血作用，生体防御などです．血液の量は体重の約1/13で，そのうち55％が液体成分，45％が血球などの有形成分で成り立っています（図12-3）．

また，血球のほとんどは，骨髄でつくられた**造血幹細胞**から分化したものです．血球のうち，核の無い**赤血球**が一番多く含まれます（表12-1）．

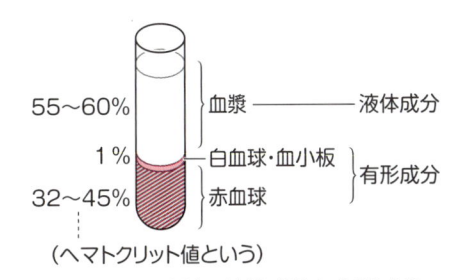

```
55～60% ─ 血漿 ─── 液体成分
1%      ─ 白血球・血小板 ┐
32～45% ─ 赤血球         ┴ 有形成分
（ヘマトクリット値という）
```

図12-3　**血液の液体成分と有形成分**
凝固しないように処理した血液を放置すると，薄黄色の上澄みの液体成分（血漿）と，下に沈殿した有形成分に分かれます．

表12-1　**ヒトの血液の成分**

	名　称	直　径	1mm³中の個数
有形成分	赤血球（核なし）	7～8μm*	450～550万個
	血小板（核なし）	2～3μm	10～40万個
	白血球（核あり）	5～20μm	4000～8000個
液体成分	血漿	水（約90％），タンパク質（6～8％），無機塩類，グルコース（約1％），脂質など	

*1μm = 10^{-6}m

また，赤血球は**ヘモグロビン**という色素タンパク質を含み，これによって酸素の運搬をおこなっています．それに対し，核を持つ**白血球**は赤血球の1/1,000程度の数ですが，種類がいくつかあって，いずれも免疫など生体防御に関係した重要なはたらきをしています．**血小板**は，止血や血液凝固などに関係しています．

血液から有形成分（血球）を除いた液体成分を**血漿**といいます．血漿は栄養素，二酸化炭素，代謝産物，ホルモンなどの運搬をおこなっています．

また，血漿から血液凝固因子（フィブリノーゲン）を除いたものは**血清**といいます．しっかり区別しましょう．

> **重要！**
> 血液＝血球＋血漿
> 血清＝血漿－フィブリノーゲン
> （→血液凝固参照）

血液凝固

血液凝固とは，通常血液中には存在しないネット状の線維（繊維）であるフィブリンが血球とからみついて**血餅**を作る反応です．

フィブリンを合成するしくみは，図12-4のように複雑な過程を経ますが，その過程でカルシウムイオンが欠かせません．

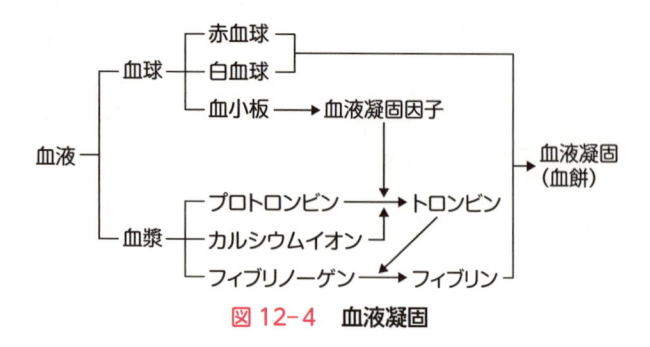

```
        ┌─ 赤血球
    ┌ 血球 ─ 白血球
    │   └─ 血小板 → 血液凝固因子 ─┐
血液 ┤                              ├→ 血液凝固
    │   ┌─ プロトロンビン → トロンビン─┘    （血餅）
    └ 血漿 ┼─ カルシウムイオン          ↑
          └─ フィブリノーゲン → フィブリン
```

図12-4　血液凝固

赤血球による酸素の運搬

ヘモグロビン（Hb）は，酸素（O_2）分圧*や二酸化炭素（CO_2）分圧によって，酸素と結合したり酸素を放出したりします．

$$\text{ヘモグロビン} + O_2 \underset{\text{組織}\begin{pmatrix}O_2\text{分圧 低}\\ CO_2\text{分圧 高}\end{pmatrix}}{\overset{\text{肺胞}\begin{pmatrix}O_2\text{分圧 高}\\ CO_2\text{分圧 低}\end{pmatrix}}{\rightleftarrows}} \text{酸素ヘモグロビン}$$

（暗赤色）　　　　　　　　　　　　　　　（鮮紅色）

O_2分圧と酸素ヘモグロビン（HbO_2）の割合を示したグラフを**酸素解離曲線**といいます（図12-5）．酸素解離曲線は，効率的に酸素を組織に供給することができるように**S字形の曲線**となります．

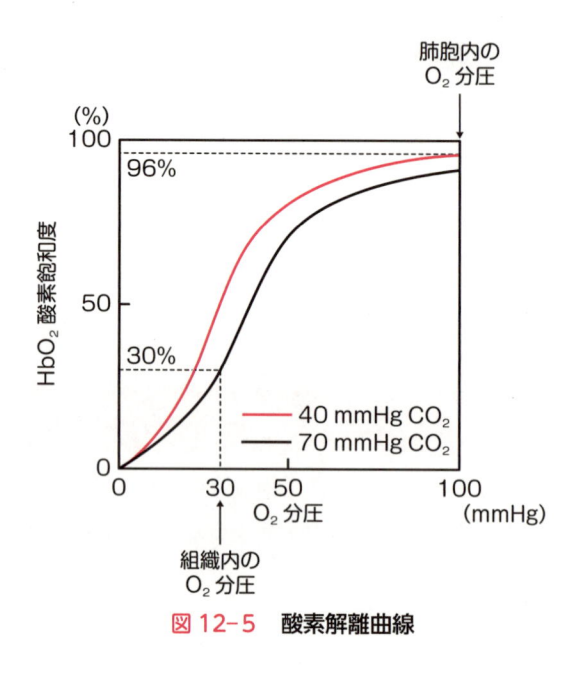

図12-5　酸素解離曲線

組織から放出される酸素の量の求め方について，図12-5をもとにして見てみましょう．肺胞内ではO_2分圧が100 mmHg，CO_2分圧が40 mmHgで，このときの肺胞でのHbO_2の割合は96%となります．次に組織内ではO_2分圧が30 mmHg，CO_2分圧が70 mmHgなので，組織でのHbO_2の割合は30%となります．よって**組織で解離される酸素の量**は，96% − 30% = 66%になり，その割合は次のように求められ，約69%となります．

$$\frac{(96-30)}{96} \times 100 = 68.8(\%)$$

白血球とリンパ液

1．リンパ液

リンパ液はリンパ管内を流れる液体で，**リンパ球**と**リンパ漿**からなります．白血球の仲間であるリンパ球は，骨髄の造血幹細胞から分化したもので，リンパ節・脾臓・胸腺で増殖します．リンパ球には，B細胞，T細胞，ナチュラルキラー細胞（NK細胞）などがあります（図12-6）．

---

*分圧：2種類以上の気体が含まれる混合気体中で，1つの気体がその全体積に及ぼしている圧力のこと．たとえば空気中の窒素と酸素の体積比は窒素：酸素 = 4：1なので，窒素の分圧は4/5，酸素の分圧は1/5になります．

図 12-6　白血球の種類

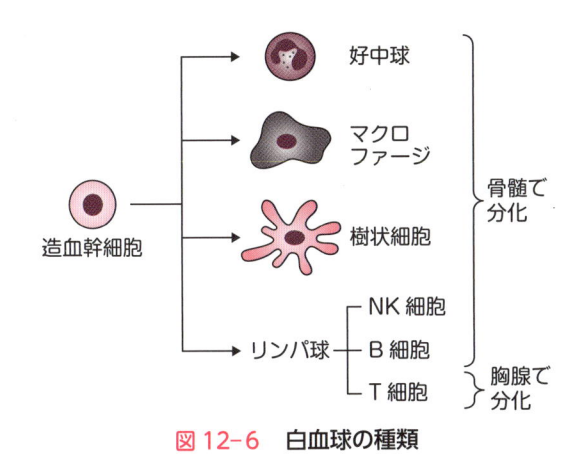

リンパ漿は，ほぼ透明な液体で，その組成は血漿と似ていますが，小腸からのリンパ管内のリンパ漿には吸収した脂肪が多く含まれているため，多少，粘性があります．

リンパ管内には，何種類かの白血球も含まれ，異物や病原体を除去しています．また，蝸牛（うずまき管）や半規管のなかもリンパ液で満たされており，聴覚や平衡感覚に関係しています．

2．リンパ節

わきの下や関節付近のリンパ管には，**リンパ節**という球状の組織があります．体内に細菌や異物が侵入してくると，リンパ節に集まったリンパ球などの白血球によって免疫機能が発揮されます．

2. 循環系

循環系は，酸素や養分，代謝産物などを運搬し，内部環境を常に一定に保っています．循環系には，血管系とリンパ系の2つがあります．

1．血管系

ヒトの血管系には，心臓を出た血液が肺をめぐり心臓へともどる**肺循環**と，心臓を出た血液が全身をめぐり心臓へともどる**体循環**とがあります（図 12-7）．肺循環では血液と肺胞との間で**ガス交換**が行われ，体循環では血液と組織の細胞間で物質（養分・老廃物）の交換などが行われます．

2．リンパ系

リンパ系とはリンパ液を循環させる器官系で，組織液の一部が毛細リンパ管に流れ込んだものです．全身から集まってきたリンパ液は**胸管**を経て，最終的には**鎖骨下静脈**に入ります．

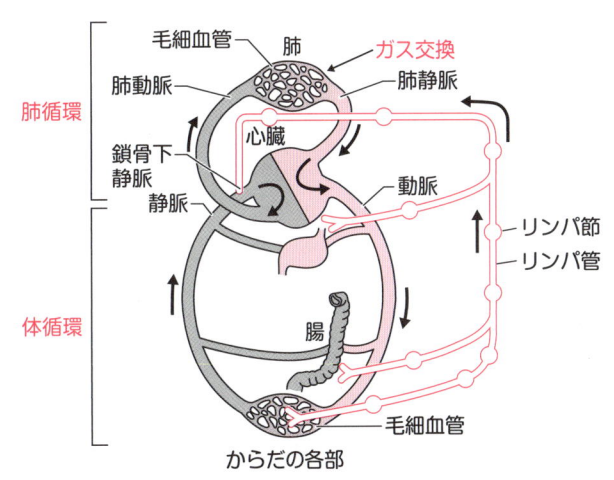

図 12-7　血液とリンパの循環（模式図）

心　臓

1．心臓の構造

ヒトの心臓の大きさはこぶし大（大人では約 300 g），構造は二心房二心室で，胸部の中央よりほんの少し左寄りにあります．拍動数は，毎分平均 65 回，心拍出量は毎分平均 5.8 L です．

心臓の筋肉は特殊で，自動性（自分自身のリズム）を

持っているのが特徴です．しかも平滑筋より収縮が速く強い横紋筋（心筋）でできています．

静脈から右心房・右心室に入った血液は左右の肺に送られ，肺から戻ってきた血液は左心房・左心室に入り，ここから動脈を経て全身に送られます（図12-8）．

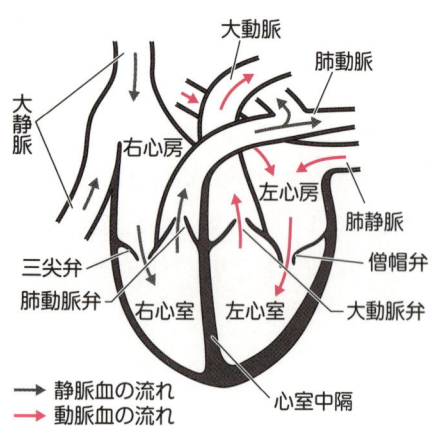

図12-8 心臓の構造

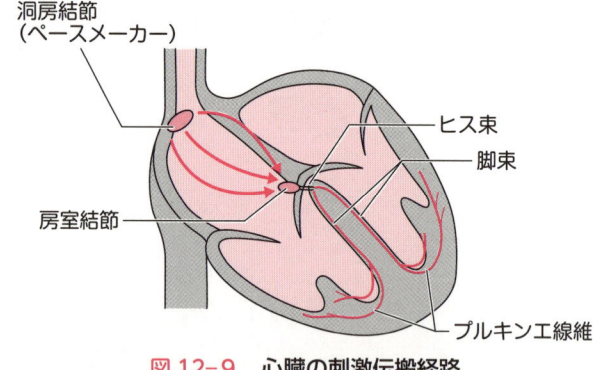

図12-9 心臓の刺激伝搬経路

重要！
刺激伝達経路：洞房結節→房室結節→ヒス束→左右の脚束→プルキンエ線維

2．収縮のしくみ

右心房上部に位置する洞房結節からの信号によって，まず心房を興奮・収縮させます（図12-9）．これによって，左右の心房の血液が心室に送り込まれます．洞房結節からの興奮が心室に伝わるまでには少し時間がかかるため，少し遅れて心室が興奮・収縮し，右心室の血液は肺動脈へ，左心室の血液は大動脈へと送り出されます．

血管

血管には動脈，静脈，毛細血管の3種類があります．

動脈は血管壁が厚く，高い血圧に耐えられるようになっています．太い動脈には，血管壁内部に毛細血管が通っています．

静脈の血管壁は動脈より薄く，ところどころに血液の逆流を防ぐ静脈弁があります．このような弁はリンパ管にも見られます．

毛細血管は動脈と静脈をつなぐ血管で，血管壁は1層の内皮細胞層でできています．

3. 肝臓と腎臓

肝臓

肝臓は，ヒトの臓器のなかで最も大きく，体重60 kgの人なら1.2〜1.4 kgもあります．腹部の右上部に位置し，重要なはたらきを担っています．

1．尿素の合成と解毒

オルニチン回路では，窒素代謝でできた有毒なアンモニアを，毒性がほとんどない尿素に変えます（図12-10）．この尿素は血流に乗り，腎臓で濾過されて尿として排出されます．肝臓にはアンモニアのほかにも，アルコールやある種の薬物などの物質が体内に入ってくると，これを解毒するはたらきもあります．

図12-10 オルニチン回路

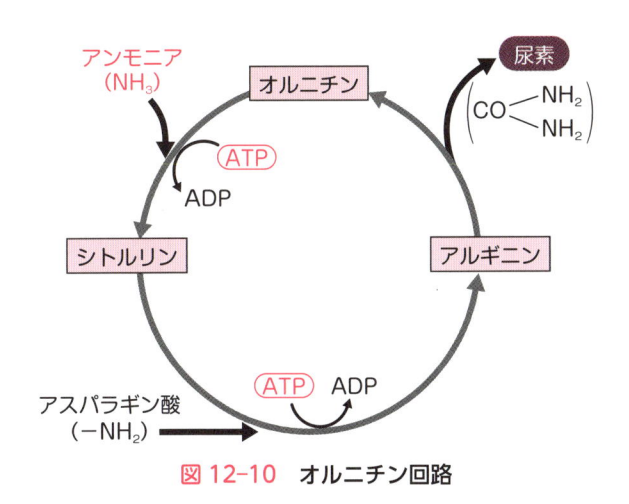

2. 栄養物質の貯蔵と血糖値の維持

　肝臓は血糖値の維持・管理もしています．小腸で取り込まれたグルコースが，血液によって肝門脈から肝臓に運び込まれ，肝細胞はこれを取り込み，グリコーゲンを合成して蓄えます（図12-11）．血糖値が低くなると，このグリコーゲンを分解して血中にグルコースを放出します．このように，肝臓は血液の成分を調節しているので血液に満ちた臓器であり，血液貯蔵のはたらきもあります．

3. 胆汁の生成

　胆汁には，胆汁酸，胆汁色素，コレステロールなどが含まれています．このうち胆汁色素は，赤血球の破壊によるヘモグロビン代謝物のビリルビンに由来しています．生成された胆汁は，胆嚢を経由して十二指腸に分泌され，脂質を乳化させ消化を助けます．

4. 熱の発生

　肝細胞の化学反応で生じる熱は，体の全熱発生量の2割にも及びます．

　このほかにも血漿中のタンパク質の合成や分泌も行っています．なお，肝臓は再生力が強いことも知られています．しかし，肝臓には感覚神経が入り込んでいないという特徴があり，痛みは感じません．

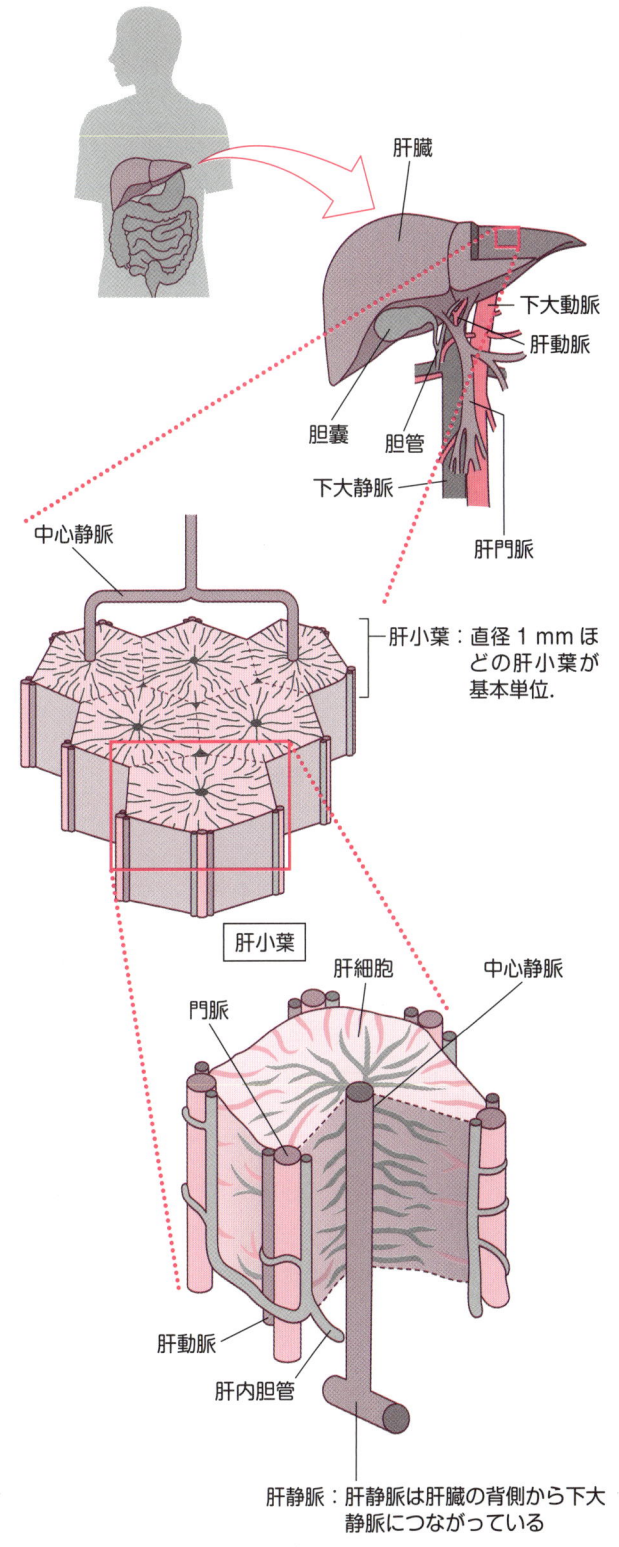

図12-11 肝臓の構造

腎臓

1. 腎臓の構造

ヒトの腎臓は，腹部の背中側の腰の少し上に2個，左右に1つずつあります．1個当たり約120gです．腎臓には3本の太い管が出入りしています．うち2本は太い血管で，腎動脈と腎静脈です．もう1本は尿管で，腎臓ででてきた尿を膀胱まで運ぶための管です（図12-12）．

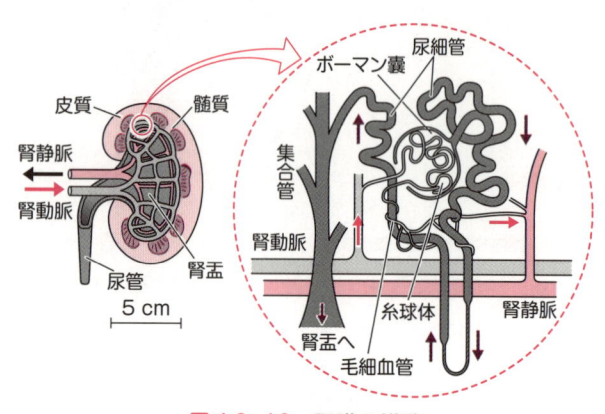

図12-12 腎臓の構造

2. 腎臓の機能

血液が腎臓のなかの糸球体を通るとき，分子量が比較的大きいタンパク質や血球を除く成分が，血管壁を通して浸みだし，ボーマン嚢を経て尿細管（腎細管）に送られます．これを原尿といい1日に約170Lも作られます．原尿中には，有用な糖類やミネラルなども多く含まれているので，尿細管（腎細管）を流れる間に糖類，ミネラル，水などの多くが毛細血管へ再吸収されます．集合管での水分の再吸収は，脳下垂体後葉からのホルモン（バソプレシンなど）により調節されています．

尿細管（腎細管）において再吸収されなかった尿は，腎盂に集まります．そしてさらに尿管を経て，膀胱に溜まり尿道から体外へ排出されます（図12-13）．

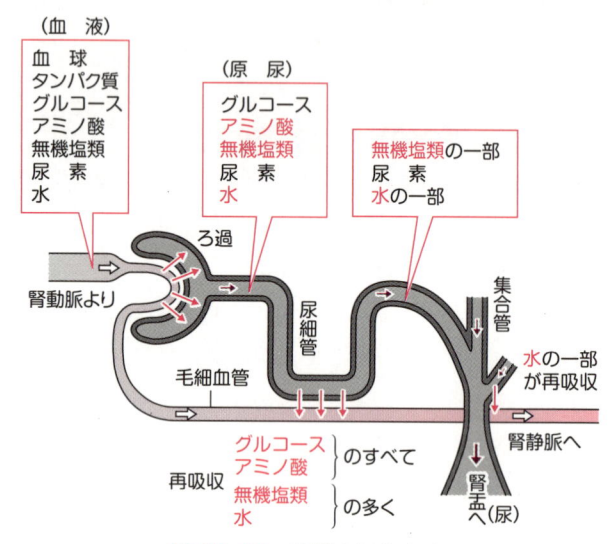

図12-13 腎臓のはたらき
尿管は輸尿管，尿細管は細尿管ともいいます．

4. 免疫

私たちは，常にウイルスや細菌などの侵入の危険にさらされています．ウイルスや細菌などの異物が体内に侵入した場合，これらの異物を排除するしくみがあり，これを免疫といいます．

そのほか，免疫はがん化した細胞やアレルギー物質の排除なども行っています．

食作用（貪食）によって細胞内に取り込み処理する好中球，マクロファージ，樹状細胞などの食細胞や，T細胞（リンパ球全体の70～80％）やB細胞（リンパ球全体の5～10％）などがあります．これらの細胞は，骨髄にある造血幹細胞からつくられますが，T細胞はさらに胸腺に移動して成熟します．

免疫に関係する細胞

免疫にも体液が重要です．とくに，白血球などのリンパ球が大きな役割を果たしています．白血球には異物を

免疫機構

ヒトのからだには，大きく分けて3段階の防衛機構があります（図2-13）．

3．第三の防衛機構

第三の防衛機構は最も強力です．ヘルパーT細胞が中心となり，各種のリンパ球が異物に対して特異的に攻撃する獲得免疫（適応免疫）によって病原体を排除します．「特異的」とはある1種類の異物に対し，その異物にだけ専門にはたらくことをいいます．獲得免疫には，B細胞が産生する抗体によって，細胞外の病原体を除去する液性免疫（体液性免疫）と，キラーT細胞などが，細胞内の病原体を直接駆除する細胞性免疫があります．

物理防御

1．皮　膚

皮膚の表面は堅い角質で覆われた組織でできており，内側からは絶えず新しい皮膚を再生し，一番外側の死んだ細胞は垢として捨てています．これにより物理的に外部からの細菌などの侵入を未然に防いでいるのです．

2．粘液と線毛

たとえば，気管の内側では粘液が常に分泌され，さらに線毛の運動によって口の方向（体の外）への流れをつくっています．せきやくしゃみも同じようなはたらきで異物を体外に放出しています．

3．酸性液と酵素

涙，唾液，粘液，尿は弱酸性で，胃液は強い酸性です．酸性の液体のなかでは，ほとんどの細菌の増殖を抑えられます．また，これらの液には細菌の細胞壁を分解する酵素も含まれています．

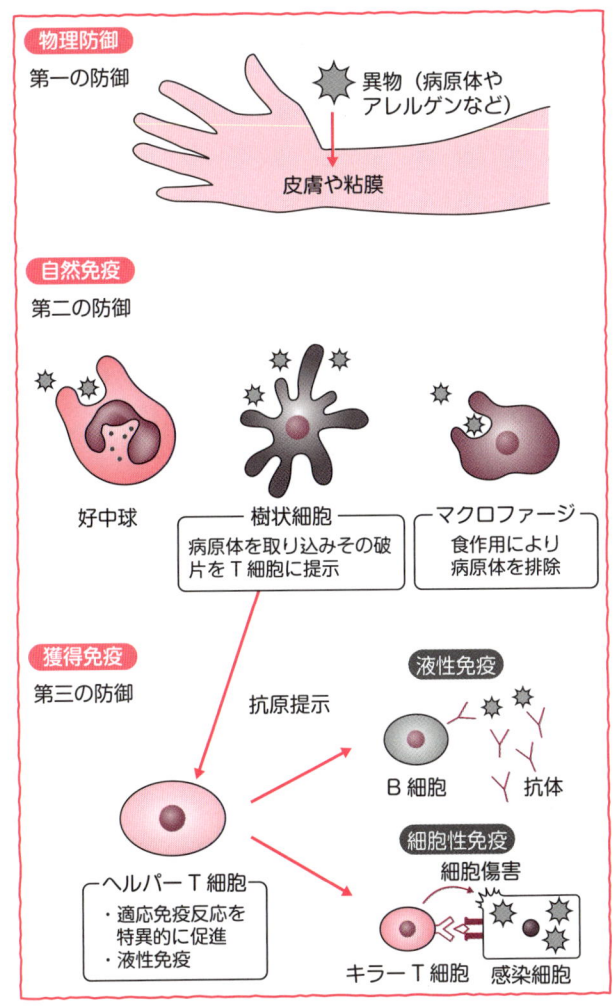

図12-13　生体防御のしくみ

1．第一の防衛機構

最初の防衛機構は，病原体などの異物の侵入を防いでいる皮膚や粘膜（線毛）などです．

2．第二の防衛機構

次にはたらく防衛機構は，食細胞による食作用で，異物を見つけると食作用により自ら取り込んで排除します．第一，第二の防衛機構は，動物が生まれながらに持っているので自然免疫といいます．

また，樹状細胞は，異物の存在を第三の防御機構であるヘルパーT細胞に知らせる能力があります．異物のことを抗原と呼び，これを知らせることを抗原提示といいます．

自然免疫

1．食作用

内部に顆粒をもった好中球と呼ばれる細胞は，白血球の一種で血液中に存在し，おもに細菌を体内に取り込んで駆除するはたらきを持っています．また，マクロファージは異物の取り込みのほか，ウイルスに感染した細胞やがん細胞と，健康な細胞を細胞表面に出ている物

質の違いから識別して，健康でない細胞を細胞内に取り込んで消化します．**樹状細胞**は取り込んだ異物や不健康な細胞を分解してヘルパーT細胞に伝達して，獲得免疫を活性化します．

2．炎　症

マクロファージや樹状細胞などの自然免疫では，発熱や炎症といった免疫反応を誘導します．マクロファージなどの炎症物質による影響で，毛細血管壁に隙間が生じ，いろいろな白血球が集まってきます．その結果，血流量も増えて，異物の侵入した場所は赤く腫れた状態になります（**炎症作用**）．

さらに，インフルエンザやその他の病原体に感染したときに生じる体温上昇もマクロファージなどによるものです．高い体温によって病原体の増殖を抑制し，免疫細胞を活性化させるはたらきがあります．

3．抗原提示

ウイルスに感染し細胞では，分解されたウイルスのタンパク質が，**MHC分子**（**主要組織適合性複合体分子**）に挟まれ細胞表面に送り出されます（**抗原提示**）．この細胞表面にあるMHC分子をT細胞などがチェックすることで，ウイルスに感染しているかどうかがわかります．また，樹状細胞やマクロファージも積極的に異物を取り込んで抗原提示を行い，獲得免疫を活性化します（図12-14）．これらの細胞を**抗原提示細胞**といい，ヘルパーT細胞を活性化する重要なはたらきがあります．

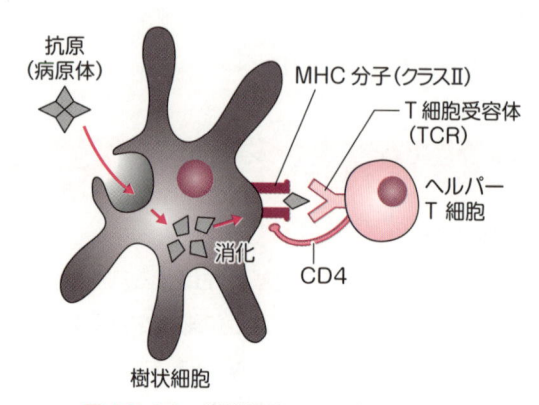

図12-14　樹状細胞による抗原提示

4．ナチュラルキラー細胞

ウイルスに対しては，このほかに**ナチュラルキラー細胞**（**NK細胞**）で対抗する手段があります．NK細胞は全リンパ球数の約15%ほど含まれます．

ウイルスが侵入すると，マクロファージなどがサイトカインを放出しウイルスの侵入を知らせます．これに対して真っ先に対応するのがNK細胞です．NK細胞は，常に体内をパトロールし，がん細胞やウイルス感染細胞を見つけると，獲得免疫のキラーT細胞が活性化するより前に，ウイルス感染細胞を独自に直接破壊します（図12-15）．

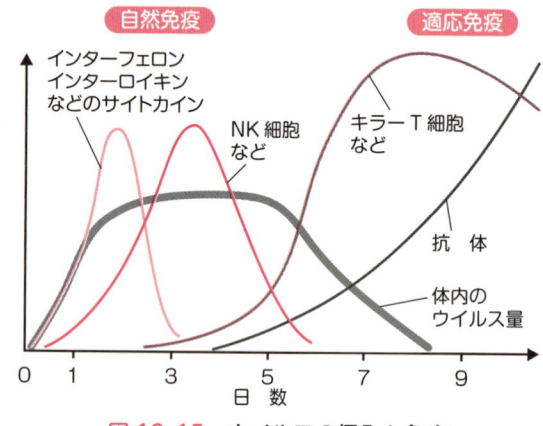

図12-15　ウイルスの侵入と免疫

獲得免疫

獲得免疫は自然免疫だけで対処できない外敵が侵入したときにはたらきます．樹状細胞やマクロファージが，ヘルパーT細胞に抗原提示することで活性化し，獲得免疫がスタートします．

なお，ヘルパーT細胞は1つの細胞ごとに1種類の抗原だけ覚えてはたらきます．

1．細胞性免疫

細胞のなかに入り込んだウイルスは，次項で述べる液性免疫（体液性免疫）システムの抗体だけでは駆除できません．そこで，もう一つの免疫システムである**細胞性免疫**がはたらきます．

免疫　159

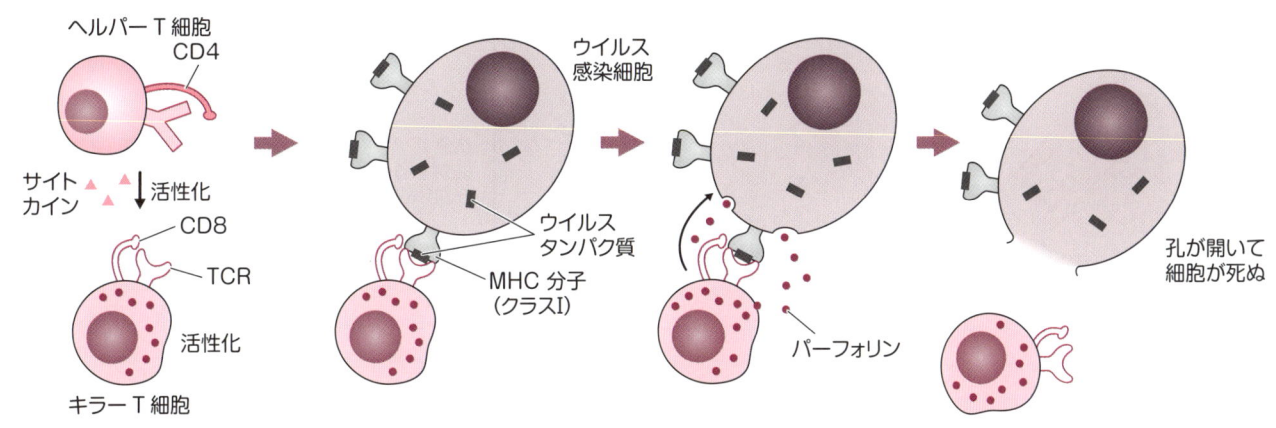

図12-16　細胞傷害性T細胞による細胞性免疫

キラーT細胞

　T細胞の一種である**キラーT細胞**は，ヘルパーT細胞が出す**サイトカイン**（インターフェロンやインターロイキンなど）というタンパク質によって活性化されると，各細胞表面にあるMHC分子をチェックして，ウイルス感染細胞であるかどうか調べます（図12-16）．そのチェックには，キラーT細胞の表面にある，**T細胞受容体**（TCR）とCD8というタンパク質がはたらきます．キラーT細胞は，ウイルス感染細胞が感染したウイルスのタンパク質の一部をMHC分子に乗せているのを確認すると，**パーフォリン**というタンパク質を放出して，感染細胞の細胞膜に孔を開けて殺します．このようにして，ウイルス感染細胞は排除されます．

記憶T細胞

　細胞性免疫で増殖したT細胞の一部は，**記憶T細胞**（メモリーT細胞）として残り，同一の病原体が再び侵入した際には，ただちに活性化して排除するようにはたらきます．このようなしくみを**免疫記憶**といいます．

2．液性免疫

　ヘルパーT細胞はリンパ節などに多く存在しているため，免疫の活性化は主にリンパ節で行われます（図12-17）．異物をキャッチしたB細胞は取り込んで分解し，その断片を**抗原**としてヘルパーT細胞に提示します．提示された抗原と同じ抗原で活性化したヘルパーT細胞が，B細胞による抗原情報を確認すると，B細胞を活性化させます．活性化したB細胞は増殖し，**抗体**を

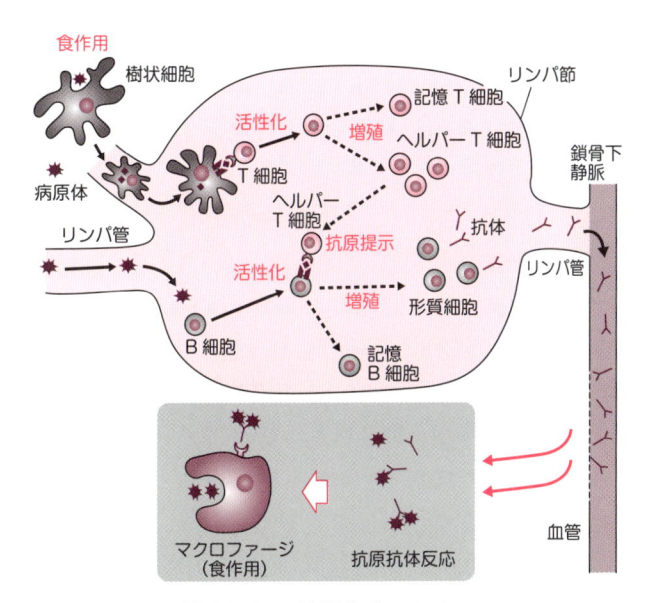

図12-17　液性免疫のしくみ

分泌する**形質細胞**に変化します（**分化**）．形質細胞が分泌した抗体は体液によって循環し，外敵がいる場所へと運ばれて**抗原抗体反応**が起こります（「抗体」の項参照）．抗原抗体反応によって，マクロファージなどの食作用が促進されます．このような過程を**一次応答**といいます．

抗体

　抗体はタンパク質で出来ており，別名で**免疫グロブリン**といいます．免疫グロブリンG（IgG）の構造は，2本の**H鎖**（heavy chain）と2本の**L鎖**（light chain）からなります（図12-18）．

図12-18 IgGの構造

図12-19 一次応答と二次応答

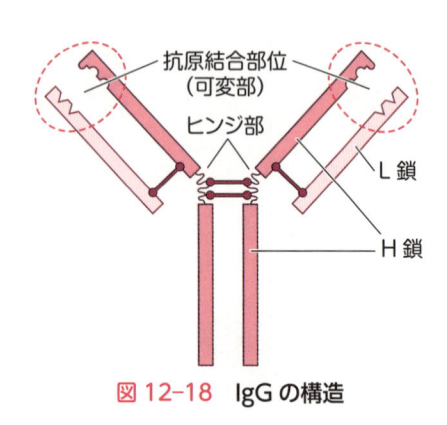

Y字型に折れ曲がっている部分は，ヒンジ（蝶番）部といい，自由に折り曲がることができます．抗原は，Y字型の腕の先端にある抗原結合部位（可変部）に結合します．

このように，IgGは2つの抗原結合部位を持っています．抗体が結合すると，たとえばウイルスの場合は細胞に侵入することができなくなります．それだけではなく，抗体にはマクロファージに認識されやすい部位（ヒンジ部から下の部分）があり，抗体に結合された病原体はマクロファージに取り込まれやすくなります．なお，抗体が決まった抗原（特異的）に結合することを抗原抗体反応といいます．

記憶B細胞

B細胞が増殖するとき，ほとんどのB細胞は形質細胞に分化しますが，T細胞と同じように免疫記憶としてはたらき，一部は記憶B細胞（メモリーB細胞）として体内に保存されます．この細胞は，次に同じ抗原と遭遇すると，すぐに分裂・分化して抗体を産生・放出することができます．このために，2度目に同じ抗原が体内に侵入してきたときの抗体産生までに要する時間は短く，産生される抗体量も多くなります．このような応答を二次応答といいます．

二次応答では，異物が侵入してきても，それらが増殖する前に大量の抗体で対応でき，免疫反応が早く進むという利点があります（図12-19）．

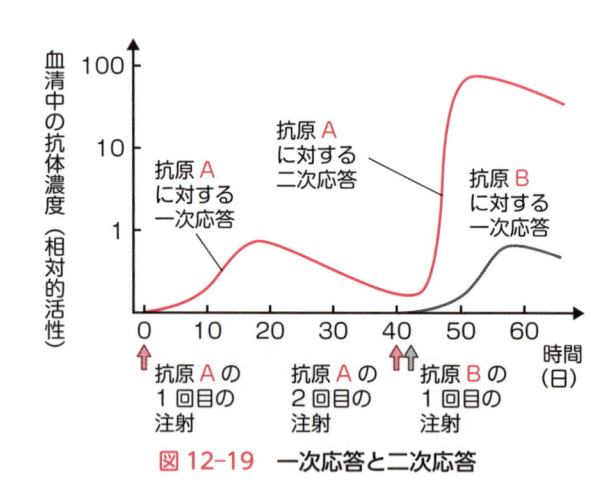

結核菌感染の確認で行うツベルクリン反応は，結核菌の細胞壁の成分を注射して，記憶細胞の免疫反応があるかどうかを調べるものです（記憶細胞がはたらくと赤く腫れます）．

免疫寛容

B細胞はT細胞と同じように，1種類の特定の抗原とのみ結合します．つまり1つのB細胞が作ることのできる抗体は1種類だけです．したがって胎児期には，さまざまな抗体を作ることができるように，たくさんのB細胞が準備されます．ただし，自分のからだ（自己）の物質（タンパク質）を攻撃するような抗体を作るB細胞は除去されていきます．このようにして，自己に対する抗体はできないようになっています．これを免疫寛容といいます．

免疫疾患

1．アレルギー

体内に侵入してくるものは病原体だけとは限りません．免疫反応は，侵入してきたものが病原体かどうかではなく，自己か非自己（異物）かで見分け，非自己なら免疫反応が起こるしくみになっています．しかしながら，免疫反応が過剰（敏感）に起こることで，さまざまな傷害を起こすことがあります．これをアレルギー（過敏症）といいます．また，アレルギーを起こす原因物質（抗原）をアレルゲンといいます．

アレルギーでは，アレルゲンを認識して作られた免疫

グロブリンE（IgE）という抗体が，**マスト細胞（肥満細胞）** の表面に結合しており，二度目に同じアレルゲンが体内に侵入すると，アレルゲンはIgEに結合して，マスト細胞から **ヒスタミン** を放出させます．このヒスタミンが，くしゃみなどのアレルギー症状を引き起こすことがわかっています（図12-20）．

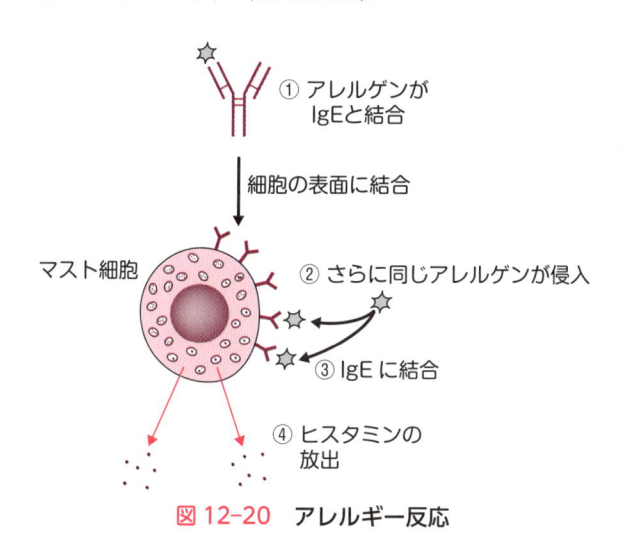

図12-20　アレルギー反応

① アレルゲンがIgEと結合
② さらに同じアレルゲンが侵入
③ IgEに結合
④ ヒスタミンの放出

2．自己免疫疾患

免疫のシステムが，自己に対してはたらいてしまうことがあります．これを **自己免疫疾患** といいます．たとえば **リウマチ性疾患** などです．しかし，発症の原因についてはまだ不明な点が多くあります．

3．がん

細胞ががん化すると，細胞表面の構造にも違いが生じてきます．その結果，それを異物として見分けられれば，それを排除しようとして免疫がはたらくことができます．すべてを排除できなくとも，初期の増殖を抑えることはできます．免疫機能を最良の状態に維持することが，がんを可能な限り防ぐ最良の方法でもあります．

また，がん細胞に対する免疫機能を強めてがんを治療しようという研究も進んでいます．

4．後天性免疫不全症候群

後天性免疫不全症候群（AIDS）は，**HIV**（*Human immunodeficiency virus*）の感染により引き起こされます（HIVの構造はp.122 図10-7参照）．

HIVは，未熟なヘルパーT細胞に入り機能を失わせます．その結果，免疫のシステムの指揮官ともいえるヘルパーT細胞が機能しなくなり，液性免疫および細胞性免疫の双方が機能しなくなります（図12-21）．

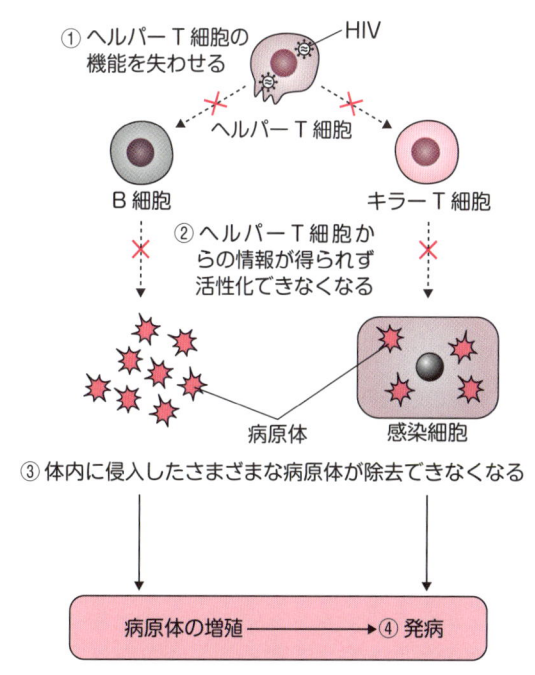

図12-21　後天性免疫不全症候群（AIDS）発症のしくみ

① ヘルパーT細胞の機能を失わせる
② ヘルパーT細胞からの情報が得られず活性化できなくなる
③ 体内に侵入したさまざまな病原体が除去できなくなる
④ 発病

第12章 章末問題

① 血液以外の体液を2つ答えよ．また，血液における血漿と血清の関係を簡単な式で表せ．

② 右図は酸素解離曲線である．肺胞内の酸素分圧が100 mmHg，二酸化炭素分圧が40 mmHg，組織内の酸素分圧が20 mmHg，二酸化炭素分圧が70 mmHgであるとき，組織で放出される酸素は全酸素ヘモグロビンのおよそ何%か．

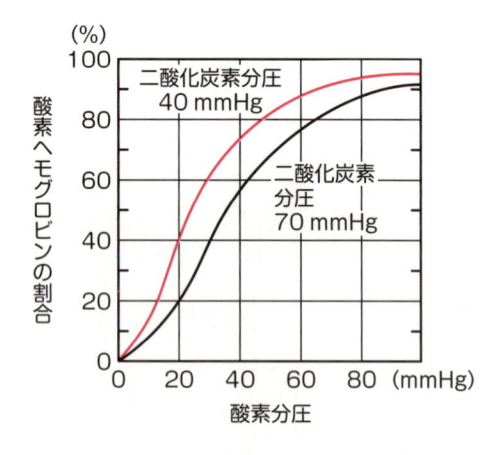

③ 右図は全身の血液循環の模式図である．図中のア～エの血管名，A，Bの循環名，a，bの弁の名称を答えよ．

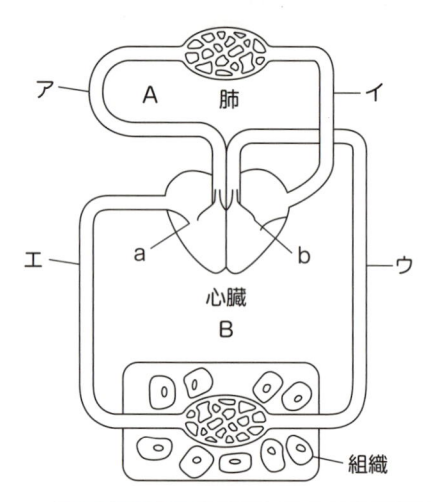

④ 肝臓のはたらきを3つ挙げよ．

⑤ 右の表はヒトの血漿と尿中の成分を示したものである．
（1）A，Bに数値を入れよ．
（2）表の成分のなかで最も濃縮率の大きい成分は何か．また，その濃縮率を計算せよ．

	血漿(%)	尿(%)
タンパク質	8.0	A
グルコース	0.10	B
ナトリウム	0.30	0.35
尿素	0.03	2.1
イヌリン	0.02	1.6

⑥ 細胞性免疫について述べた以下の文章中のア～ウに適語を入れよ．

　（ア）細胞は，ヘルパーT細胞が放出する（イ）などによって活性化されると，各細胞がウイルス感染細胞であるかどうかを調べる．（ア）細胞は，ウイルス感染細胞を見つけると，（ウ）というタンパク質を放出して，感染細胞の細胞膜に孔を開けて殺す．

⑦ 次に挙げる例が，細胞性免疫と関係が深い場合はAで，液性免疫と関係が深い場合はBで答えよ．
　（1）ツベルクリン反応　（2）花粉症　（3）血清療法　（4）臓器移植

第13章

恒常性 II

　ヒトにおいて恒常性を維持する機能は，内分泌系と自律神経系が担っています．内分泌系は血液中を流れるホルモンが，自律神経系では交感神経と副交感神経がその役割を果たしています．これらのシステムは，独自にはたらく場合もあれば協調してはたらく場合もあります．それぞれの特徴である「持続性」と「即効性」を活かして血糖値や体温・水分量の調節を行っています．

　ところで，これらの調節の中枢は間脳です．内分泌系と自律神経系による恒常性の維持では大脳の影響を直接受けることはありませんが，大きなストレスが続くと，この調節システムが乱れることがあります．年齢的には，とくに思春期に起こるといわれています．それは成長の過程でホルモンの分泌や自律神経の調節およびバランスが崩れることに起因します．

　本章ではヒトの内分泌系と自律神経系を中心にして恒常性に関わる器官や物質について解説します．

● キーワード　ホルモン，内分泌腺，フィードバック作用，交感神経，副交感神経，アセチルコリン，ノルアドレナリン，アドレナリン，インスリン

1. 内分泌系とホルモン

　恒常性の維持には，体液が重要であることを前章で学びました．この体液，とくに血液中に分泌されて生理作用を調節する物質に**ホルモン**があります．ホルモンは，内分泌腺という分泌腺から血液中に分泌されます．このように，ホルモンによる恒常性の調節全般を**内分泌系**といいます．ホルモンとは「刺激する」という意味で，イギリスのベイリスとスターリングによって1905年に命名されました．

プター）を持っています．そのような細胞を**標的細胞**（その器官を**標的器官**）といいます（図13-1）．

ホルモンとは

1. 特　徴

　ホルモンは内分泌腺から分泌され，**微量でも大きな作用を長時間**にわたって示します．ホルモンが作用する細胞は決まっていて，そのホルモンに対する受容体（レセ

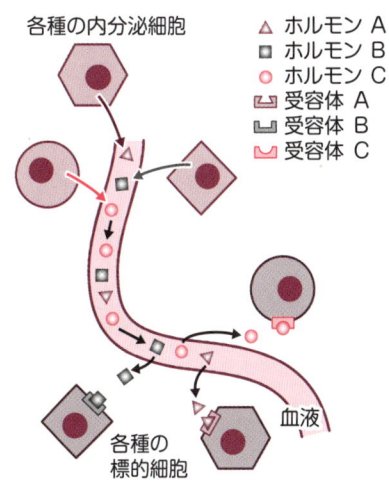

図13-1　ホルモンと標的細胞

2. 種類

ホルモンの種類は大きく以下の2つに分けられます．

- **ステロイドホルモン**：糖質および鉱質コルチコイドなど，ステロイド核を持つホルモンの仲間．
- **ペプチドホルモン**：成長ホルモンやインスリンなど，複数のアミノ酸からなるホルモン．

どれにも当てはまらないホルモンには，アミノ酸の誘導体であるチロキシンやアドレナリン（ノルアドレナリン）があります．

3. 機能

血糖値の調節，体温調節，血液の浸透圧調節，成長促進，血圧の調節，性周期・出産・授乳の調節を行います．

外分泌腺と内分泌腺

生産された特定の物質が導管を通って外部に分泌される腺を**外分泌腺**といいます（図13-2a）．汗腺（汗），涙腺（涙），唾液腺（唾液），胃腺（ペプシノゲン，HCl），皮脂腺（皮脂），乳腺などが外分泌腺です．一方，導管はなく生産された物質が細胞を取り囲んでいる毛細血管内に分泌される腺を**内分泌腺**といいます（図13-2b）．ホルモンは内分泌腺で作られます．

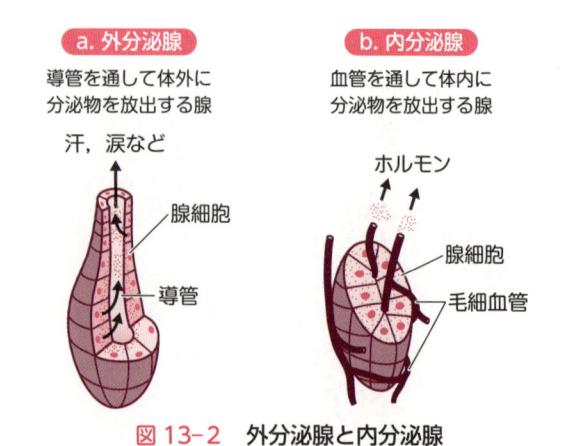

a. 外分泌腺
導管を通して体外に分泌物を放出する腺
汗，涙など
腺細胞
導管

b. 内分泌腺
血管を通して体内に分泌物を放出する腺
ホルモン
腺細胞
毛細血管

図13-2　外分泌腺と内分泌腺

内分泌系の中枢

内分泌系の中枢は**間脳**です（図13-3）．血液によって運ばれてきた体温・血糖・水分・各種ホルモンなどのさまざまな情報が，間脳の**視床下部**で感知されます．これらの情報を受け取った視床下部は，**自律神経系**（交感神経と副交感神経）を興奮させて各臓器や器官のはたらきを調節します．また，視床下部の**神経分泌細胞**からは放出・抑制ホルモンが分泌され，直下に位置する脳下垂体に運ばれます．この脳下垂体からはさまざまなホルモンが血液中に分泌され，全身に送られます．このように間脳の視床下部は，内分泌系と自律神経系の中枢として重要な役割を果たしています．

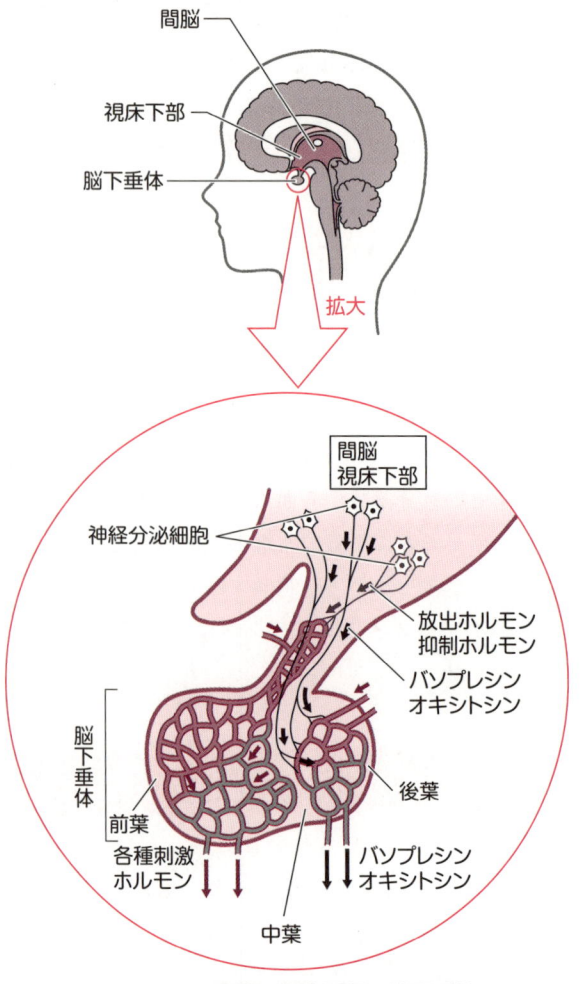

間脳
視床下部
脳下垂体

拡大

間脳
視床下部
神経分泌細胞
放出ホルモン
抑制ホルモン
バソプレシン
オキシトシン
脳下垂体
前葉
後葉
各種刺激ホルモン
バソプレシン
オキシトシン
中葉

図13-3　間脳の視床下部と脳下垂体

内分泌腺の種類

内分泌腺は全身に分布しています（図13-4）．

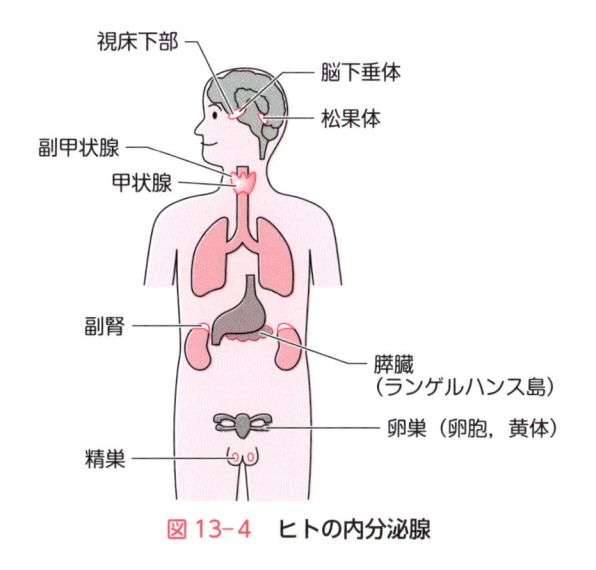

図13-4 ヒトの内分泌腺

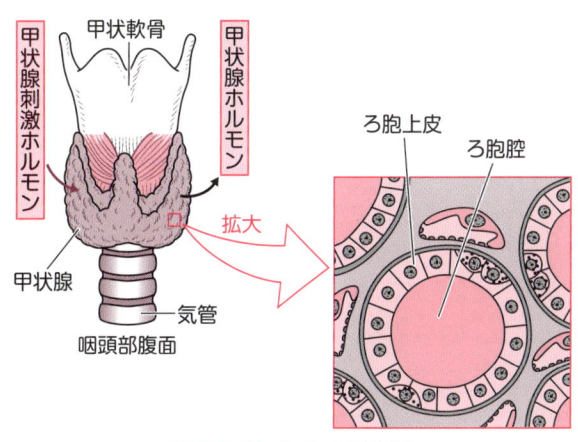

図13-5 ヒトの甲状腺

（チロキシンなど）の前駆物質が蓄えられています．甲状腺刺激ホルモンがろ胞に送られると，この前駆物質が分解され甲状腺ホルモンとなって血液中に放出されます．甲状腺ホルモンは肝細胞や骨格筋などにはたらいて，代謝（異化作用）を促進します．

1. 脳下垂体

ヒトの脳下垂体は，間脳の視床下部の下端についているアズキ豆ほどの大きさの内分泌腺です．前方から前葉・中葉・後葉に分けられます（図13-3）．各種の情報により視床下部の神経分泌細胞が興奮すると，各種の「放出」・「抑制」ホルモンを合成・分泌し，血管を通して脳下垂体前葉（または後葉）に届けます．脳下垂体前葉からは，それぞれの標的細胞・器官に向けて，刺激・形成ホルモンを分泌します．また，視床下部の神経分泌細胞では，バソプレシン（抗利尿ホルモン）やオキシトシン（子宮筋収縮ホルモン）といったホルモンが作られ，軸索を通って脳下垂体後葉に送られた後，そこから分泌されます．中葉はヒトでは発達していません．

2. 甲状腺・副甲状腺

甲状腺は気管の前面にある内分泌腺です．甲状腺には多数のろ胞という球形の袋状組織があり，ろ胞上皮細胞に囲まれた中心に，ろ胞腔という空洞を持つ細胞塊があります（図13-5）．そのなかには甲状腺ホルモン

副甲状腺（上皮小体ともいう）は甲状腺の背面の上下左右に計4つある米粒大の内分泌腺です．血液中のCa^{2+}濃度の低下を感じるとパラトルモンというペプチドホルモンを分泌し，骨からのCa^{2+}の放出と腎臓でのCa^{2+}の再吸収を促進します．

3. 膵臓

膵臓は胃の下部，十二指腸の横に位置する細長い臓器で，膵液を分泌する外分泌腺としてのはたらきと，ホルモンを分泌する内分泌腺としてのはたらきがあります．その組織切片を観察すると，導管を中心に持つ外分泌腺の隙間部分に，内分泌腺の細胞群を観察することができます．この細胞群をランゲルハンス島といいます．ランゲルハンス島にはA（アルファ）細胞とB（ベータ）細胞が見られ，A細胞からは血糖値を上昇させるはたらきがあるグルカゴンが，B細胞からは血糖値を下げる効果を示すインスリンが分泌されます．詳しくは本章第3節で解説します．

図13-6　ランゲルハンス島

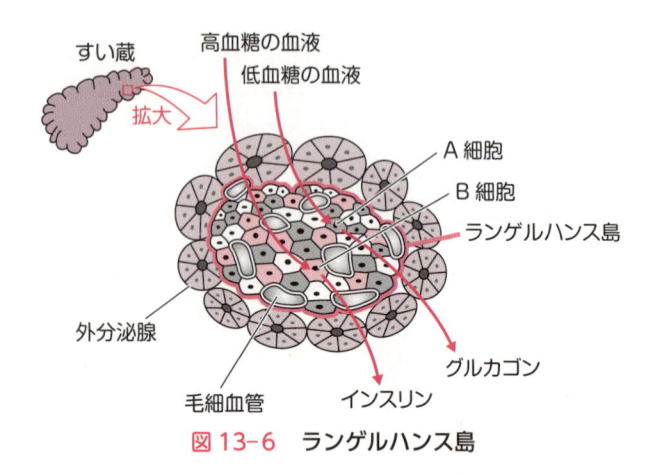

4．副腎

　腎臓の上にある三角錐状の内分泌腺が副腎です．断面を見ると，黄色い皮質の部分と赤みを帯びた髄質の部分を区別することができます．皮質が黄色く見えるのは，細胞中に脂肪が多く含まれているためであり，髄質が赤みを帯びるのは毛細血管に富むからです．皮質と髄質では分泌する物質が異なり，皮質からはステロイド系の**糖質コルチコイド**，**鉱質コルチコイド**，**性ホルモン**などのホルモンが，髄質からはアミン系の**アドレナリン**や**ノルアドレナリン**といったホルモンが分泌されます（図13-7）．アドレナリンは血糖値の上昇や心拍数の増加を，ノルアドレナリンは血圧の上昇などを引き起こします．副腎皮質は脳下垂体からの副腎皮質刺激ホルモンによって，副腎髄質は交感神経系によってそれぞれ刺激されます．

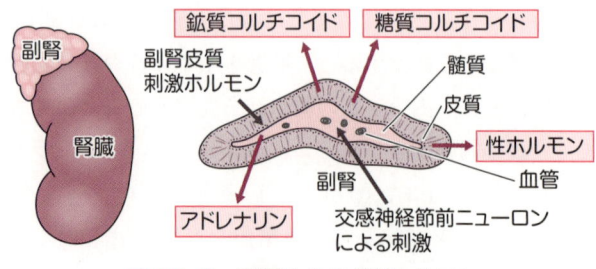

図13-7　副腎とその分泌ホルモン

5．卵巣・精巣

　卵巣や精巣は，卵や精子を作る生殖腺ですが，一方で性ホルモン（ステロイド系）を分泌する内分泌腺としてのはたらきもあります．性ホルモンの分泌により，生殖腺自体の発育や男女の二次性徴の発現を促します．思春期を過ぎた女性はFSHやLHが卵巣に作用し，卵胞（ろ胞）からは卵胞ホルモン（**エストロゲン**），黄体からは黄体ホルモン（**プロゲステロン**）が分泌され性周期を調節します．同様に男性でも思春期を過ぎると，脳下垂体前葉から，卵胞刺激ホルモン（FSH）や黄体形成ホルモン（LH）が分泌されます．とくにLHは，男性ホルモンである**テストステロン**を合成します（図13-8）．

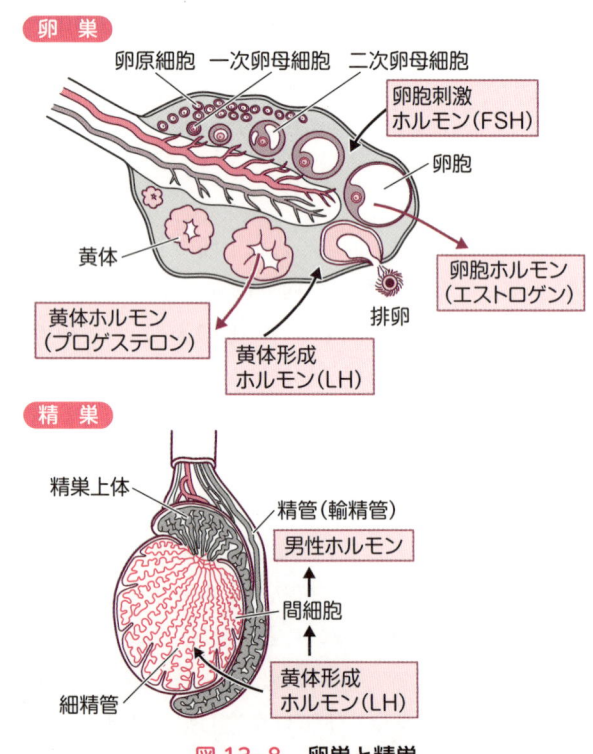

図13-8　卵巣と精巣
FSH：follicle stimulating hormone, LH：luteinizing hormone

ホルモンとそのはたらき

　全身にある内分泌腺からは，さまざまなホルモンが分泌されており，代謝などに重要な役割を果たしています．表13-1に主なものをまとめました．

表 13-1　ヒトの主な内分泌腺とホルモン

内分泌腺		ホルモン	系	主な働き	分泌異常（＋過剰時，－不足時）
脳下垂体	前葉	成長ホルモン 甲状腺刺激ホルモン 副腎皮質刺激ホルモン 卵胞刺激ホルモン（FSH） 黄体形成ホルモン（LH） プロラクチン	P P，＊＊ P P P P	細胞の代謝を高め，成長を促進 チロキシンの分泌促進 糖質コルチコイド分泌促進 卵胞ホルモン分泌促進 黄体の発育と雌・雄性ホルモンの分泌促進 乳腺の乳液分泌促進	（＋）巨人症
	後葉	バソプレシン オキシトシン	P P	毛細血管を収縮させ，血圧を上昇させる 主に集合管での水分再吸収を促進し，尿量を減らす（抗利尿作用） 子宮筋の収縮．乳汁分泌促進	（－）尿量増加
副甲状腺		パラトルモン	P	血液中の Ca^{2+} を上昇させる	（－）テタニー病 （＋）骨の脱灰
膵臓 ランゲルハンス島		インスリン グルカゴン	P P	血糖値の減少 血糖値の増加	（－）インスリン性糖尿病
甲状腺		チロキシン	＊	代謝（特に異化作用）促進．甲状腺刺激ホルモンの分泌抑制	（＋）バセドウ病 （－）クレチン病 （－）粘液水腫
副腎	髄質	アドレナリン ノルアドレナリン	A A	血糖値の増加 交感神経と同じはたらき	（＋）アドレナリン性糖尿病
	皮質	鉱質コルチコイド 糖質コルチコイド	S S	無機イオン量の調節．細胞内の水分量や透過性を調節．炎症促進 血糖値の増加．炎症抑制	（＋）続発性アルドステロン症 （＋）クッシング病 （－）アジソン病
生殖腺	精巣 （間細胞）	男性ホルモン（アンドロゲン）	S	男性の二次性微の発現促進	（－）精巣萎縮 （－）性徴消失
	卵巣 （卵胞）	卵胞ホルモン（エストロゲン）	S	女性の二次性徴の発現促進	（－）卵巣萎縮 （－）性徴消失
	卵巣 （黄体）	黄体ホルモン（プロゲステロン）	S	排卵を抑制し，妊娠を持続させる．乳腺の発育促進	（－）性周期異常 （－）流産

P＝ペプチド系，A＝アミン系（アミノ酸由来の化合物），S＝ステロイド系
＊：ヨウ素を結合したα-アミノ酸構造を持つ
＊＊：糖タンパク質

分泌調節

内分泌腺と標的器官（細胞）は血液によって互いに連絡しています．もし，標的器官に十分な量のホルモンが届くようになると，そのホルモンは血液によって"ホルモンをコントロールしている中枢"にも運ばれ，内分泌腺のはたらきを抑制します．逆に，ホルモン量が不足すると，分泌を促すようにその内分泌腺をコントロールしている中枢側の内分泌腺に作用します．このように結果が原因側にはたらきかける作用を**フィードバック調節**といいます（図13-9）．これにより血液中のホルモン濃度がきめ細かく調節されます．

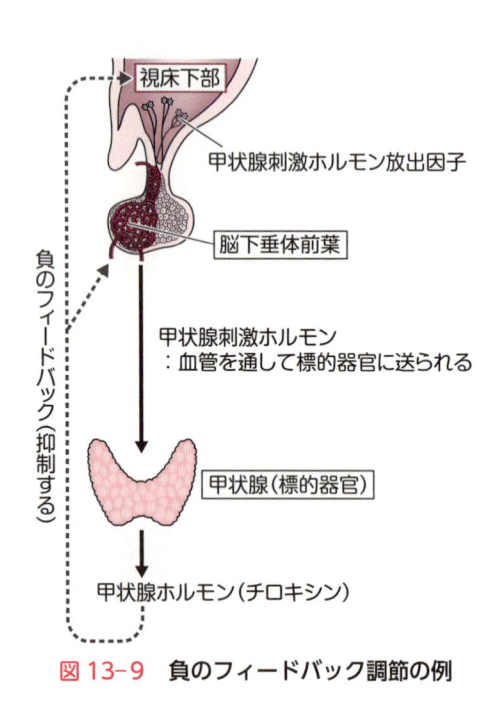

図13-9 負のフィードバック調節の例

性周期の調節

性周期はホルモンのはたらきのみで調節されています．
① 黄体の退化とともに，黄体ホルモンの減少が間脳の視床下部や脳下垂体前葉にフィードバックされると，卵胞刺激ホルモンが分泌され，卵巣中の卵胞が成長します．この作用によって，卵胞からは卵胞ホルモンが分泌されるようになります．

② 卵胞ホルモンは血液中を流れて視床下部や脳下垂体前葉にフィードバックされ，黄体形成ホルモンの分泌を促します．

③ 黄体形成ホルモンの大量の分泌が排卵を誘発します．卵を放出した卵胞は黄体に変化します．

④ 黄体からは黄体ホルモンが分泌され，妊娠に備えて子宮内膜を発達させます．また，視床下部や脳下垂体前葉にフィードバックして，黄体形成ホルモン分泌を抑制します．

受精卵が着床しなかった場合：黄体が徐々に退化して黄体ホルモンが減少してゆき，子宮内膜が剥離することで月経が起こります．すると再び①へ戻り，次の性周期がはじまります．

受精卵が着床し妊娠が成立した場合：胎盤からの別のホルモンのはたらきで黄体は退化せず，黄体ホルモンの分泌が持続します．すると，卵胞刺激ホルモンの分泌が抑制されたままになり，次の性周期が起こりません．

ここまでをまとめると図13-10のようになります．

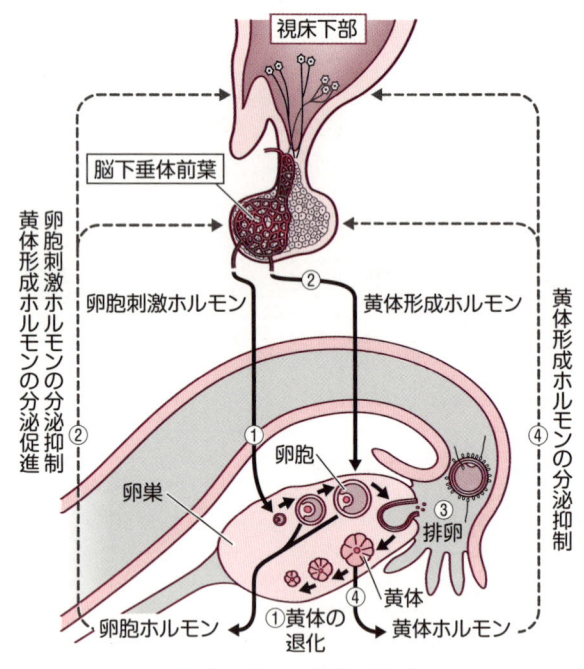

図13-10 性周期の調節

浸透圧の調節

血液の浸透圧（塩分濃度など）も性周期と同様に，ホルモンのはたらきのみで調節されています．汗をかいて水分を失うなど，血液の浸透圧が高くなったり，血圧が下がったりすると，間脳の視床下部がこれを感知し，脳下垂体後葉からバソプレシン（抗利尿ホルモン）が放出されます．血液によって腎臓に運ばれたバソプレシンは，腎臓内の集合管にはたらいて，水分の再吸収量を増やすことで浸透圧がこれ以上高くならないようにします（図13-11）．逆に血液の浸透圧が下がったときは，バソプレシン分泌が抑えられます．血圧が下がると，副腎皮質より鉱質コルチコイドが分泌され，尿細管でのNa$^+$の再吸収を促すとともに水分の再吸収量が増すので，血液量が増えて血圧を上昇させます．

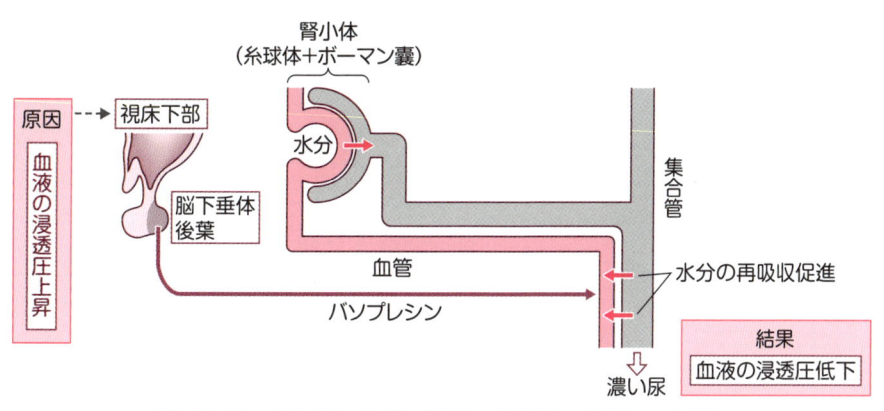

図13-11 浸透圧の調節（血液の浸透圧が上昇した場合）

2. 自律神経系による調節

ホルモンは，微量でも作用を長時間にわたって示すことができますが，血液を通して輸送されるため，即効性という面では多少時間がかかってしまいます．恒常性の維持では，素早い調節が必要なときもあります．その場合，神経による電気的な情報伝達の速度に勝るものはないでしょう．そしてこれを担うのが**自律神経系**なのです．

自律神経系

自律神経系は，脊椎動物の末梢神経系の一つで**交感神経**と**副交感神経**があり，その中枢は**間脳の視床下部**です（図13-12）．意思とは無関係に，内臓のはたらきや内分泌腺などの機能を調節します．

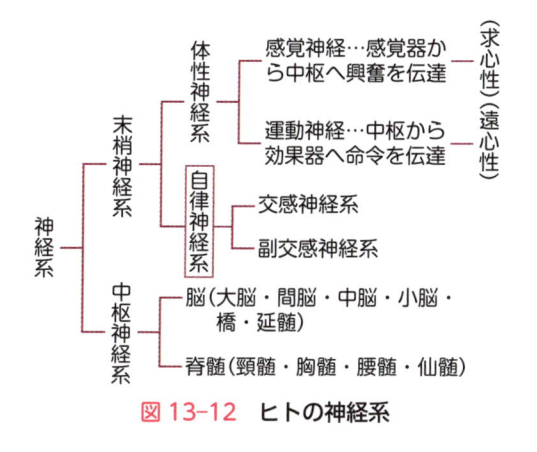

図13-12 ヒトの神経系

交感神経と副交感神経

中枢から出た自律神経（**節前ニューロン**）は，途中で1ヵ所のシナプスを経て器官に向かう別の神経（**節後ニューロン**）と接続します．このように，自律神経は節前・節後の2本の神経（ニューロン）からなります．

交感神経の節前ニューロンは**胸髄**と**腰髄**を出て交感神経節に入り，そこから節後ニューロンが各組織や器官に向かいます．交感神経の場合には神経節が脊椎（背骨）の両側で数珠状に連なり**交感神経幹**を形成しています．交感神経では，節前ニューロンのほうが節後ニューロンより短いのが特徴です．

副交感神経の節前ニューロンは，**中脳**や**延髄**，**仙髄**より出て各器官や臓器に向かいます．そして器官や臓器の直前で，1ヵ所のシナプスを経て節後ニューロンに接続します．交感神経とは逆で，節前ニューロンが長く，節後ニューロンが短いのが特徴です．

神経を移動してきた電気的な興奮は，シナプスで**神経伝達物質**の放出に置き換えられます．節後ニューロンの神経末端からは，交感神経では**ノルアドレナリン**が，副交感神経では**アセチルコリン**が分泌されます（図13-13）．

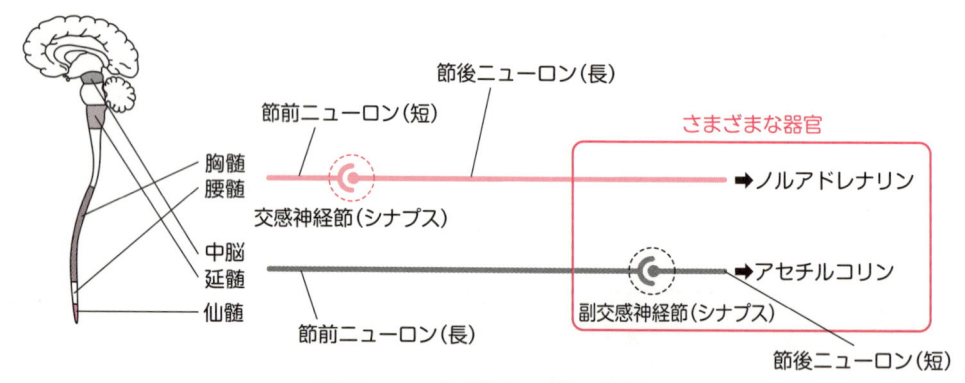

図 13-13 交感神経と副交感神経

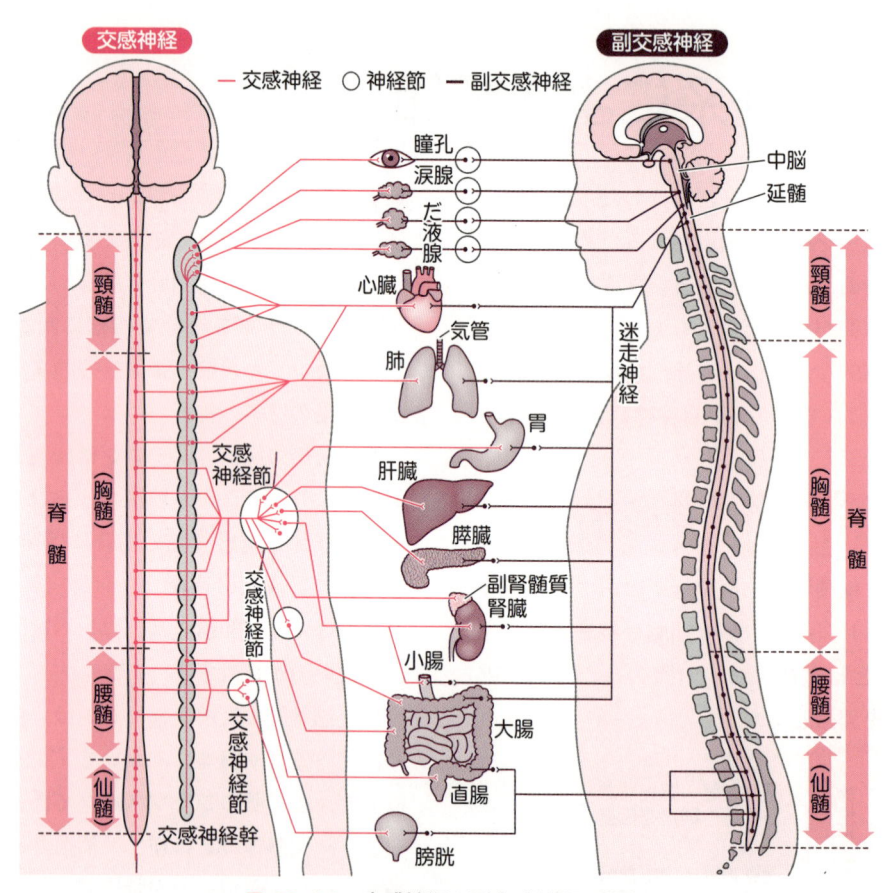

図 13-14 交感神経と副交感神経の分布

自律神経の拮抗作用

交感神経が興奮すると，各臓器や器官は闘争的な状態に適応できるように反応し，副交感神経が興奮するとリラックス状態を維持するように反応します．そして大部分の器官や臓器には，両方の神経系が分布しており，互いのはたらきは拮抗的に作用します．拮抗的とは，片方の神経が促進的に作用した場合，もう一方の神経は，そのはたらきを抑えるように作用することを示します．すなわちブレーキとアクセルの関係です（図 13-14，表 13-2）．

表 13-2 交感神経，副交感神経系の拮抗作用

器官・組織	交感神経	副交感神経	器官・組織	交感神経	副交感神経	器官・組織	交感神経	副交感神経
瞳孔	拡大	縮小	肝臓	グリコーゲンの分解	グリコーゲンの合成	皮膚汗腺	分泌促進	*
涙腺	分泌抑制	分泌促進	胃・小腸	運動抑制	運動促進	副腎髄質	アドレナリン ノルアドレナリン 分泌促進	*
だ液腺	粘液成分が多いだ液分泌を促進	酵素成分が多いだ液分泌を促進	膵臓	A細胞を刺激	B細胞を刺激	子宮	収縮	拡張
				膵液分泌を抑制	膵液分泌を促進	男性生殖器	射精	勃起
気管支平滑筋	弛緩	収縮	皮膚血管	収縮	*	膀胱	排尿の抑制	排尿の促進
心臓	拍動の促進	拍動の抑制	皮膚立毛筋	収縮	*	血圧	上昇	低下

＊副交感神経は分布していない

3. 内分泌系と自律神経系の協調

血糖値や体温の調節は，ホルモンと自律神経系の協調作用によって調節されています．この調節は，**内分泌系による持続性**のあるきめ細かな調節と，**自律神経系による即効性**のある調節で，お互いに弱点を補い合う見事な調節といってもよいでしょう．

血糖値の調節

血糖とは血漿中のグルコース（ブドウ糖）のことで，その濃度を示したものが**血糖値**です．血糖値は，通常約 100 mg/100 mL に保たれています．食後には，この値は一時的に 130〜140 mg/100 mL ほどに増加しますが，食後 2〜3 時間で通常の値に戻ります（図 13-15）．

また，血糖値が 60 mg/100 mL 以下になると，脳に必要なグルコースが十分に供給されなくなり，昏睡状態になることがあります．脳は 100 mg/分 のグルコースを消費しています．逆に血糖値が 160 mg/100 mL を超えると，腎臓の尿細管（細尿管）でのグルコース再吸収量が限界を超えてしまうため，尿中にグルコースが含まれることで糖尿となります．そして，恒常的に糖尿が見られる状態が**糖尿病**です．糖尿病は痛みを伴わない病気で，網膜症や神経障害，血管障害などの合併症を引き起こします．

1．低血糖時（図 13-16）

血液中の低血糖状態は，視床下部の血糖調節中枢により感知され，この情報はただちに交感神経に伝えられます．交感神経の興奮は副腎髄質を刺激して**アドレナリン**の分泌を促します．アドレナリンは血液によって肝臓に運ばれ，肝細胞中に貯蔵されていた**グリコーゲンを分解してグルコースを放出**させて，血糖値を上昇させます．交感神経の興奮は膵臓にも伝えられます．さらに膵臓を流れる低血糖の血液からの情報も加わってランゲルハンス島の **A 細胞**（アルファ細胞）から**グルカゴン**が放出されます．グルカゴンもアドレナリン同様，肝臓に送られると肝細胞中のグリコーゲンを分解してグルコースに変えるので血糖値が上昇します．

これとは別に，低血糖を感知した視床下部の血糖調節

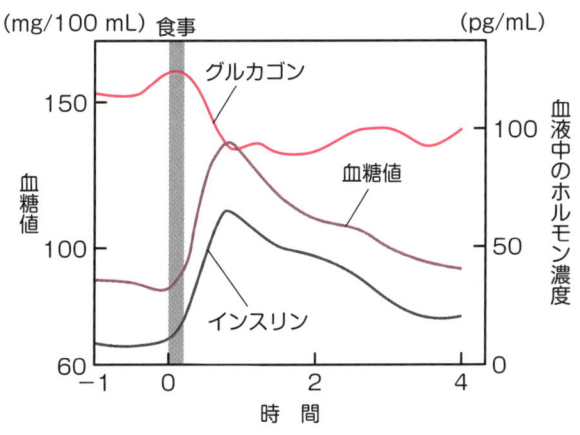

図 13-15 食後の血糖値とホルモン濃度の変化

中枢からは各種の放出ホルモンが放出され，これが血管を通って脳下垂体前葉に運ばれます．このホルモンによって脳下垂体前葉から副腎皮質刺激ホルモンが分泌されます．副腎皮質刺激ホルモンは，血流によって副腎皮質に運ばれ糖質コルチコイドの分泌を促します．糖質コルチコイドは主に筋組織に働き，タンパク質（アミノ酸）をグルコースに変える反応（糖新生）を促し血糖値を上昇させます．

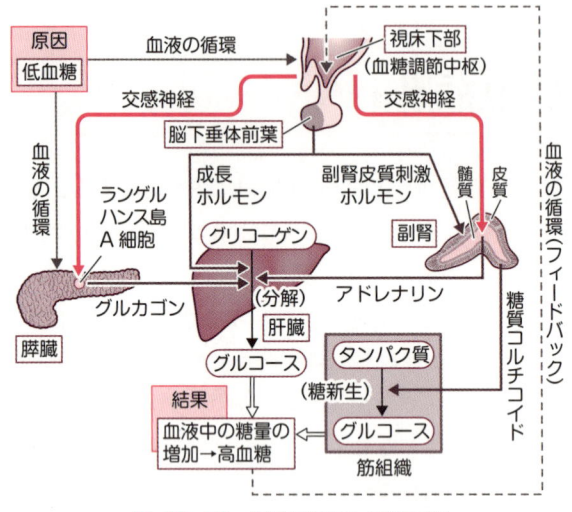

図 13-16 低血糖時の血糖調節

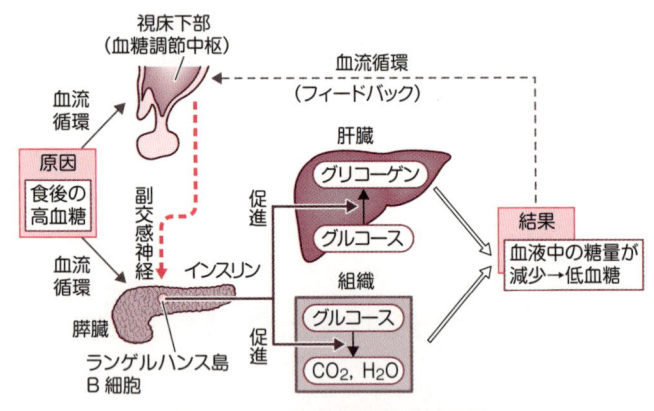

図 13-17 高血糖時の血糖調節

2．高血糖時（図 13-17）

食事後，血糖値が上昇すると視床下部の血糖量調節中枢が感知し，この情報が副交感神経を経て膵臓のランゲルハンス島のB細胞（ベータ細胞）に伝えられます．血糖値の上昇は，膵臓を流れる血液からもB細胞に直接伝えられインスリンが分泌されます．インスリンは血液によって運ばれ肝臓に達し，血液中のグルコースをグリコーゲンに合成し肝細胞中に蓄えて血糖値を下げます．また，インスリンは組織でのグルコース吸収を促すとともに代謝を促進させてグルコースを分解し血糖値を下げます．

糖尿病

糖尿病とは血糖値が常に高い状態となる病気です．糖尿病には大きく分けると2種類あります．1型糖尿病は膵臓のB細胞の機能が先天的に（または何らかの原因により後天的に）失われているため，インスリン分泌ができなくなるタイプです．2型糖尿病は，インスリンの分泌量が低下したものと，肝臓や筋細胞がインスリンに対する感受性が低下し，うまくグルコースを取り込めなくなるタイプです．40歳以上の日本人の約1/4の人が，2型糖尿病かその予備群であるといわれています．

近年，糖尿病と遺伝子の関係が少しずつ明らかになってきました．そして続々と糖尿病関連の遺伝子が発見されてきています．現在，考えられている2型糖尿病になるきっかけの一つが肥満です．肥満によって血糖値が上昇する遺伝子がはたらきはじめるか，血糖値を低下させる遺伝子が抑制されるのではないかというものです．現在では10個以上の糖尿病関連遺伝子が同定されていますが，このほかにも多数の関連遺伝子の存在が予測されています．そして，これらの遺伝子が相互作用し，同じ家族であっても環境要因などが影響して，発病する場合としない場合が生じるようです．このような常染色体の糖尿病遺伝子のほかにも，母性遺伝するミトコンドリアDNAの異常に起因した糖尿病についても研究が進められています．

体温の調節

恐竜が絶滅したのは寒冷化が原因である可能性が高いといわれています．そのなかで，哺乳類が生き残ることができたのは，体温調節ができたからだと考えられます．それでは哺乳類の体温調節のしくみを見てみましょう．

1．低体温時（図 13-17）

間脳の視床下部にある体温調節中枢が，通常よりもわずかに低温の血液を感知すると，交感神経を刺激して，この興奮が副腎髄質に伝えられます．副腎髄質からは**アドレナリン**が血液中に分泌され，その結果，**心拍数が上昇し，肝臓での代謝を促します**．また，交感神経は直接，心臓や肝臓に作用して心拍数を上げたり肝臓での代謝を活発にしたりします．このほかにも，甲状腺から分泌される**チロキシン**（甲状腺ホルモン）や副腎皮質から分泌される**糖質コルチコイド**は肝臓や骨格筋に作用し，代謝量を増やして発熱量を増加させます．さらに骨格筋に分布している運動神経も興奮して骨格筋を収縮させて発熱を促します．寒いときに体がふるえるのはこのためです．このように**発熱量を増加**させる一方で，アドレナリンや交感神経の刺激によって，皮膚の毛細血管や立毛筋が収縮して**熱の放出を減少**させます．

2．高体温時

私たちは，暑いときに汗をかきます．これは外分泌腺である汗腺から汗を分泌し，皮膚表面で気化熱として熱を放出することで体温を下げるというしくみです．この機能は自律神経系のはたらきによるものです．体温調節中枢で感知した高温の血液により，汗腺と連絡している交感神経が興奮することで，神経伝達物質であるアセチルコリンを分泌し，発汗を促します．また，心臓と連絡している副交感神経も興奮して心拍数を低下させます．このように暑いときには，**放熱を促すことと，熱の産生量を低下させること**で体温の上昇を防いでいます．

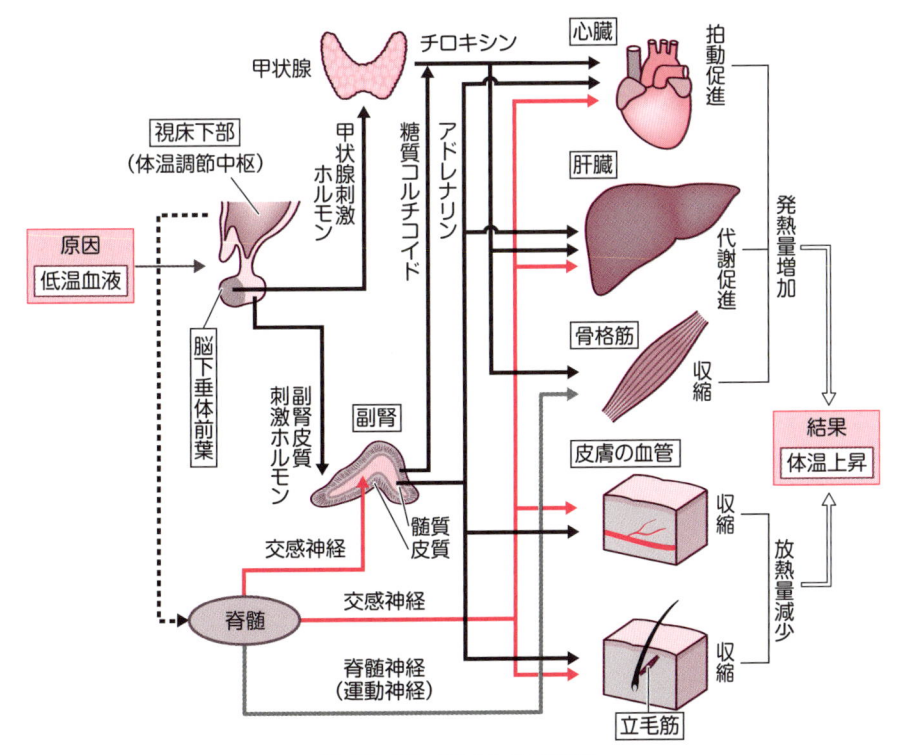

図 13-17　寒いときの調節

第13章 章末問題

① ステロイドホルモンとペプチドホルモンを，それぞれ2つずつ挙げよ．

② 内分泌系の中枢はどこか．また，主な内分泌腺名を3つ挙げよ．

③ 副腎より放出されるホルモンを3つ答えよ．

④ ホルモンの分泌調節におけるフィードバック作用について説明せよ．

⑤ ヒトの性周期に関するホルモンで，卵胞刺激ホルモンから順に，分泌量が増加するホルモン名を答えよ．

⑥ 自律神経のうち，節前神経より節後神経が長いのは何か．また，その神経の起点名を答えよ．

⑦ 自律神経の拮抗作用で，副交感神経が興奮した場合，以下の組織・器官はどのような反応を示すか．なお，分布がなく特に反応が無い場合は×で答えよ．
（1） 瞳孔　（2） 肝臓　（3） 立毛筋　（4） 気管支平滑筋　（5） 皮膚汗腺

⑧ 低血糖時に生じる糖新生について説明せよ．

⑨ 低体温時に発熱量を増加するために，自律神経とホルモンの協調作用によって組織や臓器はどのような反応を示すか．心臓，肝臓，骨格筋についてそれぞれ答えよ．

第14章
専門教育への道案内として

大学や専門学校の勉強は高校での勉強と何が違うのでしょうか．違いはいろいろありますが，これからの皆さんの学びは過去から最先端までの科学研究の歴史に直接リンクしている，ということを知っておく必要があります．また専門教育の授業では，将来の科学研究の成果についても展望してゆくことになります．ここではもう少し具体的に，過去の歴史と将来の発展という視点から考えてみましょう．

キーワード　物質の名前，科学の歴史，科学の未来，セントラルドグマ（中心教義），専門科目数，遺伝子の定義

1. 科学の歴史をたどる

物質の名前の歴史

現代科学も長い歴史の産物ですから，さまざまな歴史の副産物を抱え込んでいます．身体のさまざまな生理活性物質の名称にも，科学の歴史が現れていることがあります．これらの物質の名前は多くの場合，英語をカタカナ読みして記述しますが，名前が付けられたプロセスや歴史を知ることで，その物質についての理解が深まることがよくあります．

たとえば消化管ホルモンの一種にコレシストキニンという比較的長い名前のホルモンがあります（図14-1，ホルモンについては第13章「恒常性Ⅱ」参照）．

コレシストキニンという名前に含まれる「コレ」が胆汁，「シスト」が袋，という意味なので，「コレシスト」で「胆嚢」という意味になります．「キニン」はここでは動かす物質という意味ですから，コレシストキニンと

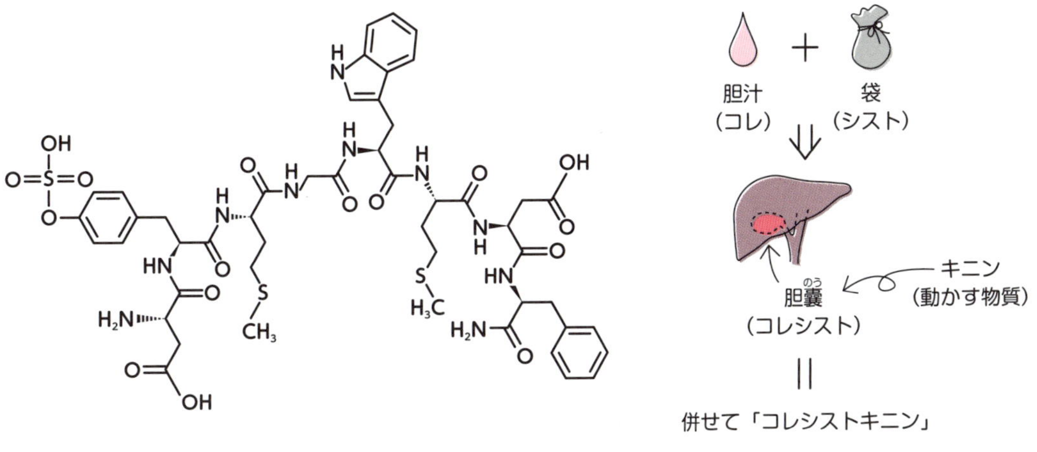

図14-1　コレシストキニンの分子構造と名前の由来

は「胆嚢の収縮を促す物質」という名称であり，その名の通りの活性（機能）を持っていることから名付けられています．ところが，このホルモンは一時，「コレシストキニン・パンクレオザイミン」というもっと長い名前を持っていました．パンクレオザイミンは「膵臓(すいぞう)の消化酵素の分泌を促す物質」という意味ですが，コレシストキニンと同じ物質です．しかし，胆嚢のはたらきに注目した研究者と，膵臓のはたらきに注目した研究者とが別々に名前を付け，両者を尊重して2つの名前を結合した長い名前が付けられたのです．不便といえば不便なので結局短めの名前になっていますが，最初の発見者に敬意を表するという科学の歴史がこの寿限無(じゅげむ)のような長い名前に表れています．こうしたところに，人の営みとしての科学の側面，もっといえば科学の人間くささが垣間見えるのではないでしょうか．

2つの名前を持つ物質

同じ生理活性物質に2つの名前が付いていることはまれなことではありませんが，男性ホルモンの「アンドロゲン」と「テストステロン」の関係はやや複雑です（図14-2）．

この2つは同じ物質に付けられた名前なのですが，2つの名前の意味するところは少し違うのです．「アンドロ」とはここでは男性を意味しますが，「アンドロゲン」とは「男性にする元／男性になる元」という意味で，翻訳すれば「男性ホルモン」そのものです．したがって，「アンドロゲン」は個体の性別を決めるという「活性」に注目してつけられた名称です．一方，「テスト」は精巣を意味する「テスティス」からきており，「ステロン」とはステロイドという物質のグループの名前からきています．テストステロンは「精巣から見つかったステロイド」という意味であり，どこから見つかったどのような物質であるかという視点から付けられた名称であることがわかります．ヒトの場合，身体が合成して分泌している「アンドロゲン」は「テストステロン」だけといってよいので，両者は事実上同じ物質の名前である，ということになります．ただ，命名の基準が違うので，たとえば，「テストステロンとは違う分子構造を持った合成されたアンドロゲン」もあり得ますし実際に薬品として利用されています．

ある物質の名称として，「活性」や「機能」に注目するか「物質」に注目するかの視点を区別することは，皆さんが現代生物学を理解するためにきわめて重要です．そのためには，その物質の歴史に興味を持つことも必要になります．

「遺伝子」はその機能から，「DNA」は物質の視点から，そして「ゲノム」は情報としての意味合いから，それぞれ命名されています．命名の視点を区別することによって，それぞれの違いがはっきりするでしょう．

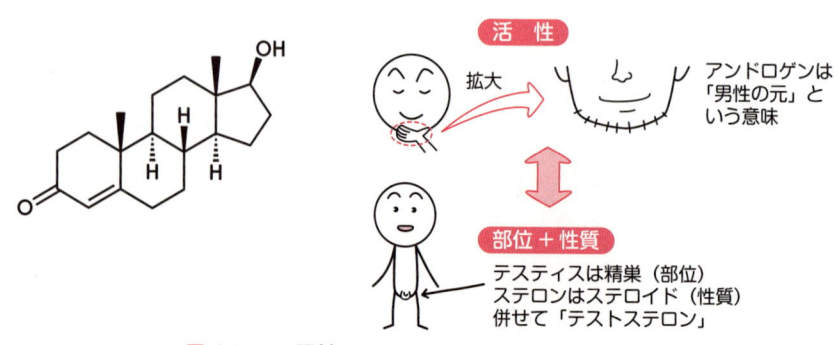

図14-2 男性ホルモンの分子構造と名前の由来

2. 科学の未来を探る

「正しい」は変わる?!

　専門教育の授業では，まだ答えの出ていない問題についても扱います．これは高校での授業との大きな違いです．それだけではなく，教科書に載っている内容がいつまでも「正しい」とは限らないのです．むしろ，今後書き換えられてしまうであろう内容も，授業では扱われるでしょう．そもそも科学の分野で「正しい」とは，「公表されているが否定されていない」，「間違っていることが証明されてはいない」という意味です．たとえば，物理学の領域で有名なニュートンの力学は17世紀に発表されて以来長い間正しいとされ，今でも小惑星探査機「はやぶさ」の軌道計算などに威力を発揮しています．しかし，20世紀に成立した量子力学は，非常にミクロな世界ではニュートン力学が成立しないことがある，ということを明らかにしました．ニュートン力学が，一部だけとはいえ否定されたのです．長い科学の歴史のなかで，多くの科学者の議論や批判に耐えて生き残ったことだけが，「科学的に正しい」ことなのです．逆にいえば，近い将来いつ教科書が書き換えられるかわからない，それが科学の真実です．

　1988年まで，ウイルス性肝炎という病気には，経口感染するA型と血液感染するB型との2種類しかありませんでした．ところが以前から，A型でもB型でもないウイルス性肝炎があることは分かっており，「非A非B」型と呼ばれていました．われわれにはその当時，第3の肝炎ウイルスをとらえる方法がなかったのです．しかし，1988年に新しい肝炎ウイルスを捕まえる抗体が見つかったため，C型肝炎を診断することができるようになりました．新しい研究ツールが新しい疾患を定義する，これはまさにその瞬間でした．

　第10章では遺伝子の情報を基にしたタンパク質合成のしくみを扱いました．また，遺伝子発現について**セントラルドグマ**（中心教義）という考え方を学びました．「DNAからRNAへ転写，そしてRNAからタンパク質へ翻訳」という一方向に流れてゆくことで遺伝子の情報が発現される，というものです．しかし，このドグマに逆行している生命現象が知られています（図14-3）．

セントラルドグマ

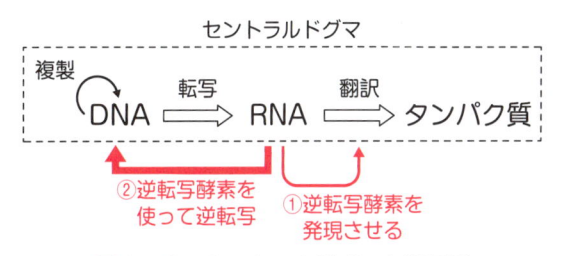

複製 ⟲ DNA　→転写→　RNA　→翻訳→　タンパク質

②逆転写酵素を使って逆転写　　①逆転写酵素を発現させる

図14-3　セントラルドグマと逆転写

　ウイルスのなかには，DNAではなくRNAを遺伝物質として持つものもあります．HIV（ヒト免疫不全ウイルス，つまりエイズの病原体であるウイルス）もその一つです．HIVは全身の細胞のうち，ヘルパーT細胞というリンパ球にのみ感染し，自分が増殖する際に感染した細胞を殺してしまいます（p161「後天性免疫不全症候群」参照）．HIV遺伝子は，感染した細胞の核内にあるDNAに自分の遺伝子（RNA）を忍び込ませます．そして，自分（HIV）が増殖するための遺伝子を感染した細胞に発現させ，タンパク質を作り出します．ということは，RNAをDNAに読み変える機構があるということになります．DNAを基にしてコピーとしてのRNAを合成することを転写といいますが，HIVが行うのはその逆ですから，RNAからDNAを合成するプロセスを**逆転写**といいます．逆転写を触媒する酵素が**逆転写酵素**ですが，逆転写酵素の遺伝子はヒトにはなく，HIVのような限られたウイルスだけがその遺伝子を持っています．「逆」を意味する「レトロ」という英語を用いて，逆転写酵素を持つウイルスを**レトロウイルス**と呼びます．レトロウイルスは，セントラルドグマに逆らって生きているのですね．「セントラル」なドグマといえども，常に正しいとは限らないのです．

研究は発想力

　医学はこの現象を逆手に取りました．逆転写はレトロウイルスが感染した細胞で増殖するために必須です．この現象を利用して，HIVの増殖を抑える薬，すなわちエイズの治療薬が作られています．逆転写酵素はHIVには必要ですがヒトでは無用の酵素です．そこで，逆転写酵素だけを特異的に阻害する薬物があれば，ヒトの代謝には全く影響を与えずに，HIVだけを攻撃することが可能になります（つまり理論的には副作用がない）．現在，エイズの治療には逆転写酵素の阻害薬が欠かせません．ただし実際には，薬の副作用をなくすことには成功していません．

　さらに研究室では，逆転写は分子生物学の実験に多用されています．細胞のなかではたらいているRNAは非常に壊れやすく，その不安定さが実験の妨げとなります．そこで，逆転写酵素を実験用の試薬として利用し，RNAをいったんDNAに逆コピーしてしまえば，安定で壊れにくいDNAを扱いながら実験ができます．逆転写という奇妙な生命現象のしくみを明らかにすることで，便利な実験ツールやエイズの治療薬まで開発されてしまうのです．

専門科目はいくつあるのか？

　高校と比べ，大学や専門学校で開講されている科目数はどうしてこんなにたくさんあるのでしょうか．私立の大規模総合大学では，毎年数千科目の授業が開講されているそうです．

　たとえば医学科では，解剖学，組織学，生理学，生化学，遺伝学，病理学，免疫学，細菌学，ウイルス学，寄生虫学，衛生学，公衆衛生学など，ざっと挙げただけでも臨床系科目（内科や外科）を学ぶ前ですらこれだけの数の科目を学ばなければなりません（学校によって科目の呼び名は異なります）．臨床医学の科目数もこれと同じくらいあります．看護学科でも，基礎看護学，成人看護学，小児看護学，母性看護学，老人看護学，がん看護学，地域看護学，等々と科目が並んでいます．もっとも

医学科で教える身（筆者）としては，医学科で開講されているのは「医学」という1科目だけだ，という考え方に賛成です．==学生が学ぶ内容はすべて関連があるという立場をとるからです==．ただし，それでは講義の時間割などが決めにくいので細分化されているわけですね．

　それはさておき，科目の名前は学問領域の名前でもあります．医学はすべからくヒトの正常と異常を扱う学問ですが，学問領域によってヒトをとらえる「視点」が違うのです．ヒトというブラックボックスに穴をあけてのぞき込むとき，その穴の開け方が違うのです．ここでは，現代の臨床医学を支える医科学である，解剖学，生理学，生化学という基礎医学の3つの柱について考えてみましょう．

　解剖学は「形態（かたち）」から，生理学は「機能（はたらき）」から，それぞれヒトを理解しようとします．解剖学は基礎医学のなかでもっとも歴史が古く，2000年以上前にも研究が行われていた記録があります．肉眼レベルを超えて，顕微鏡レベルで生態を観察する学問は，組織学や細胞学（後者の方が前者よりさらに倍率が高い）として分けられています．生理学もそれに引き続いて古くからある学問領域で，短く見積もっても400年の歴史があります．実際には生体の形態と機能とは表裏一体といってよいので，研究の最前線では実際に両者が融合しています．一方，生化学は生体がどのような「物質（もの）」でできているかを明らかにします．冗談半分に，解剖学者は機能について考えない，生理学者は機能だけを見て生体の中身を見ようとしない，生化学者に至っては全部すりつぶしてしまって何も残っていない，と，かつてお互い喧嘩するともいわれていました．

　遺伝子の正体がDNAであることがわかると，生化学のなかから分子生物学が分かれ出ました．また，細胞学と生化学との融合によって，分子細胞生物学が生まれています．分子細胞生物学とは，生体の構造と機能の単位である細胞について，細胞はどのような分子によってできているのか，細胞のどこにどのような分子が局在していて，それぞれの分子がどのような機能を持っているのか，を明らかにする学問です．つまり，==形態と機能と物質という3つの視点==をあわせ持ち，3つのすべてを「分

子」という言葉で説明しようとする考え方です．このように，「古典的」な学問領域の境界では常に「新しい」学問が生まれようとしているのです．

3. おわりに ─科学の真の姿とは

　ヒトゲノム計画によって，ヒトの遺伝情報をすべて読むことができた結果，ヒトの遺伝子はおよそ22,000個あることが示されました．しかしながら，これは「現在の」遺伝子の定義に基づく計算です．ここでいう遺伝子の定義とは，タンパク質が合成されるための情報を持つ部分，という意味です．最近，この「遺伝子の定義」が見直されてきています．タンパク質の合成とは関係ない部分があり，DNAから転写されたRNAが（タンパク質の合成に関係なく）機能する例（non-coding RNAと呼ばれています）がたくさん知られるようになったからです．2012年に発表されたデータでは，30億塩基対あるゲノムのDNAのうち，8割は何らかの機能を持っていて，3/4の領域は何らかの形で転写されている，と推定されています．読者のみなさんが学校を卒業するときには，「遺伝子の定義」が書き換えられているかもしれません．それが科学の真の姿なのです．

　生物学に限らず科学のあらゆる領域で，私たちが知らないこと，これから解明されてゆくことはとてもたくさんあります．現在，「正しい」とされている考え方も，これからいくらでも書き換えられてゆくでしょう．科学の将来を探るためには，皆さんも現在の知識や理解を「疑う」ことが大切です．これまでも，そしてこれからも，科学は「疑う」ことによってのみ前進できるのです．

応用編！ ワンポイント生物講座

遺伝子の名前

　以前は「タンパク質の構造を決めるのは遺伝子の働きである」と考えていれば，「タンパク質の名前＝（そのタンパク質の）遺伝子の名前」と定義することができました．ところが，第14章でふれたように，現代ではこの定義には疑問の余地があります．つまり，タンパク質をつくらない遺伝子があり得るからです．

　さて現在，多くの遺伝子の名称は「アルファベット4文字＋アラビア数字」をイタリック体で表記します．この場合，その遺伝子がコードするタンパク質の名前がそのままつけられる場合と，そうでない場合とがあります．後者の例をみてみましょう．

　ネフローゼ症候群という病気があります．これは，腎臓の糸球体という部位から血液中のタンパク質が漏れてしまう病気です．生まれつきネフローゼ症候群を起こしてしまう病態を先天性ネフローゼ症候群といいます．この先天性ネフローゼ症候群は，ある家系で非常に多くみられることから，遺伝子の異常で起こることが分かっています．本来，糸球体はタンパク質が漏れ出るのを防ぐためのフィルター（糸球体濾過障壁と呼ばれます）として機能しなければなりませんが，ある遺伝子の異常によりその機能が失われているのです．この遺伝子はいくつか知られており，たとえば *NPHS-1*，*NPHS-2* などと呼ばれています（NPHS はネフローゼ症候群の英語表記 nephrotic syndrome からきています）．ところが，*NPHS-1* がコードするタンパク質はネフリン，*NPHS-2* がコードするタンパク質はポドシンと命名されています．このように，遺伝子の名称とタンパク質の名称を使い分けています．

　タンパク質のことだけを考えているとこの命名法は不便です．しかし，今後は「タンパク質をコードしない遺伝子」のことも考えるようになるでしょう．実際に，タンパク質を介さずに特定の機能を発揮するRNAが，mRNA や tRNA の他にもすでに多数見つかっています．「タンパク質をコードする遺伝子」と「タンパク質をコードしない遺伝子」に共通するやり方で，なおかつ，その遺伝子のはたらきがわかりやすい名前の付け方を工夫する必要があるでしょう．その場合，遺伝子がもつ特定の「機能」（その遺伝子の異常によって失われる機能，あるいは遺伝子の異常によって起こる病気）によって命名される方が合理的といえるでしょう．

第14章 章末問題

① 大学や専門学校での学習が高等学校での学習と大きく異なる点について，本文をヒントにして2つ挙げよ．

② 科学の歴史を辿ると，コレシストキニンというホルモンは別の名前で呼ばれていたことがわかる．膵臓（すい）のはたらきに着目した研究者が名付けた名前を答えよ．

③ 科学の歴史を辿ると，「アンドロゲン」と「テストステロン」という，事実上同じ物質の名前に行き当たる．これらの名前はある視点からつけられたものである．それぞれの視点を答えよ．

④ HIV（ヒト免疫不全ウイルス）について述べた以下の文章について，ア〜ウに適語を入れよ．

　HIVが行う転写は，RNAからDNAを合成するので（ ア ）という．（ ア ）を触媒する酵素を（ イ ）といい，ヒトはこの（ イ ）遺伝子をもたない．（ イ ）をもつウイルスを（ ウ ）と呼ぶ．

⑤ 現在，ヒトの遺伝子数はどのくらいあると推定されているか．下記のa〜jのなかから最も近い数値を選び記号で答えよ．

　a. 220　　b. 2,200　　c. 22,000　　d. 22万　　e. 220万　　f. 2,200万
　g. 2億2千万　　h. 22億　　i. 220億　　j. 2,200億

章末問題 解答

第1章

① 細胞, 代謝, 生殖, 遺伝, 調節

② 共通性と多様性を見極める視点, 進化の視点

③ 核, ミトコンドリア, ゴルジ体 (光学顕微鏡ではリボソームや小胞体は観察できない. 細胞膜は観察できるが, 細胞膜は膜状構造物であり細胞小器官とはいえない)

④ 土壌, 水, 温度, 光, 大気

⑤ 化学進化, ミラー

⑥ 有機物が多く, 適当な熱のある熱水噴出孔付近, 原核生物

⑦ シアノバクテリア (原核細胞でラン藻類の仲間), ストロマトライト (オーストラリアの浅い海に堆積)

⑧ シアノバクテリア：葉緑体
好気性細菌：ミトコンドリア (マーグリスの共生説による)

第2章

① 増殖 (分裂), 代謝 (エネルギー活動)

② バクテリア (真正細菌), アーキア (古細菌)

③ 原核生物界, 原生生物界, 植物界, 菌界, 動物界

④ 二重膜で包まれていること, 独自の DNA が含まれていること

⑤ (解答例) 好気呼吸の過程である解糖系, クエン酸回路, 電子伝達系のうち, クエン酸回路 (マトリックス) と電子伝達系 (クリステ) を行い, 1モルのグルコースから36モルのATPを合成する (細胞質基質で行われる解糖系で2ATP合成).

⑥ A グラナ B チラコイド C ストロマ D 葉緑体 DNA

⑦ タンパク質合成
まずリボソームが伝令 RNA (mRNA) を取り込み塩基配列を解読 (翻訳), その情報にしたがって運搬 RNA (tRNA) がアミノ酸を運搬. アミノ酸どうしがペプチド結合し, リボソームが mRNA から離れる.

⑧ ア 半透 イ 選択透過 ウ 受動輸送
エ 能動輸送 オ ナトリウム

第3章

① タンパク質 > 脂質

② 物質の融解, 比熱が大きい (暖まりにくく冷めにくい), 融解熱と気化熱が大きい, 熱伝導率が大きい, 表面張力と凝集力が大きい, など.

③ ヒストン, アクチンフィラメント, ミオシンフィラメント, コラーゲンなど.

④ (1) Arg (2) Thr (3) Glu

⑤ 六炭糖：グルコース, フルクトース, ガラクトース
五炭糖：リボース, デオキシリボース

⑥ (1) グルコース + フルクトース
(2) グルコース + グルコース
(3) ガラクトース + グルコース

⑦ デオキシリボース

⑧ アデニン, グアニン
プリン塩基は, ピリミジン塩基 (シトシン, チミン) より大きい.

⑨ rRNA (リボソーム RNA), tRNA (運搬 RNA, 転移 RNA), mRNA (伝令 RNA)

第4章

① 分解反応：異化, 合成反応：同化

② ミトコンドリア

③ A アデニン, B リボース, C アデノシン, D リン酸

④ 解糖系, クエン酸回路 (TCA 回路), 電子伝達系

⑤ ア 6 イ 6 ウ 12

⑥ 解糖系：**2モル**，クエン酸回路（TCA回路）：**2モル**，電子伝達系：**34モル**

⑦ （クエン酸）→**イソクエン酸→αケトグルタル酸→コハク酸→フマル酸→リンゴ酸**→（オキサロ酢酸）

⑧ アルコール発酵：$C_6H_{12}O_6 \longrightarrow 2C_2H_5OH + 2CO_2 + 2ATP$
乳酸発酵：$C_6H_{12}O_6 \longrightarrow 2C_2H_6O_3 + 2ATP$

第5章

① **青（青紫），赤**

② ア **光化学**　イ **水**　ウ **ATP**　エ **CO_2**

③ ア **H_2O**　イ **光**　ウ **O_2**

④ **水（H_2O）**

⑤ **カルビン・ベンソン回路**

⑥ **ホスホグリセリン酸（PGA）**

⑦ 光合成細菌：**緑色硫黄細菌，紅色硫黄細菌**
光合成色素：**バクテリオクロロフィル**

⑧ 物質名：**オキサロ酢酸**
回路名：**C_4-ジカルボン酸回路**

⑨ （解答例）　夜に気孔を開いてCO_2を取り入れ，C_4化合物の有機酸（リンゴ酸）に固定し液胞中に蓄えておき，昼間にこれを分解して炭酸同化のためのCO_2として利用する植物．
（植物の例）**ベンケイソウ，サボテン，パイナップル，トウダイグサ**など．

⑩ **根粒菌，クロストリジウム，アゾトバクター，ネンジュモ**など．

第6章

① **c, d**

② **c, d, f, g**

③ （1）　**親と子の遺伝子は異なる**
（2）　**環境への適応力は強い**
（3）　**効率は悪い**（2つの配偶子の接合（受精）が必要であるため）

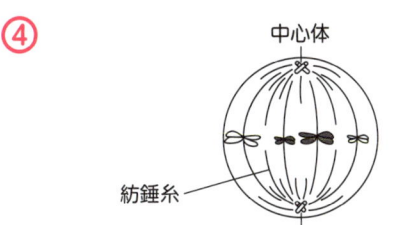

④ 全体に丸い細胞，長い染色体2本，短い染色体2本，着色した染色体2本（母型由来の長短），着色しない染色体2本（父型由来の長短），中心体と紡錘糸を図のように指し示す．

⑤ **G1期**（複製のためDNAの合成を準備している期間），**S期**（DNAを合成している期間），**G2期**（分裂のための準備をしている期間）

⑥ **第一分裂前期に相同染色体の対合が起こり，二価染色体が形成される．1個の母細胞より生じる娘細胞の数は4個**（体細胞分裂では2個）**染色体数が半減する．染色体の乗換えが起こる場合がある**，など．

⑦ A **卵原細胞（$2n$）**　　B **一次卵母細胞（$2n$）**
C **二次卵母細胞（n）**　　D **第一極体（n）**
E **第二極体（n）**

⑧ **c, f, h, i**

⑨ **c**

第7章

① **灰色三日月環**

② **4列**

③ 横方向：上半分は**永久胞胚**，下半分は**小さな幼生**（やや異常），
縦方向：左右とも（小さいが）**正常な幼生**

④ **1〜3番，4番の一部**

⑤ A **表皮**　　B **側板**　　C **体節**

⑥ ア **誘導**　イ **形成体（オーガナイザー）**

⑦ **眼胞（眼杯）**

⑧ **肝臓，膵臓，心臓**，など．

第8章

① 世代が短く栽培しやすい，対立形質が多い，雑種どうしでも種子ができる，自家受粉し人為交雑も可能，など．

② 種皮の色，さやの形，さやの色，花の咲く位置，茎の高さ

③ 優性の法則：純系の親（丸）と純系の親（しわ）を交配したとき，子に優性の形質だけが現れること．
分離の法則：1つの形質について1組の要素があり，この組になった要素が，配偶子（生殖細胞）がつくられるときに，分かれて別々の配偶子に入ること．
独立の法則：2組以上の対立形質があり，それぞれの遺伝子が別々の染色体にある場合，各対立遺伝子は干渉することなく互いに独立して配偶子に入ること．

④ (1) RrYy　(2) RrYY　(3) RRYY

⑤ (1)

	CE	Ce	cE	ce
Ce	CCEe 灰	CCee 黒	CcEe 灰	Ccee 黒
ce	CcEe 灰	Ccee 黒	ccEe 白	ccee 白

灰：黒：白＝3：3：2

(2)

	CE	Ce
CE	CCEE 灰	CCEe 灰
cE	CcEE 灰	CcEe 灰

灰：黒：白＝1：0：0

(3)

	Ce	ce
ce	Ccee 黒	ccee 白

灰：黒：白＝0：1：1

⑥ ア

```
 A|A
 B|B
```

イ

```
 a|A
 b|B
```

ウ

```
 A|a
 B|b
```

エ

```
 a|a
 b|b
```

オ 3　カ 1

⑦ 条件1

	AB	ab
AB	[AB]	[AB]
ab	[AB]	[ab]

[AB]：[Ab]：[aB]：[ab]＝3：0：0：1

条件2　雌の組み換え価が25％なので，雌の作る配偶子の分離比は，
AB：Ab：aB：ab＝3：1：1：3

		♀			
		3 AB	1 Ab	1 aB	3 ab
♂	AB	3 [AB]	[AB]	[AB]	3 [AB]
	ab	3 [AB]	[Ab]	[aB]	3 [ab]

[AB]：[Ab]：[aB]：[ab]＝11：1：1：3

⑧ 雌雄ともに赤眼：白眼＝1：1
雌の性染色体上の遺伝子は$X^{赤}X^{白}$，雄は$X^{白}Y$となる．これらをかけ合わせると
$X^{赤}X^{白} \times X^{白}Y \longrightarrow X^{赤}X^{白}, X^{赤}Y, X^{白}X^{白}, X^{白}Y$
となる．

第9章

① 転写因子，サイトカイン，トロポニン，など．

② 細胞膜内の受容体タンパク質

③ A ミトコンドリア　B シナプス小胞
C 神経伝達物質　D シナプス間隙

④ A サルコメア（筋節）　B 暗帯
C ミオシンフィラメント　D アクチンフィラメント
E Z膜

⑤ ア 筋小胞体　イ カルシウムチャネル　ウ 上昇

⑥ アポ酵素

⑦ ミカエリス定数

⑧ 酵素反応で，最終生成物が一連の反応の初期の段階にはたらきかけて，酵素の活性を調節するようなしくみ．

第10章

① R型菌は鞘がないため，ネズミの白血球に食べられてしまったから．

② 遺伝子の本体として疑われていたタンパク質が，遺伝子の本体ではなかったことがわかった．ただし，熱に強い物質（DNA）が遺伝子であることは確認していなかった．

③ S型菌抽出液中のDNAを分解しておけば，R型菌と混ぜても形質転換が起こらなかったことから，DNAが遺伝子の本体であることがわかった．ただし，DNA中に微量に含まれるタンパク質が遺伝子ではないかとする疑いは完全には晴れなかった．

④ DNA：P（リン）　　タンパク質：S（硫黄）

⑤ DNA：^{32}P　　タンパク質：^{35}S

⑥ フランクリン

⑦ DNA　：TATGGCGCATAATTTGGG
　　mRNA：UAUGGCGCAUAAUUUGGG

⑧ Tyr － Gly － Ala
　　UAU　GGC　GCA　UAA　UUU　GGG
　　　↓　　↓　　↓　　↓　　↓　　↓
　　Tyr　　Gly　　Ala　　終始コドン

⑨ イントロン

第11章

① 聴覚，平衡感覚（平衡覚）

② 右目
　A 虹彩　　B 水晶体　　C チン小帯　　D 毛様体
　E ガラス（硝子）体　　F 黄斑　　G 盲斑　　H 網膜

③ 青錐体細胞，緑錐体細胞，赤錐体細胞

④ 先端に近い部分

⑤ 半規管

⑥ 静止電位：A　　活動電位：A＋B

⑦ c

⑧ 中脳：姿勢を保つ中枢，眼球運動・虹彩調節中枢
　　延髄：呼吸運動・心拍調節中枢

⑨ 筋肉，腺，発光器官，発電器官

第12章

① 組織液，リンパ液
　　血清＝血漿－血液凝固因子（フィブリノーゲン）

② 約79％
$$\frac{(95-20)}{95} \times 100 = 78.9 \,(\%)$$

③ ア 肺動脈　　イ 肺静脈　　ウ 大動脈　　エ 大静脈
　　A 肺循環　　B 体循環　　a 三尖弁　　b 僧帽弁

④ 栄養物質の貯蔵，尿素の合成，解毒作用，胆汁の生成，熱の発生，など．

⑤ A 0　　B 0
　　濃縮率の大きい成分：イヌリン　1.6 ÷ 0.02 = 80 倍

⑥ ア キラーT　　イ サイトカイン
　　ウ パーフォリン

⑦ (1) A　(2) B　(3) B　(4) A

第13章

① ステロイドホルモン：鉱質コルチコイド，糖質コルチコイド，性ホルモン，など．
　　ペプチドホルモン：成長ホルモン，インスリン，グルカゴン，バソプレシン，など．

② 中枢：間脳の視床下部
　　内分泌腺：視床下部，甲状腺，精巣，卵巣，膵臓，副腎，など．

③ アドレナリン，鉱質コルチコイド，糖質コルチコイド

④ （解答例）標的細胞に十分な量のホルモンが届くと，そこから分泌されるホルモンが血液によって上位の中枢に運ばれ，下位の内分泌腺のホルモンの分泌量を抑制し，逆に，ホルモン量が不足すると分泌を促す作用．

⑤ 卵胞刺激ホルモン→卵胞ホルモン→黄体形成ホルモン→黄体ホルモン

⑥ 交感神経　起点：胸髄，腰髄

⑦（1）縮小　（2）グリコーゲンの合成　（3）×
　（4）収縮　（5）×

⑧（解答例）低血糖を感知した視床下部の血糖調節中枢から放出ホルモンが分泌され，脳下垂体前葉に運ばれる．脳下垂体前葉から副腎皮質刺激ホルモンが分泌され，副腎皮質に届くと糖質コルチコイドが分泌される．糖質コルチコイドは筋組織にはたらいてアミノ酸をグルコースに変え（糖新生）血糖値を上昇させる．

⑨ 心臓：拍動を促進　肝臓：代謝を促進　骨格筋：収縮

第14章

① 科学の歴史を辿ること，科学の未来を探ること

② パンクレオザイミン

③ アンドロゲン：活性，機能　テストステロン：物質

④ ア　逆転写　　イ　逆転写酵素
　ウ　レトロウイルス

⑤ c

索引

日本語索引

あ

アーキア	12,14
アクチビン	83
アクチン	109
亜硝酸菌	56
アセチルコリン	143,169,108,110
アセトアルデヒド	46
アゾトバクター	58
アデニン	35
アデノシン一リン酸	43
アデノシン二リン酸	43
アデノシン三リン酸	42,43
アドレナリン	166,171,173
アベリーらの実験	119
アポ酵素	113
アポトーシス	82
アミノ酸	29,30
アルコール発酵	46
アルファ細胞	171
アルブミン	108,112
アレルギー	160
アレルゲン	160
アロステリック酵素	115
アロステリック部位	115
暗順応	136
アンチコドン	129
アンチセンス鎖	127
アンテナペディア	84
アンモニア	47
硫黄細菌	56
イオンチャネル	111
異化	41
鋳型	124
維管束系	23
維管束鞘細胞	55
閾値	135
一遺伝子雑種	90
位置情報	82
一倍体	64
遺伝	2
遺伝子型	92
遺伝子座	63
遺伝子の名前	180
遺伝子の発現調節	130
遺伝子発現	118
遺伝の法則	89
遺伝用語	104
インスリン	165,172
イントロン	127
インプリンティング	148
ウィルキンス	121
ウイルス	9
ウイルスの遺伝子	122
ウラシル	35
運動神経	140,144
運動ニューロン	140
運搬RNA(tRNA, 転移RNA)	37,126
栄養生殖	60
液性免疫	159
エクソン	127
エストロゲン	166
エタノール	46
エラスチン	107
塩基	35
塩基対	36
遠近調節	136
炎症	158
延髄	169
塩析	32
エンドウ	90
黄体形成ホルモン	168
黄体ホルモン	168
黄斑	135
横紋筋	147
おおい膜	137
オーガナイザー	79,80
オキシトシン	165
オペレーター	130
オルニチン回路	47,154
オレイン酸	37

か

介在ニューロン	140
開始コドン	128
階層性	3
解糖(嫌気呼吸の)	47
解糖系	43
外胚葉	68
外胚葉性頂堤	82
灰白質	145
外分泌腺	147,164
化学合成細菌	56
化学進化	5
蝸牛	137
蝸牛管	137
核	17
核液	17
核型	64
核型分析	64
核酸	35,118
学習行動	148
核相	64
獲得免疫	158
核分裂	62
核膜	17
角膜	81
核膜孔	17
ガス交換	153
カゼイン	108
割球	67
活性化クロロフィル	53
活性部位	113
活動電位	140
活動電流	142
滑面小胞体	20
カリウムチャネル	140
カルビン・ベンソン回路	53,54
カロテノイド	52
カロテン類	52
がん	161
感覚神経	140,144

感覚ニューロン	140	
感覚毛	138	
間期	62	
完全連鎖	99	
肝臓	154	
乾燥重量	28	
桿体細胞	135	
間脳	164,169	
眼杯	81	
眼胞	81	
肝門脈	155	
記憶T細胞	159	
記憶B細胞	160	
器官	23	
器官系	23	
キサントフィル類	52	
基質	113	
基質特異性	113	
基底膜	138	
キネシン	112	
機能タンパク質	30	
基本転写因子	131	
逆転写	177	
逆転写酵素	177	
キャノン	150	
嗅覚器	139	
嗅細胞	139	
吸収曲線	52	
胸管	153	
胸髄	169	
胸腺	82,156	
共通性	1	
共鳴	138	
局所生体染色法	77	
極性	76	
極性化域	82	
極体	66	
キラーT細胞	159	
筋原線維	109	
筋収縮のしくみ	109	
筋小胞体	110	
筋線維	109
金属イオン	113
金属酵素	113
筋肉の構造	109,147
筋肉の種類	147
筋紡錘	146
グアニン	35
クエン酸回路	44
屈筋反射	146
組換え(染色体の)	98
グリコーゲン	34,155,171
クリステ	45
クリック	121
グリフィスの実験	118
グルカゴン	165,171
クロストリジウム	58
グロブリン	112
クロマトフォア	55
クロロフィル	52
経割	67
形質	90,104
形質細胞	159
形質転換	119
形成体	79,80
血液	151
血液凝固	152
血管	154
血管系	153
血漿	112,151
血小板	151
血清	151
血糖	171
血糖値	171
血餅	152
ゲノム	64
原核細胞	12
原核生物	12
嫌気呼吸	46
原基分布図	78
原口背唇部	79
減数分裂	64
減数分裂の過程	65
減数分裂の特徴	65
限性遺伝	102
原腸	68
原腸胚	68
検定交雑	93
原尿	156
高エネルギーリン酸結合	43
効果器	147
交感神経	169
交感神経幹	169
好気呼吸	43
高血糖	172
抗原	157
抗原提示	158
抗原提示細胞	158
光合成細菌	51
光合成生物の誕生	6
光合成のしくみ	52
後口動物	68
後根	145
交雑	90,104
鉱質コルチコイド	166,168
恒常性	150,163
甲状腺	165
甲状腺ホルモン	165,173
紅色硫黄細菌	55
酵素	42,112
構造タンパク質	30,107
酵素結合免疫吸着測定法	26
酵素阻害	114
酵素の構造	113
酵素の性質	113
酵素の反応速度	114
酵素反応の調節	115
抗体	107,159
好中球	157
後天性免疫不全症候群	161
交配	104
興奮	135,141
興奮の伝導	142

抗利尿ホルモン……168	肢芽……82	子葉……104
古細菌……12, 14	視覚器……135	娘核……62
骨格筋……109, 147	自家受粉……90, 104	硝化細菌……56
コドン……128	糸球体……156	条件遺伝子……97
鼓膜……137	軸索……140	条件反射……148
コラーゲン……107	シグナル……107	硝酸菌……56
ゴルジ体……20	試行錯誤学習……148	常染色体……63, 101
コルチ器官……137	自己免疫疾患……161	滋養タンパク質……108
コレステロール……38	視細胞……135	小胞体……20
コレステロールの合成……48	脂質……37	しょう膜……69
根粒菌……57	四肢の形成……82	静脈弁……154
さ	視床下部……164, 169	触媒……112
細菌の遺伝子……122	耳小骨……137	植物極……67
再生医療……71	ジスルフィド結合……32	植物細胞の基本構造……16
臍帯……70	雌性配偶子……61	植物による窒素同化……57
最大反応速度……114	自然免疫……157	食胞……15
サイトカイン……106, 107, 159	しつがい腱反射……146	自律神経系……144, 164, 169
細胞……2, 11	失活……114	自律神経の拮抗作用……170
細胞外液……151	シトシン……35	人為交配……90, 104
細胞群体……15	シナプス……143	腎盂……156
細胞骨格……21	シナプス小胞……143	進化……1, 4
細胞質遺伝……103	脂肪酸……37	真核細胞……12
細胞質基質……43	終止コドン……128	真核細胞の細胞小器官……16
細胞質分裂……62	収縮タンパク質……109	真核生物……12, 12
細胞周期……64, 123	収縮胞……15	真核生物の遺伝子……122
細胞小器官……15	従属栄養生物……6	真核生物の誕生……7
細胞性免疫……158	習得的行動……148	真核生物の分類……13
細胞説……11	絨毛……69	心筋……147
細胞内液……151	樹状細胞……158	神経……80
細胞内消化……20	樹状突起……140	神経管……80, 81
細胞の起源……6	受精……61	神経系……134, 144
細胞板……62	受精卵……61	神経細胞……140
細胞分裂……62	出芽……60	神経線維……140
細胞膜……22	受動輸送……22, 111	神経伝達物質……107, 143, 169
酢酸発酵……46	シュペーマンの実験……75	神経の構造……140
鎖骨下静脈……153	受容器……135	神経胚……68
雑種……104	主要組織適合性複合体分子……158	神経板……80
作用曲線……52	受容体……107, 111	神経分泌細胞……164, 165
サルコメア……109	循環系……153	神経誘導……80
酸素解離曲線……152	純系……90, 104	腎静脈……156
シアノバクテリア……55	準必須アミノ酸……31	真正細菌……11, 14

心臓　153	生命の誕生　6	体液　151
腎臓　156	生命の定義　1	体温の調節　173
心臓の構造　153	生命の見かた　3	体外環境　150
浸透　22	脊索　80	体細胞分裂　62
浸透圧　22,168	脊髄　144,145	代謝　2,41,42
腎動脈　156	脊髄神経　144	代謝（炭水化物以外）　47
髄鞘　140	脊髄の機能　146	代謝のしくみ　41,51
水晶体　81	脊髄の構造　145	体循環　153
膵臓　165	脊髄反射　146	体性神経系　144
水素結合　32	赤道面　62	体内環境　151
水素細菌　56	赤血球　151,152	第二極体　66
錐体細胞　135	接合　61	ダイニン　112
スタール　125	接合子　61	大脳の機能　145
ステアリン酸　37	節後ニューロン　169	大脳の構造　144
ステロイドホルモン　38,107,164	節前ニューロン　169	大脳半球　145
ストロマ　52	セルロース　34	大脳皮質　145
ストロマトライト　7	全か無かの法則　141	胎盤　69
スプライシング　127	先口動物　68	対立遺伝子　91
刷込み　148	前根　145	対立形質　90,104
制限酵素　9	染色体　63	多細胞　15
精原細胞　66	染色分体　62	多細胞生物　15
精細胞　66	仙髄　169	多糖類　34
精子　61,66	センス鎖　127	多様性　1
静止電位　140	先体　66	単為発生　61
性周期　168	選択的透過性　22,111	単細胞　15
生重量　28	前庭　138	単細胞生物　15
星状体　21	前庭階　137	炭酸同化　51
生殖　2,60	セントラルドグマ　126,177	胆汁酸　48
生殖細胞　104	造血幹細胞　151,156	炭水化物　33
性染色体　63,101	桑実胚　67	男性ホルモン　176
精巣　166	走性　148	単相　64
生態系　3	相同染色体　63,91	単糖類　33
生体触媒　42,112	相補性　36,121	胆嚢　155
生体を構成している物質　28	側鎖　30	タンパク質　29
静電結合　32	組織　23	タンパク質合成　118
生得的行動　148	組織液　151	タンパク質の一次構造　30
性の決定　101	組織系　23	タンパク質の二次構造　30
生物の分類　11	疎水性結合　32	タンパク質の三次構造　32
性ホルモン　166	粗面小胞体　20	タンパク質の四次構造　32
生命　1		タンパク質の基本的性質　106
生命の起源　5	第一極体　66	タンパク質の構造　30

た

タンパク質の性質	32	
タンパク質の分類	106	
タンパク質の変性	32	
チェイスとハーシーの実験	119	
致死遺伝子	95	
遅滞遺伝	103	
窒素固定	57	
窒素固定細菌	57	
窒素同化	57	
知能行動	148	
チミン	35	
着床	69	
チャネルタンパク質	111	
中間径フィラメント	21	
中間雑種	95	
中心窩	135	
中心教義	126,177	
中心小体	21	
中心体	21	
中心粒	66	
中枢神経	144	
中枢神経系	144	
中性脂肪	37	
中脳	169	
中胚葉	68	
中胚葉誘導	80	
中胚葉誘導因子	80	
中胚葉誘導物質	83	
中片	66	
聴覚器	137	
聴覚野	137	
聴細胞	137	
調節	2	
調節タンパク質	106	
調節卵	75	
跳躍伝導	142	
チラコイド	52	
チロキシン	165,173	
チン小帯	137	
低血糖	171	
ディシェベルド	81	

デオキシリボ核酸	35,118	
適刺激	135	
テストステロン	166	
鉄細菌	56	
電子伝達系	45,53	
転写	126	
転写因子	106	
転写調節因子	131	
伝達	143	
伝導	142	
デンプン	34	
転移RNA(tRNA, 運搬RNA)	37,126	
伝令RNA(mRNA)	37,126	
同位体	120	
同化	51	
動原体	62	
糖質	33	
糖質コルチコイド	166,172,173	
糖新生	47,172	
糖タンパク質	30	
糖尿病	171,172	
動物極	67	
動物細胞の基本構造	16	
動物による窒素同化	58	
洞房結節	154	
特殊な遺伝	94	
独立(対立遺伝子の)	97	
独立栄養生物	6	
独立の法則	93	
トリプレット	128	
トロポニン	106

=== な ===

内胚葉	68	
内分泌腺	147,164	
ナチュラルキラー細胞	158	
ナトリウムチャネル	141	
ナトリウムポンプ	111,140	
慣れ	148	
二遺伝子雑種	92	
二価染色体	65	
二次応答	160	

二糖類	33	
二倍体	64	
乳化	48	
ニューコープセンター	80	
ニューコープの実験	79	
乳酸発酵	47	
ニューロン	140	
尿細管	156,168	
尿素	154	
尿素の合成	47	
尿のう	69	
ヌクレオソーム	122	
ヌクレオチド	35	
ネクローシス	82	
熱水噴出孔	6	
脳	134,144	
脳下垂体	165	
脳神経	144	
能動輸送	22,111,140	
脳のはたらき	144	
乗換え(染色体の)	98	
ノルアドレナリン	143,166,169

=== は ===

ハーシーとチェイスの実験	119	
パーフォリン	159	
灰色三日月環	74	
配偶子	91,104	
配偶子の種類	61	
肺循環	153	
胚性幹細胞	71	
胚盤胞	69,71	
胚膜	69	
白質	145	
バクテリア	11,14	
バクテリオクロロフィル	51,55	
バクテリオファージ	119	
バソプレシン	165,168	
ハックスレーの滑り説	109	
白血球	151,156	
発光器官	147	
発生	74

発生運命 … 75	プリン塩基 … 36	ポリペプチド鎖 … 30
発生のしくみ … 74	フローサイトメトリー … 25	ボルボックス … 15
発電器官 … 147	プログラム細胞死 … 82	ホルモン … 106,107,163
半規管 … 138	プロゲステロン … 166	ホルモン受容体 … 107
反射 … 148	分化 … 159	ホロ酵素 … 113
反射弓 … 147	分子標的薬 … 116	本能 … 145
伴性遺伝 … 102	分節遺伝子 … 83	本能行動 … 148
半透膜 … 22	分離の法則 … 91	翻訳 … 128
半保存的複製 … 124	分裂(無性生殖の) … 60	━━━ ま ━━━
尾芽胚 … 68	平滑筋 … 147	マーグリスの共生説 … 15,122
光化学系Ⅰ … 53	平衡感覚 … 138	マイクロアレイ … 132
光化学系Ⅱ … 53	平衡感覚器 … 138	マイクロフィラメント … 21
光リン酸化 … 54	平衡石 … 138	マクロファージ … 157
ビコイド遺伝子 … 83	ベータ細胞 … 172	マスト細胞 … 161
微小管 … 21	へそのお … 70	末梢神経 … 144
ヒストン … 122	ヘテロ … 104	末梢神経系 … 144
ビタミンB … 113	ペプチド結合 … 29	マトリックス … 44
必須アミノ酸 … 31	ペプチドホルモン … 107,164	ミオシン … 109
必須脂肪酸 … 37	ヘマトクリット値 … 151	ミカエリス定数 … 114
肥満細胞 … 161	ヘモグロビン … 151,152	味覚器 … 139
表現型 … 92	ヘモグロビン分子 … 32	味細胞 … 139
表層回転 … 74	ヘルスタディウスの実験 … 76	水 … 29
ピリミジン塩基 … 36	ベルナール … 150	ミトコンドリア … 18
ビリルビン … 155	べん毛 … 66	ミトコンドリアのDNA … 122
ピルビン酸 … 43	防御タンパク質 … 107	耳 … 137
フィードバック調節 … 115,167	胞子 … 60	味蕾 … 139
不応期 … 142	胞子生殖 … 60	無機触媒 … 42
フォークトの実験 … 77	放射性元素 … 120	無髄神経線維 … 140
不完全優性 … 94	放射性同位体 … 120	無性生殖 … 60
不完全連鎖 … 99	胞胚 … 69	明順応 … 136
副交感神経 … 169,172	胞胚期 … 67	メセルソン … 125
副甲状腺 … 165	胞胚腔 … 67	眼の形成 … 81
複合タンパク質 … 30	飽和脂肪酸 … 37	免疫 … 156
副腎 … 166	補欠分子族 … 45,113	免疫寛容 … 160
副腎皮質刺激ホルモン … 172	補酵素 … 44,113	免疫記憶 … 159
複相 … 64	補助色素 … 53	免疫グロブリン … 107,159
複対立遺伝子 … 95	補足遺伝子 … 96	免疫疾患 … 160
物質の名前 … 175	ホックス遺伝子 … 84	メンデル … 89
物理防御 … 157	ホメオスタシス … 150	盲斑 … 135
不飽和脂肪酸 … 37	ホメオティック変異 … 84	網膜 … 135
フランクリン … 121	ホモ … 104	毛様体 … 137

モータータンパク質	112	
モザイク卵	75	

や

有機触媒	42
有髄神経線維	140
優性形質	91
有性生殖	61
有性生殖の方法	61
優性の法則	91
雄性配偶子	61
誘導の連鎖（発生）	81
輸送タンパク質	111
指の形成	82
溶質	22
羊水	69
腰髄	169
溶媒	22
羊膜	69
葉緑体	18,52
葉緑体のDNA	122
抑制遺伝子	96
予定運命図	78

ら

ラクトースオペロン	130
卵	61
卵黄のう	69
卵割	67
卵割腔	67
卵管	69
卵管采	69
ランゲルハンス島	165,172
卵原細胞	66
卵巣	166
ランビエ絞輪	140
卵胞刺激ホルモン	168
卵胞ホルモン	168
リウマチ性疾患	161
リガンド	107
理性	145
リソソーム	20
リプレッサー	130

リボ核酸	35
リボソーム	20
リボソームRNA(rRNA)	37,126
流動モザイクモデル	22,111
緑色硫黄細菌	55
リンゴ酸	55
リン脂質	38
リンパ液	151,152
リンパ球	152,156
リンパ系	153
リンパ漿	152
リンパ節	153
ルビスコ	54
劣性形質	91
劣性ホモ	93
レトロウイルス	177
連鎖（対立遺伝子の）	97
ロバート・フック	11
ろ胞（甲状腺の）	165

わ

ワトソン	121

外国語索引

1型糖尿病	172
2型糖尿病	172
3大ドメイン	12
αヘリックス構造	30
A細胞（アルファ細胞）	171
ADP	43
AIDS	161
ATP	42,43
ATPase(ATPアーゼ)	109
ATP合成酵素	53
ATPの構造	43
βシート構造	30
B細胞（ベータ細胞）	172
C_4植物	55
cAMP（サイクリックAMP)	107
CAM植物	56
cell	11

DNA	35,36,63,118
DNAシークエンサー	87
DNAの構造	121
DNAの複製	123
DNAヘリカーゼ	124
DNAポリメラーゼ	124
DNAワールド	6
ELISA法	26
ES細胞	71
G_1期	64
G_2期	64
HIV	161
H鎖	159
iPS細胞	71
L鎖	159
M期	64
MHC分子	158
mRNA(伝令RNA)	37,126
mRNA前駆体	127
mRNAの抽出方法	39
NAD	44
NK細胞	158
PCR法の原理	85
RNA	35,37
RNAワールド	6
rRNA(リボソームRNA)	37,126
S期	64
TATAボックス	131
tRNA(運搬RNA, 転移RNA)	37,126
Z膜	109

参考文献

木下　勉, 小林秀明, 浅賀宏昭：ZEROからの生命科学, 3版. 南山堂, 東京, 2012.

浅島　誠, 他：生物（高等学校理科用 文部科学省検定済教科書）. 東京書籍, 東京, 2013.

浅島　誠, 他：生物基礎（高等学校理科用 文部科学省検定済教科書）. 東京書籍, 東京, 2013.

久力　誠, 小林秀明, 小林裕光, 中村雅浩：ダイナミックワイド図説生物 総合版. 石川　統, 他（編）, 東京書籍, 東京, 2004.

石浦章一, 小林秀明, 塚谷裕一：生物の小事典. 岩波書店, 東京, 2001.

水野丈夫, 浅島　誠：理解しやすい生物　生物基礎収録版. 文英堂, 東京, 2012.

MEMO

MEMO

教養基礎シリーズ
まるわかり！基礎生物

2014年 3 月14日　1版1刷　　　　　　　　　　©2014
2021年 5 月10日　　　　　4 刷

監修者　　著　者
こばやしなおと　こばやしひであき
小林直人　　小林秀明

発行者
株式会社 南山堂　代表者 鈴木幹太
〒113-0034　東京都文京区湯島 4-1-11
TEL 代表 03-5689-7850　　www.nanzando.com

ISBN 978-4-525-05411-3

[JCOPY]〈出版者著作権管理機構 委託出版物〉
複製を行う場合はそのつど事前に(一社)出版者著作権管理機構(電話03-5244-5088,
FAX 03-5244-5089, e-mail: info@jcopy.or.jp)の許諾を得るようお願いいたします.

本書の内容を無断で複製することは，著作権法上での例外を除き禁じられています．
また，代行業者等の第三者に依頼してスキャニング，デジタルデータ化を行うことは
認められておりません．